清代科技史丛书·郭世荣　主编

晚清的科学

——以西方科学译著研究为核心

聂馥玲　著

中国科学技术出版社
·北　京·

图书在版编目（CIP）数据

晚清的科学：以西方科学译著研究为核心 / 聂馥玲著 . -- 北京：中国科学技术出版社，2023.11
（清代科技史丛书 / 郭世荣主编）
ISBN 978-7-5236-0359-8

Ⅰ. ①晚… Ⅱ. ①聂… Ⅲ. ①自然科学史 – 研究 – 中国 – 清后期 Ⅳ. ① N092

中国国家版本馆 CIP 数据核字（2023）第 221057 号

策划编辑	王晓义
责任编辑	王　琳　徐君慧
封面设计	孙雪骊
正文设计	中文天地
责任校对	吕传新　张晓莉　邓雪梅
责任印制	徐　飞
出　　版	中国科学技术出版社
发　　行	中国科学技术出版社有限公司发行部
地　　址	北京市海淀区中关村南大街 16 号
邮　　编	100081
发行电话	010–62173865
传　　真	010–62173081
网　　址	http://www.cspbooks.com.cn
开　　本	787mm × 1092mm　1/16
字　　数	288 千字
印　　张	16.25
版　　次	2023 年 11 月第 1 版
印　　次	2023 年 11 月第 1 次印刷
印　　刷	涿州市京南印刷厂
书　　号	ISBN 978–7–5236–0359–8 / N · 318
定　　价	99.00 元

《清代科技史丛书》序

梁启超在《中国近三百年学术史》中说道："明末有一场大公案，为中国学术史上应该大笔特书者，曰：欧洲历算学之输入。"明末开始的两次大规模西学东渐，对清代科技产生的影响十分深远，也给相关的史学研究提出了很多问题。研究清代科学技术史，西方科技的输入及中国学者的消化、吸收与会通是绕不开的问题。在西方科技的影响下，中国科技的发展发生了重大转变，在会通中西科技的同时，开始了缓慢的近代化历程。清代是我国科学技术史上的一个特殊时期，清代科学技术史是40年来中国科学技术史研究的热点之一。

内蒙古师范大学科学技术史研究团队十分重视清代科学技术史研究，早在20世纪六七十年代，李迪（1927—2006年）先生就开始了清代数学史、物理学史、少数民族科学技术史、中西科技交流史等方向的研究，他于1978年出版《蒙古族科学家明安图》，并于1992年在罗见今教授协助下将其修订扩充为《明安图传》（蒙古文版）；1988年与郭世荣共同出版了《清代著名天文数学家梅文鼎》；1993年出版《康熙几暇格物编译注》；2006年又出版了《梅文鼎评传》。

自20世纪80年代开始，内蒙古师范大学一直把清代科学技术史作为重点研究方向，清代科学技术史成为科学技术史研究生学位论文的重要选题范围。师生共同努力，开展研究，前后主持《清史·传记·科技》《中华大典·数学典·会通中西算法分典》《中华大典·数学典·数学家与数学典籍分典》等重大文化工程图书的编纂工作，主持专题研究清代科学技术史的国家自然科学基金项目6项、国家社会科学基金项目9项、教育部人文社会科学研究项目4项（其中重大项目2项）、全国高校古籍整理项目1项，以及一批自治区科研项目。除了发表大量论文，内蒙古师范大学还出版了以下著作：《〈割圆密率捷法〉译注》（罗见今，1998

年),《清代级数论史纲》(特古斯,2002 年),《中国数学典籍在朝鲜半岛的流传与影响》(郭世荣,2009 年),《晚清经典力学的传入——以〈重学〉为中心的比较研究》(聂馥玲,2013 年),《中日近代物理学交流史研究(1850—1922)》(咏梅,2013 年),《清代三角学的数理化历程》(特古斯、尚利峰,2014 年),《〈大测〉校释》(邓玉函等著,董杰、秦涛校释,2014 年),《会通与嬗变——明末清初东传数学与中国数学及儒学“理”的观念的演化》(宋芝业,2016 年),《江南制造局科技译著集成》(冯立昇主编,2017 年),《中华大典·数学典·会通中西算法分典》《中华大典·数学典·数学家与数学典籍分典》(郭世荣主编,2018 年)。

过去 20 年来,我们主要从西方科技在中国的传播、中国学者对西方科技的接受、清代学者与西方传教士学者之间的互动、中国学者的研究工作几方面来研究清代科学技术史。具体来说,主要展开了以下五方面的研究。

第一,西学东渐的背景下,东亚科学技术史特别是中国科学技术史研究的编史学问题。编史思想决定选择什么样的问题和从哪些角度展开研究。在这方面,韩国学者和日本学者都有一些相当好的见解,值得借鉴。我们重点关注明末以来引进西方科技的一些问题,例如,影响中西科技交流的主要因素,引进西方科技的各种需求,输出方和接受方各自的作用,引进西学的内容选择,引进西学的信息流失与信息不完整性,传教士与东方学者之间的合作、竞争、矛盾等问题,汉译科技著作在东亚的影响,等等。

第二,科技翻译史问题。科技翻译史研究是近年来科学技术史学者投入精力较多的领域。汉译西方科技著作的活动是社会史、经济史、文化史、科学技术史、语言学、交流史、宗教史等学科共同关注的焦点,每个学科都有相当数量的研究成果。研究汉译西方科技著作的翻译方法与理论,跨越应用语言学、科学技术史及中外科技交流史等领域,属于多学科交叉研究。明清科技译著的翻译方法、理论、技术处理与水平,直接关系到西方科技知识在中国的传播方式、传播速度和本土化过程,也关涉中国科技的近代化历程。我们试图对明清时期传入的科技著作的翻译情况形成一个整体认识,试图全面理解这些译著的翻译水平、编译方式,对原著内容的选择、取舍,以及译著内容与传统知识的融合情况,也做了一些细致的个案研究,并在个案基础上进行综合研究。深入到原著和译著内部的实证研究是基础。没有实证研究,只能停留在表面泛论上。要做好实证研究,必须对著作的科学内容本身有深刻的理解,对当时的科学背景和科学内史有全面的把握,需要科学技术史与翻译学双管齐下。这对全面理解明清科技著作翻译活动、翻译水平、翻译方法与理论是不可或缺的，在对中国科学技术史与中国翻译史的研究中是不可省略的。另外，翻译过程中造成的各种偏差，特别是科学思想理解方面的偏差，也是不能不研究的问题。

第三，东亚科技成果的评价问题。近代科学革命带动西方科技迅猛发展，西方科技东传是因为它比东方科技先进，这容易给人造成一种印象，似乎中国、日本、朝鲜等国的学者只是跟在传教士后面，学习他们带来的知识，而没有自己的创新。事实当然不是这样的。因此，如何评价引进西方科技对东方国家科技创新的作用，东方学者在哪些方面做出了创新性工作，怎么理解创新，如何评价东方学者的工作，等等，研究这些问题都需要从传入的知识体系的结构、内容、完整性，以及知识传统等方面进行考察和理解，也必须对这种背景下的创新概念有一个深刻的理解。

第四，西方科技在中国的传播与会通中西问题。科技的传播、接受与本土化是一个复杂的过程，需要从多方面展开研究。毕竟传来的西方知识体系从明末开始至清末为止始终都是不完整的，而且东西方科学传统的差异性极为明显。对清代学者来说，认识、理解、消化、吸收和应用传来的西方科技都具有相当大的挑战性。在翻译西方科技著作之始，会通也就开始了，会通中西科技与西方科技在中国的传播同步展开，二者相辅相成。在前人工作的基础上，更应该关注一些深层次的问题，例如，中国科技学者及其他知识分子对西方科技内容和思想的理解、认知与改造，中国固有知识与传入知识之间的冲突引起的各种问题，中国学者对西方科技知识的重新构建，西方科技对中国社会与学术思想的影响，具体学科或知识领域的前后认知变化，会通中西过程中引起的各种问题，以及中国科技的近代化历程，等等。

第五，晚清科学实验研究。科学实验是近代自然科学的基本特征之一。19 世纪后期，西方实验思想、方法和内容开始大量传入中国。但是对晚清科学实验史的研究是一个薄弱环节，成果少，研究空间大，值得关注的问题很多。我们关注的主要问题有：西方科学实验在晚清的传播情况，科学实验相关文献翻译中的各种问题，中国人对实验的认知与掌握程度，晚清科学实验的整体概况，晚清科学教育中的实验与科学演示，科学实验在晚清的影响程度及其与西方科学实验的差距，中国学者的实验工作，中国学者在科学实验方面的中西会通，等等。

此外，我们也关注了清代科学技术史其他方面的工作，例如科技文献整理、清代学者在某一方面的具体工作、科学家传记、科学家书信、科技与社会、东亚各国间的科学交流，等等。所有这些研究，不是截然分开的，而是相互关联的。

我们编辑出版《清代科技史丛书》的目的，一方面是向同行介绍近年来在清代科学技术史研究方面取得的系列成果，请同行批评指正；另一方面是鞭策和鼓励本单位青年学者和研究生在这一领域做出新的研究成果。

这套丛书的出版获得了内蒙古自治区一流学科建设经费的支持，并得到中国科学技术出版社及该社科学教育分社王晓义社长的大力支持。内蒙古师范大学科学技术史研究院积极组织丛书的撰写工作，并委托本人担任主编。各位作者努力开展研究，通力合作，力图展现最新的研究成果。在此一并致谢!

郭世荣

2021 年 8 月 8 日

目录

第一章 序　言

一、为什么要以晚清科学著作的编译为例来研究晚清科学文化

“科学文化”一词有多种含义，本书中所使用的“科学文化”一词是指人类在探求客观世界及其规律的过程中产生的科学思想、科学方法、理论体系及其器物制作的总和。

关于“科学翻译”，目前有两种提法，一是科技翻译，一是科学翻译。有学者认为：从学科的分类及从历史上翻译内容的发展来看，还是提“科学翻译”为好，以便将其与“文学翻译”区别开。① 本书所使用的“科学翻译”即指自然科学及相关技术著作的翻译活动。本书通过对晚清科学编译著作的文本研究，分析译者对西方著作中科学思想、科学方法、理论体系的翻译与理解的程度，以此研究中国传统文化对翻译的影响，以及西方科学文化在中国的移植过程中的各种问题。

为什么选择晚清（1840—1911 年）？晚清是翻译的大盛时期，是西方近代科学全面、系统传入的时期，也是中国历史、文化大转折的时期。这一时期西方科学的传入对中国社会的冲击与影响不言而喻。值得注意的是，晚清学者是在非常特殊的社会背景下开展科学翻译活动的：中国屡遭屈辱之后开始寻求富强之道，但当时的中国人一方面对自己的传统文化自傲自满，另一方面又迫切需要向外国学习以改变被动挨打局面。这在科学翻译的各个阶段、各个层面都有所体现。另外，晚清很多译者不懂外文，情况特殊。这种情况下的译著会有哪些问题？如何解释？这些问题都很有研究的价值。

为什么选择科学（自然科学及其相关技术）翻译？

① 佘协斌，张峰，陈林，等．科学翻译研究中几个基本问题的历史回顾与思考［J］．上海科技翻译，2001（1）：1-6.

第一，晚清是西方近代科学大规模传入的时期，在上述社会背景下和特殊条件下，尤其是鸦片战争之后的二三十年间，中国士大夫将西方自然科学与制器、制夷相联系。如王韬言："不明重学，则不明夷险之理……不知重学之理者，不足与言制器。"李善兰也表达了同样的看法："今欧罗巴各国日益强盛，为中国边患，推原其故，制器精也。推原制器之精，算学明也……异日人人习算，制器日精，以威海外各国，令震慑……"① 学习西方科学与国家强盛已经紧紧联系在一起。如果说明末清初的士大夫是希望通过翻译来对西方科技"会通"，以求"超胜"，那么到了清末，翻译已经成为传达政治诉求、干预社会的工具。

学习西方科学的主要渠道之一是翻译西方科学著作。这一时期汉译西方著作传播的科学知识及其体系、科学方法、科学思想是否完整体现了西方科学原貌，是否完整传达了西文底本的知识及思想诉求，成为研究西方科学传播的第一步，也是事关西方科学能否在中国扎根的重要问题。然而，目前西学东渐研究的欠缺之一是："西书内容有待于进一步清理。许多西书，人们只闻其名，不知其实，其译自何书，内容如何，与原书有何区别均不甚了了。"② 因此，迫切需要对西方科学译著的内容、底本以及译著与原著的差异等方面进行研究。

第二，翻译并不是一种纯粹的文字转换活动，而是一种话语在另一种文化中的重写和再创造。同时，翻译活动是一个十分复杂的过程，它涉及的因素多、范围广，既包括知识和语言，又与文化相关联，是一种跨文化交流的活动。译者就是要在两种文化之间搭建起沟通的桥梁。而科学翻译，特别是早期的科学翻译，还涉及当时译者和读者的知识背景、知识结构以及他们对西方科学的理解程度，更重要的是涉及两种科学传统的碰撞、交流，同时也涉及不同科学传统的选择与适应。因此，晚清的科学翻译需要深入到译著与底本内部去探讨翻译活动。然而目前对科学翻译的研究大多集中在翻译学、语言学领域，这些研究注重从语言学的角度探讨翻译方法及技巧，或是注重翻译理论等方面研究，对于译著中的科学内容关注不够。因此，针对科学翻译相关的许多问题，单单从语言学层面研究，难以对翻译史上的众多现象进行合理的解释。"翻译的语言学研究途径暴露出的这些局限，不仅使其他学科理论的介入显得非常必要，更为这些学科自身的发展提供了崭新的探索空间。"③

① 李善兰，艾约瑟．序言［M］// 重学．南京：金陵书局，1866.

② 熊月之．西学东渐与晚清社会［M］．上海：上海人民出版社，1994：7.

③ 范祥涛．科学翻译影响下的文化变迁［M］．上海：上海译文出版社，2006：3.

第三，晚清东西方科学发展的水平不在同一个层面上，科学传统也有很大差异。当大量西方科学传入时，中国译者对它们还比较陌生。晚清从英美等国引进的首批重要科学著作，如《重学》《代数学》《谈天》《化学鉴原》《地学浅释》等，其底本基本上是当时西方国家的大学教科书或百科全书，对于西方读者来说并不很艰深，但对于当时的中国人来说，它们所介绍的知识体系、思想方法、科学传统则都是全新的。对于晚清译者来说，翻译这些著作需要面对一种新的科学传统和一套新的科学知识。他们在翻译过程中对原著内容的选择、叙述方式的调整、技术术语的厘定，无不体现他们对陌生科学传统、知识结构、表达习惯的理解程度以及传统知识背景所产生的作用。因此，认为科学翻译仅仅是科学信息的传递这一观点，其前提是科学的概念和语言在不同文化传统中是普适的，不同文化的科学家会用同样的方式思考和行动。在中西科学传统迥异的100多年以前，情况绝非如此。因此，晚清科学翻译的研究对于晚清科学文化的研究应该是一个很好的切入点。

第四，美国科学史家席文（N. Sivin）在《科学史和医学史正发生着怎样的变化》一文中就指出："一项新近的研究提出，把科学作品从一种语言翻译成另一种语言，会改变种种意思……就内容和思想上的差异去做这样的研究，会有价值的。"① 他所指的"一项新的研究"即是美国地质学家和科学史家蒙哥马利（Scott L. Montgomery）的《翻译中的科学》②。该书从科学文化的视角阐述了古希腊天文学在罗马帝国、近东的古叙利亚、波斯和印度的传播过程；论述了日本现代科学是如何通过翻译而逐步形成的，以及19世纪的译者在外来影响下如何通过"改编"和"借用"等手段将西方科学知识引入日本，如何有区别地对待不同原本；并通过实例阐述了现代科学翻译研究中存在的问题。该书著者试图讨论的是翻译在科学知识形成过程中所产生的持续影响。③ 蒙哥马利的研究对中国的情况涉及不多，但他的研究方法和研究思路对我们具有非常大的启发意义。他的研究在翻译学、翻译史以及文化研究领域有较高的关注度。因此，从科学翻译过程中探讨翻译对知识形成的影响是非常有意义的。而且，从科学著作翻译中的问题入手，

---

① 席文. 科学史和医学史正发生着怎样的变化［J］. 任安波，译. 任定成，席文，校. 北京大学学报（哲学社会科学版），2010（1）：93-98.

② MONTGOMERY S L. Science in Translation：Movements of Knowledge through Cultures and Time. Chicago：University of Chicago Press，2000.

③ 范祥涛. 科学翻译影响下的文化变迁［M］. 上海：上海译文出版社，2006：5.

对于新型的中国科学文化成长研究无疑是有益的尝试，对于深入理解晚清西学传播现象是不可或缺的，对于中国近代史、文化史、科技史与中国翻译史的研究也是必不可少的，对于理解晚清社会史、思想史，尤其是洋务运动史，都有一定意义。

另外，从译著研究晚清科学文化，对于当代如何选择、吸收先进的科学技术有着重要的启发意义，对于现在传播科学文化、科学精神的方式有借鉴意义。晚清科学文化的研究对于理解我们现在的科学文化现象也有借鉴意义。

二、目前关于晚清科学翻译与科学文化的研究基础

鸦片战争之后，汉译西方科学著作对晚清社会产生了巨大的影响，成为晚清社会转型的重要动因之一。这一时期的科学翻译受到多个领域的关注，研究成果颇丰，为本书的研究提供了重要的背景及研究基础。与本书有关联的研究归纳起来大致有如下几类。

第一类是对科学文献翻译史实和翻译活动的研究，其中以马祖毅和黎难秋的研究最具代表性。马祖毅的《中国翻译简史——“五四”运动以前部分》（1984年版），黎难秋的《中国科学文献翻译史稿》（1993年版）、《中国科学翻译史料》（1996年版）、《中国科学翻译史》（2006年版），以及2006年出版的《译学新论丛书》中范祥涛的《科学翻译影响下的文化变迁》，都属于这一类。此类研究论文也非常丰富，其中涉及译者、译著、翻译活动、出版机构等；另外对晚清后期和民国初期的一些机构如益智书会、科学社、国立编译馆的名词术语统一工作的研究成果也较多。第二类是一般科学翻译学、翻译方法与理论研究中对相关内容的涉及，如李亚舒、黎难秋的《中国科学翻译史》（2000年版）、乔曾锐的《译论——翻译经验与翻译艺术的评论和探讨》（2000年版）、王秉钦的《20世纪中国翻译思想史》（2004年版）、黄忠廉和李亚舒的《科学翻译学》（2007年版）、《译学新论丛书》中王洪涛的《翻译学的学科建构与文化转向》等。相关研究论文涉及科学翻译的定义、分类、方法、原则、策略等，还有一些在现代翻译理论下对明清时期包括晚清的科学翻译进行的分析研究等。第三类是对术语的厘定与演变的研究，如对晚清数学、物理学、化学、生理学等学科术语名词确定与流变等内容进行梳理。第四类是对明清汉译活动的案例研究，如对明朝徐光启译《几何原本》的研究、对清末严复译《天演论》的研究等。第五类是从社会政治、文化、伦理角度

研究科学翻译的内容、目的等。

在上述五大类研究中，第一类研究成果最多，第二类次之，这两类为本书的研究提供了背景与方法论参考。第三、第四、第五类与本书的研究直接相关，但可惜非常少，其特色如下。

第一，在为数不多的术语研究（第三类）中，大多数是从汉译文本出发对术语进行研究，很少有针对汉译著作及其底本的对比研究。这种研究有一定缺陷，主要是 19 世纪初西方科学术语也没有达到现代术语的规范程度。直接以现代术语为参照研究当时创译的术语，很有可能脱离当时科学术语的发展背景，导致研究的辉格化。

第二，第四类案例研究屈指可数。虽然冠以如"明译《几何原本》"或"徐光启、利玛窦译《几何原本》"之名的研究论文不少，但大多是对翻译的背景、翻译的时间及其影响的研究；对于《几何原本》翻译得到底如何、对西方公理化体系表达得如何等问题的研究非常少。《汉译〈几何原本〉的版本整理与翻译研究》①以卷一"界说"为例，与拉丁语底本进行翻译比对。该研究表明，无论是语义还是文体，汉译《几何原本》的"界说"基本上做到了用切近而自然的对等表达再现原文信息。利玛窦（Matte Ricci）和徐光启用古汉语重构了西方古典几何学的逻辑推理和公理化体系，在中西文化交流史上具有重要的里程碑意义。《明译〈几何原本〉确定数学术语的方法与原则初探》②以中国古代数学为参照，分析了明译《几何原本》中的术语，并与《数理精蕴》中的术语做了对比研究。这一类研究对于我们探讨科学翻译过程中传统文化对翻译的影响、促进新型科学文化的成长非常有益。

第三，从我们的资料收集与整理也可以看到，对严复的科学翻译的研究非常丰富，尤其是对其翻译《天演论》的研究不少。我们用"天演论"与"翻译"两个关键词在中国知网合并检索，得到 374 条记录，其中有一大批硕士学位论文。这些研究论文主要包含两类。一是把严复作为近代重要的启蒙思想家，来论述他的进化论观点和他对西方学术的传播，这类论说主要见于史学界、思想界；二是把他作为翻译家来谈论他的译文和他提出的"信、达、雅"翻译要则，这类论述

---

① 纪志刚．汉译《几何原本》的版本整理与翻译研究［J］．上海交通大学学报（哲学社会科学版），2013（3）：27-32+72.

② 郭静霞．明译《几何原本》确定数学术语的方法与原则初探［D］．呼和浩特：内蒙古师范大学，2008.

主要见于翻译界。前者对严复的译文和翻译要则评述不多，后者主要谈翻译问题，而对严复采用“达旨”式译法的深刻原因和所下苦功却鲜有人论或论之不够。[①]这也是晚清其他科学翻译研究存在的共同问题。

第四，第五类关于科学翻译与科学文化的研究中，针对性的研究更少。《翻译伦理与译者——从鸦片战争到“五四”运动时期的案例研究》[②]《清末翻译文本的伦理选择》[③]《文化因素对翻译的影响》[④]《翻译对文化的迁移作用》[⑤]《翻译与中国文化》[⑥] 等对翻译与文化之间的关系、互相作用有不同程度的论述，成为本书研究的重要参考。但由于研究目标所限，这些研究一方面是针对一般意义上的文化而不是科学文化来研讨，另一方面也少有从中英文底本的差异来探讨新型的西方科学文化在译著中的再现情况。

上述情况说明，目前晚清科学翻译的研究对科学内容的关注不够。晚清时期中西科学发展差距较大，而西方近代科学又是首次系统传入。这种情况下，科学翻译研究的首要问题是译著“达旨”的问题。此问题不解决，其他方面的研究将成为无源之水、无本之木。这是西方科学向中国移植的重要问题，甚至关系到日后中国读者对这些科学知识的把握程度，是他们科学观形成的重要基础。另外，宏观论述有余，微观研究不足，多数研究者并没有真正深入到原著和译著内部，没有深入、系统地对照原本与译文进行实证研究，因而，内容重复、人云亦云的现象十分普遍。

科学文化是文化研究不可缺少的一部分，更重要的是晚清科学文化对当时的社会变革、对西方科学在中国的发展、对中国科学文化的形成，具有特殊意义。晚清编译的科学著作中所体现的科学文化对传播的内容、方式有直接的影响，甚至可以说是晚清中国人理解西方科学精髓的关键所在，也是我们理解晚清科学传播相关现象的关键所在。

因此，要对晚清科学翻译有一个整体的认识，搞清这些编译著作与原著之间的差异，并深入研究这些差异背后的原因，以此进一步分析、提炼编译著作中所

---

① 王克非．论严复《天演论》的翻译［J］．中国翻译，1992（3）：6-10.

② 梁亚帅．翻译伦理与译者——从鸦片战争到“五四”运动时期的案例研究［D］．广州：广东商学院，2012.

③ 涂兵兰．清末翻译文本的伦理选择［J］．天津外国语大学学报，2012（2）：36-39.

④ 陈霞．文化因素对翻译的影响［D］．福州：福建师范大学，2004.

⑤ 曹赛先．翻译对文化的迁移作用［D］．长沙：湖南大学，2001.

⑥ 曾珠璇．翻译与中国文化［D］．福州：福建师范大学，2002.

体现的科学文化及其对晚清社会产生的影响，是非常有必要的。为此，既需要做深入细致的个案研究，也需要在个案基础上对这些著作所体现的科学文化进行综合研究。目前迫切需要深入到原著和译著内部进行研究，这是基础，否则只能停留在表面，泛泛而论。要做好这一点，需要从一般历史学、科学史、科学文化史、科学思想史与翻译学几方面共同研究。

三、晚清科学翻译研究的几个问题

1. 科学翻译研究的分期问题与关注重点

关于我国科学翻译史系统而全面的理论探讨的历史并不长，研究者对科学翻译研究的分期问题仍然存在分歧。如，马祖毅《翻译简史》按翻译实践的高潮将五四以前的翻译史分为佛经翻译、耶稣会士与士大夫对科技书籍的翻译和鸦片战争后的西学翻译。① 陈福康《中国译学理论史稿》作为我国第一部有关传统译论的专著，运用史学的分期方法将译论分为古代、近代、现代和当代译论。② 黎难秋的《中国科学翻译史》将1949年之前的中国翻译分为四个时期：汉魏晋唐（附庸期）、明末清初（萌芽期）、清末（成长期）、民国时期（形成期）③。

还有学者按传统翻译理论自身发展的规律，将中国传统翻译划分为四个阶段：发生期（184—1111年）、发展期（1584—1898年）、成熟期（1898-1949年）、转型期（1949—1990年）。④ 该分期将1898年作为一个节点，其理由是1898年严复发表《天演论·译例言》，提出“译事三难：信、达、雅”。破题这一句话，“一言为天下法，开近代译学之先河！”（罗新璋）而在四年之前，1894年，马建忠的《拟设翻译书院议》就谈到了翻译之难，并提出了“善译”的标准，实为“信、达、雅”的先声。因此，“信、达、雅”说承前启后。但自严复后，译论的面貌则大为改观，故将1898严复《天演论》的出版和“信、达、雅”的翻译标准的确立，作为从“发展期”到“成熟期”的一个节点。关注分期的时间节点的特殊意义也不无道理。事实上研究目标决定研究重点，也将会导致不同的分期方法。

上述分期是针对一般翻译史。本书的研究视角是从科学史、科学传播的角度研究晚清的科学翻译及其科学文化，关注的重点是翻译过程中的科学内容、体系、

① 马祖毅．中国翻译简史［M］．北京：中国对外翻译出版公司，1998：6.

② 陈福康．中国译学理论史稿［M］．上海：上海外语教育出版社，1992：11.

③ 黎难秋．中国科学翻译史［M］．合肥：中国科学技术大学出版社，2006：15-24.

④ 蒋童．中国传统译论的分期与分类［J］．中国翻译，1996（6）：10-13.

理论及方法的传播，属于科学史、翻译史的交叉领域。因此晚清科学翻译的分期需要借鉴翻译史，并考虑中国近代科学史的分期方式，根据研究对象和研究目的来确定晚清科学翻译的分期，以便在研究中突出不同时期的特点。

在编史学上，近代科学史的分期问题也同样存在争议，因为它直接关系到如何把握中国近代科学发展的脉络，如何理解中国近代科技发展的内在原因。由于讨论的对象不同，科技史的分期一般不等同于一般历史的分期。如果把中国科技史纳入世界科技史发展框架之内进行讨论的话，它与西方近现代科学技术史最显著的差别在于，中国近代科学史实际上是西方科学向中国移植并与中国科学思想融合发展的历史。这样，中国近现代科学技术史的分期必须把世界近现代科学在我国的传播、冲突与融合联系起来，既要考虑世界科学技术知识体系自身发展各阶段的特点，也要考虑世界科学技术传入后与我国传统社会、经济、文化相互作用的特点。① 在科学史上，一般把 1582 年耶稣会传教士利玛窦来华作为中国近代科学历史转变的时间坐标。但张祖林、周勇《论中国古代传统科学向近代科学转变的时间坐标》一文认为，1607 年刊印《几何原本》，是中国 17 世纪科学革命的第一个标志，也是中国近代科学的起点。②

该文论证道：

利玛窦入华所传播的亚里士多德的宇宙理论及托勒密的地心说，是掺杂着中世纪神学的古希腊科学遗产，虽然它不属于近代科学的内容，并且用我们今天的眼光来看也许会感到非常的陈腐，但它是导致近代科学革命的背景知识，是欧洲人认识宇宙的重要阶梯，对于中国古代传统科学而言则是全新的、异质的知识。在中国近代文明破晓前，它所导致的我国天文学知识结构乃至整个宇宙观方面的重大变革，仍然具有历史标志性的意义。

中国传统数学体系的经典是成书于西汉末期的《九章算术》。利玛窦传入《几何原本》，在中国数学史乃至在中国科学史上都具有划时代的重要意义。徐光启等我国最早接受西方科学的知识分子，通过对《几何原本》的翻译与研究，思维方式发生了重大的变化，并促成了对中国传统伦理哲学体系的分解……《几何原本》的翻译和传播，不仅是一种知识的传播，更重要的是一种科学方法的传播……并视为贯通一切学问的方法。这对中国传统科学来说也具有特别重要的意义……西

① 张祖林，周勇．论中国古代传统科学向近代科学转变的时间坐标［J］．华中师范大学学报（自然科学版），2005（3）：427-432.

② 同上。

方数学以具有严密公理体系的《几何原本》为经典，中国数学以面向实用计算的《九章算术》为经典。西方数学传入中国,《几何原本》动摇了《九章算术》的经典地位，它是对中国传统数学的革命。因此，1607 年刊印《几何原本》，是中国 17 世纪科学革命的第一个标志，也是中国近代科学的起点。

这是从西方数学对中国传统数学的冲击的角度得出的结论。那么近代西方天文学、经典力学等学科的情况又如何?

众所周知，明清时期传入的西方天文学是第谷体系。1760 年耶稣会士蒋友仁假献《坤舆全图》(后刊印为《坤舆图说》) 而向清廷报告了日心说、地动说和开普勒三定律，但常人不知其详。又过了将近 40 年，即 1799 年，当年参与润色《坤舆图说》说明文字的钱大昕将其稿本以《地球图说》为题刊刻问世，但钱大昕却对此采用了实用主义态度，认为只要历法精确，就不必追问什么体系或宇宙观的问题，无论什么体系都只是借以方便计算的假象而已。① 阮元在为《地球图说》作的序中还劝告读者对新宇宙观“不必喜其新而宗之”。阮元还在他编写的《畴人传》中公开将新宇宙观看作异端邪说:“上下易位，动静倒置，则离经叛道，不可为训。” ② 由于钱大昕与阮元都是当时乾嘉学派的泰斗，他们的言论致使哥白尼、开普勒建立的新宇宙观在当时的影响也极为微小。③

在阮元说这番话的半个多世纪之后，李善兰在《谈天 · 序》(1859 年) 中对钱大昕、阮元的观点进行驳斥:“未尝精心考察，而拘牵经义，妄生议论，甚无谓也。” 李善兰用经典物理学发展的历史事实说明了近代宇宙体系的合理性及正确性，并指出:“定论如山，不可移矣。” 李善兰的此篇序言“代表了当时中国一批先进学者接受新科学宇宙观的宣言书，成为中国人从传统宇宙观发生根本转变的一块历史界标” ④。经典物理学也正是在同一年翻译传入。

我们今天习以为常的日心地动说、椭圆轨道、万有引力观念、微积分等近代科学的核心内容均是在 1859 年通过《谈天》《重学》和《代微积拾级》首次被译成汉语传入中国。这些著作首次让中国人知晓近代科学革命的成果——近代宇宙体系及经典力学体系。

---

① 戴念祖. 中国科学技术史：物理学卷 [M]. 北京：科学出版社，2001：570.

② 阮元. 畴人传 · 蒋友仁传 [M] // 戴念祖. 中国科学技术史：物理学卷. 北京：科学出版社，2001：570.

③ 席泽宗，严敦杰，薄树人，等. 日心地动说在中国——纪念哥白尼诞生五百周年 [J]. 中国科学，1973 (3)：270–279.

④ 戴念祖. 中国科学技术史：物理学卷 [M]. 北京：科学出版社，2001：570.

从这个意义上讲，西方近代科学在中国的翻译与传播，1859 年是一个值得注意的时间节点。所以本书关注的是 1859 年之后传入的西方科学技术文本的翻译问题。

2. 本书对科学翻译研究的文本选择

科学翻译的文本形式多样，按照文体的正式程度可分为：①具有法律效力的专利说明书、工业标准、技术合同、国际学术性组织的章程与文件等；②科学理论专著、论文、高级教科书、正式的研究报告等；③通俗的科技教科书、科技报道、产品说明书、试验分析报告、科研工作报告等；④科普读物或科普宣传材料；⑤产品广告等。[①] 本书所研究文本的类型基本上是上述第二类中的科学理论专著、高级教科书，兼有第三类通俗的科技教科书的性质。

具体涉及的文本是鸦片战争之后首批传入中国的几部有代表性的译著。一是 1859 年传入的西方近代科学革命的核心内容，如《重学》（1859 年）、《谈天》（1959 年）、《几何原本》（后九卷，1859 年）、《代微积拾级》（1859 年）等；二是近代科学革命之后西方科学发展的几个重要学科的有关论著，也是首次系统介绍西方近代科学的译著，如《化学鉴原》（1871 年）、《地学浅释》（1871 年）、《开煤要法》（1871 年）等。选择首批传入的西方科学译著作为研究对象，目的在于探讨当时学人如何面对陌生的知识体系、陌生的科学理论与研究方法，探讨首次用汉语表达的科学术语等，以及翻译中表现出的中西科学文化的冲突。至于之后各学科的翻译与传播，本书会有部分涉及，但不作为主要的案例来分析。这样处理的原因是，首先选择有代表性的著作来研究，然后再进一步拓展。

3. 本书所关注的问题

本书要解决的问题是晚清编译著作者对原著的内容、体系、科学方法进行了怎样的选择、重构，及其对传播西方科学的影响；关注译著所传播的科学文化与底本中的西方科学文化有何差别，以深化对晚清西学东渐过程中的科学文化现象的理解。本书关注的问题有以下几方面。第一，考察译著及其底本的科学发展背景的差异，为文本差异的分析提供参考。第二，考察译著与底本的差异，主要关注译本与底本在体例、结构及内容上的差异，特别关注译著对底本知识体系、理论、方法的再现或重构。第三，通过译著与底本的差异探讨社会背景、传统文化及知识结构差异在翻译过程中产生的作用。

---

① 方梦之. 科技英语实用文体［M］. 上海：上海翻译出版公司，1989.

原文与译文的对比是一项费时费力的细致工作，需要研究者对原著的科学内容、思想、体系有深刻的理解，对我国的文化史、科学史有全面的理解。另外，对编者、译者的知识结构和文化素养在选择与重构中所产生的作用的分析需要大量的文献支持，同时需要做大量的引证与分析工作。

在方法论上，本书选取了有代表性的译著与原底本进行对比，并辅以其他方法进行研究分析。特别是典型案例分析与综合分析结合，使得对“科学文化”这样一个抽象、宽泛的概念的研究得以实证化。

第二章

晚清科学译著中西文本的学术背景

在古代，中国科学在以统一文字规范为基础的传统道路上自我独立发展，在人类文明史上长期居于领先地位。在西方古代各国中，也许只有古希腊和中世纪的阿拉伯可以与古代中国媲美。但到了文艺复兴之后，当西方大踏步地建立了近代科学体系时，中国科学却相形见绌了。

近代之后，中国科学从独立发展走向与异质的近代西方科学思想的融合，进而接受与发展，中西科学思想、科学传统的差异之大可想而知。西方科学经历了从哥白尼到牛顿的科学革命之后，科学体系以及借助数学和实验的科学研究方法基本形成，物理学、天文学、化学、生物学、地质学等学科相继得到了不同程度的发展。到19世纪中叶，西方科学已经形成了庞大的知识体系。这些知识体系在鸦片战争之后开始系统传入中国，对中国知识分子造成的冲击也有目共睹。他们视西方技艺为“奇技淫巧”，坚持“西学中源”等说法。当异质的西方科学传入中国时，第一道门槛则与翻译有直接关系。而译著的形式与内容则是译著所处时代的科学、社会、政治背景的一个侧面反映，这一点也与译著底本所在的西方学术背景形成了鲜明的对照。本章将具体探讨鸦片战争之后第一批西方科学著作的传入，以及译著与底本的学术背景，为理解译著的翻译特征提供基础。

第一节　近代科学革命的成果及其在中国的传播

一、近代科学革命与中国的学术背景

1. 近代科学革命

1543年《天体运行论》的出版标志着近代科学革命的开端。哥白尼的地动观

念对当时的思想构成了严重的挑战——人类宁愿认为自己的居所在太空中固定不动，并且被安排在适当的位置，而不是一粒可有可无的微尘，在浩瀚甚至是无限的宇宙中漫无目的地飘荡。因此，哥白尼新的宇宙体系撼动了科学的整个结构和人们的自我认识。哥白尼的著作最终动摇了亚里士多德关于宇宙本性和地球的看法，引起了思想上的深刻巨变。更重要的是，哥白尼的地动学说所提出的问题[①]及其内涵直指物理学和天文学的基础，也为新物理学的发展提出了问题：行星为什么能够被紧紧地束缚在太阳周围绕太阳做规则运动？对这一问题的回答导致了物理学革命。1687 年牛顿《自然哲学的数学原理》的出版标志着经典力学体系的建立。正因如此，历史学家才把从哥白尼到牛顿发生的一系列科学上的变革称为科学革命。

16、17 世纪的欧洲科学革命建立了近代科学的框架体系。到 18 世纪下半叶，各门新学科的创立使科学知识倍增，科学组织机构的建立使科学成为一种社会建制，科学的普及与大众化使科学已经不仅仅是少数人的活动。整个 19 世纪，科学吸引了贵族官员、工人以及各色人等参与和理解。从西方科学发展的历史来看，数学、物理学、化学、地质学等发展的时间不尽相同。如 16、17 世纪主要是天文学、经典力学有突破性进展，并建立了近代科学的框架体系；近代化学在 18 世纪兴起，地质学及其相关学科则在 19 世纪有较大的发展。

但于中国而言，耶稣会士利玛窦于 1582 年如华开启的第一次西学东渐，并没有将上述近代科学革命的成果传入中国。直到鸦片战争之后，近代科学才开始较为系统地传入。虽然当时并没有将哥白尼《天体运行论》及牛顿《自然哲学的数学原理》[②]译介进来，但在晚清第一批传入的《谈天》《重学》《代微积拾级》中包含了天体运行论及经典力学的全部内容。正是这些著作首次将西方近代科学革命的成果地动日心说、经典力学、微积分等知识系统传入中国，而传入的时间正是前文提及的 1859 年。

为叙述方便，本章直接以我们研究的文本为切入点，主要介绍近代科学革命两大最具代表性的学科——天文学与力学的相关科学著作的成书背景及西方科学

① 哥白尼学说遇到两大困难：第一是恒星视差问题，即如果地球运动，应当观测到视差，但是以当时的观测条件无法实现；第二是地动抛物问题，即如果地球运动，抛出的物体不应当落在抛出点，且如果地球运动，地面上的物体应该分崩离析，而我们观察到的却不是这样。这需要新的物理运动理论加以解释。

② 李善兰曾翻译牛顿的《自然哲学的数学原理》，但只译出一卷，未刊行。

发展，以此与晚清科学著作翻译的社会文化背景相对照。

2. 1859 年前后中国的学术背景

明末清初，传统科学技术的发展已经接近尾声。1840 年，第一次鸦片战争爆发，中国被迫打开了闭关自守的大门。战争的失败和不平等条约的签订，使中国社会开始发生巨大变化。第一次鸦片战争之后，19 世纪下半叶到 20 世纪初，中国更是遭受了多次大规模的侵略战争。这些侵略战争以及一系列不平等条约的签订，使得“天朝上国”摇摇欲坠。

18—19 世纪，近代科学在欧洲得到了全面发展，而中国闭关锁国百余年，中国人无从了解西方近代科学及其最新发展。

最先开眼看世界的林则徐、魏源提出了“师夷长技以制夷”的救国主张。1838 年林则徐为钦差大臣，疾驰广东禁烟。他深知“知己知彼，百战不殆”的道理，抵达广东后，便“日日使人刺探西事，翻译西书，又购其新闻纸”①，借以采访夷情；为方便翻译书刊，还设立了翻译官。对鸦片战争产生最强烈反应的要数魏源的《海国图志》(1844 年)，魏源在书中多处明确宣示，该书是对当时英国人侵中国的反应。魏源在该书的《筹海篇》中提出：“有用之物，即奇技而非淫巧。今西洋器械，借风力、水力、火力，夺造化，通神明，无非竭耳目心思之力以为民用。因其所长而用之，即因其长而制之，风气日开，智慧日出，方见东海之民，犹西海之民。”“师夷长技以制夷”的主张表明，要放弃闭关自守、夜郎自大的错误政策，只有努力学习西方先进科技，才不至于继续落后挨打。

另一方面，鸦片战争的失败迫使清政府与英、美、法等国签订不平等条约，广州、上海等五大沿海城市大开门户，吸引了大批的殖民主义者、传教士和外国商人。在这些外国人中，虽然不同的人有不同的目的，但是他们让中国人接纳认可的途径却基本一致，即让中国人了解西方科学技术的先进性。要了解西方科学技术，翻译成为首要的问题。但是随着西学的译介与传播，中国传统科学、教育受到重大冲击，围绕着新学与旧学、西学与中学，在救亡图存中出现了长期的争论。不过，人们在制造洋枪洋炮、抵御外敌方面却并无大的分歧，而制造洋枪洋炮所需的天、算、机械知识成为当时急需。正如韦廉臣所言：“国之强盛由于民，民之强盛由于心，心之强盛由于格物穷理……精天文则能航海通商，察风理则能避飓，明重学则能造一切奇器，知电则万里之外音信顷刻可通，故曰心之强盛由

① 魏源. 海国图志［M］. 长沙：岳麓书社，1998.

于格物穷理。”[①] 中国人只有努力学习天文、重学等各类西方格致实学，才能改变中国落后挨打的现状，逐步实现国富民强。这一观念一经提出，便受到李善兰、王韬等先进知识分子的认同。他们希望通过与传教士合作，翻译中国人前所未闻、前所未见且具有经世意义的西方科学书籍，以传播西学，使其为我所用。在此背景下，1859 年成为西学传播过程中较为特殊的时间点。在这一年，哥白尼的日心说、牛顿的经典力学以及微积分通过《谈天》《重学》《代微积拾级》《代数学》同时被译介进来。

3. 译书机构、译者及其译著

在对西方科学的翻译活动中，译者与翻译机构是值得关注的研究对象。翻译机构的成立及其译著数目足以证明当时科学译介的内容、规模等问题。这里我们重点提及两家翻译机构，一家是上海墨海书馆，另一家是江南机器制造总局[②]。一是这两家翻译机构与本书的研究文本直接相关，二是这两家机构无论是翻译出版译著的规模，还是在传播西学方面的作用，都具有代表性。

19 世纪中期，传教士开始设立近代编译出版机构上海墨海书馆。墨海书馆从 1843 年 12 月起大约开办了 20 年之久，先后由麦都思（Walter Henry Medhurst）和伟烈亚力（Alexander Wylie）主持。墨海书馆除出版传教布道类书籍，还编译出版科学书籍，向中国人介绍前所未闻、前所未见的西方科学知识。19 世纪 50 年代，伟烈亚力、艾约瑟（Joseph Edkins）、韦廉臣（Alexander Williamson）等人和中国学者李善兰、王韬、张福僖等人合作，在墨海书馆翻译了多种科学著作，包括《数学启蒙》（1853 年）、《几何原本》后九卷（1857 年）、《重学浅说》（1858 年）、《代数学》（1859 年）、《代微积拾级》（1859 年）、《谈天》（1859 年）、《重学》（1859 年）、《植物学》（1859 年）。

西方科学的传入，使清政府看到了西方科学的强大，也认识到翻译人才的重要性。1865 年，清政府在上海创办了江南机器制造总局，于 1868 年附设了翻译馆，该馆是中国近代科技著作翻译出版的重要机构。馆内有徐寿、华蘅芳、赵元益、徐建寅等中国著名学者，并聘请傅兰雅（John Fryer）、金楷理（Carl Traugott Kreyer）、林乐知（Young John Allen）等西方人士为译员，还有伟烈亚力、玛高温（Daniel Jerome Macgowan）等人的参加，近 40 年间共译科技著作 200 多种，如《化

① 韦廉臣．格物穷理论［J］．六合丛谈，1857（6）：3–5.

② 江南机器制造总局，在其出版的书籍中亦称“江南制造总局”或“江南制造局”。

学鉴原》(1871年)、(化学鉴原续编)(1875年)、《化学鉴原补编》(1880年)、《化学分原》(1872年)、《化学考质》(1883年)、《化学求数》(1883年)、《地学浅释》(1871年)、《金石识别》(1872年)、《开煤要法》(1871年)、《井矿工程》(1879年)等“紧要”科学著作。

本书关注的科学翻译的时间段及文本中，重要译者当属李善兰、徐寿父子、华蘅芳家族等。其中李善兰翻译的数量、种类，涉及的学科等，都算是佼佼者。1845年，当李善兰拿着自己的算学新书，向墨海书馆的西方人士请教时，恰遇“熟习中国语言文字、精于算学”[①]的伟烈亚力。伟烈亚力钦佩李善兰在算学和天文学方面的学识，“因请之译西国深奥算学，并天文等书”[②]。此后，李善兰陆续结识了艾约瑟和韦廉臣等人，开始与他们翻译数学、天文学、力学、植物学等书籍。李善兰在这时期的学术活动，完全以翻译西书为主，揭开了西学在明末清初之后再度东传的序幕。对于这个时期的贡献，李善兰也十分自豪:“当今天算名家，非余而谁？近与伟烈君译成数书，现将竣事，海内谈天者必将奉为宗师，李尚之(锐)、梅定九(文鼎)恐将瞠乎后矣！”[③]前面所言西方近代科学革命之成果地动日心说、经典力学、微积分、代数学等，李善兰均有翻译。

二、哥白尼学说的系统传入——《谈天》

关于经典力学的翻译与传播，已有完整研究[④]，不再赘述。下面重点讨论哥白尼学说的传入及其翻译。

1.《谈天》译介之前西方天文学在中国的传播状况

鸦片战争之前传入中国的西方科学，当数天文学内容最丰富。当时中国人接触西方天文学知识主要是通过《崇祯历书》《历象考成》等著作，其中涉及托勒密的九重天思想、地为球形概念、本轮均轮体系等，属于第谷宇宙体系。鸦片战争之后，最先传入的两部天文学著作是英国医生合信(Benjamin Hobson)[⑤]所译的《天文略论》(或译《天文说略》，1849年)和哈巴安德(Andrew P. Happer)的

---

① 丁福保，周云青. 四部总录天文编：第1册[M]. 北京：文物出版社，1956：29.

② 同上。

③ 王韬. 王韬日记[M]. 方行，汤志钧，整理. 北京：中华书局，1987：69-70.

④ 聂馥玲. 晚清经典力学的传入——以《重学》为中心的比较研究[M]. 济南：山东教育出版社，2013.

⑤ 合信是道光十九年(1839年)来华的英国传教士、医生，曾在澳门、香港地区的医院以及广州惠爱医馆行医。

《天文问答》(1849年)。

1849年，合信编著《天文略论》一书，由粤东西关惠爱医馆刊出，后经略微修改收入合信《博物新编》(1855年)第二集。《天文略论》介绍了太阳系构成、行星运动、潮汐、月食、彗星等天文地理方面的知识，其中也包括18世纪末以来的天文学新进展，如天王星、海王星和卡西尼(Giovanni Domenico Cassini)发现的土星环的环缝等，并附有太阳系的结构图与望远镜图。①

《天文问答》为问答式体裁，涉及西方天文学常识，特别是其中的日食和月食的缘由、风雨的成因、彗星、万有引力理论等知识，对一般民众具有启蒙意义。

另外，还有一些与天文学相关的著作零星地介绍了西方天文学知识，如魏源的《海国图志》，记载了哥白尼学说以及行星运动的椭圆轨道等。葡萄牙人玛吉士(Jose Martins)于道光二十七年(1847年)辑译刊出的《新释地理备考全书》十卷，主要介绍世界地理，其中卷一介绍了地球和太阳系的知识。

总之，在《谈天》翻译传入之前，近代西方天文学的基本知识在不同著作中有所介绍，但是近代天文学系统的理论及方法仍然没有触及。中国天文学在理论上尚未完成地心体系向日心体系的转变，在技术上也未实现从古典仪器向望远镜的发展，仍徘徊在向近代天文学转变的道路上。②

2.《谈天》的底本作者

《谈天》的翻译始于咸丰元年(1851年)。这一年恰逢约翰·赫歇尔(John Herschel)的天文学名著 *Outlines of Astronomy*(《天文学概要》)的第4版问世，该书很快传入了我国。依据这一最新英文版，伟烈亚力首先将其口译为中文，后经李善兰笔录、整理、删述，历时八年完成，并于咸丰九年(1859年)由墨海书馆刊行，译名《谈天》。《谈天》首次将哥白尼的天体运行论系统传入中国。

Outlines of Astronomy 是约翰·赫歇尔在其早期著作 *A Treatise on Astronomy*(《天学论》)的基础上增补而成的。该书收录于 *Cabinet Cyclopedia*(《百科全书》)，是约翰·赫歇尔为天文爱好者所写的一篇科普作品，总结概括了当时欧洲已有的基础天文学和天体力学知识。全文共637个小节，除导言外，共有13章，内容涉及论地、测量之理、地理、天图、日躔、月离、动理、诸行星、诸月、彗星、摄动、历法等内容，但对恒星、星云、双星等方面的观测完全没有

① 韩琦，邓亮．科学新知在东南亚和中国沿海城市的传播——以嘉庆至咸丰年间天王星知识的介绍为例[J]．自然辩证法通讯，2016，38(6)：60-67.

② 邓可卉．晚清时期西方近代天文学的传入和普及[J]．哈尔滨大学学报，2008(5)：1-10.

提及。

约翰·赫歇尔1792年生于伦敦白金汉郡斯劳，1871年卒于肯特郡霍克赫斯特，是英国著名的天文学家、化学家、物理学家。作为天文世家赫歇尔家族[①]中的一员，约翰·赫歇尔除了在天文学领域成就卓越，其一生的科学研究还涉足数学、物理光学、化学、电学、地质学、声学、磁学、矿物学、地质学、古典文学等多个领域，为后人留下了多部科学著作。他的大部分论文都收录于百科全书，是一位声望极高且极其多产的科学家。他的天文学名著*Outlines of Astronomy*和气象、地理学著作*Treatise of Geography*（《地理学概论》），在英国问世之后影响极大，先后由英国传教士传入中国，并被翻译为《谈天》和《测候丛谈》，在我国晚清时期广为流传。因此，约翰·赫歇尔不仅在西方科技史上，而且在中国科技史上都占有十分重要的地位。

约翰·赫歇尔17岁时升入剑桥的圣约翰大学，开始系统地学习数学，大学期间荣获了史密斯奖（Smith's Prizeman）一等奖，发表了一系列与代数学、三角学相关的数学论文。正是其中的第五篇[②]使他年仅21岁就获得了"皇家学会研究员"的殊荣。在剑桥大学里，他还与皮考克（George Peacock）[③]、巴贝奇（Charles Babages）[④]、休厄尔（William Whewell）[⑤]结为挚友。1813年，约翰·赫歇尔参加了剑桥大学的荣誉学位考试（当时的学位考试形式为口试），被剑桥大学授予"甲等一级"的称号。皮考克获第二名，巴贝奇自觉没有能力与约翰·赫歇尔竞争而退出了考试。同年，他取得了剑桥大学文学学士学位，并被评选为"大学特邀研究员"（他将这一荣誉保持了16年之久，直到他结婚时为止）。约翰·赫歇尔也参加了剑桥大学的教学改革。

---

① 约翰·赫歇尔是英国著名天文学家威廉·赫歇尔（Frederick William Herschel）唯一的孩子。威廉·赫歇尔自行研制了18世纪最大的反射望远镜，并首先发现了太阳系第七大行星——天王星，是英国皇家天文学会的第一任会长。威廉·赫歇尔是将人们的视野从太阳系引入银河系的第一人。对恒星领域全神贯注的观测与研究，使他成为19世纪欧洲天文学界的先驱人物，被誉为"恒星之父"。约翰·赫歇尔的姑姑卡罗琳·赫歇尔（Caroline Herschel）终身未嫁，全身心地协助哥哥的天文学事业，并在业余时间独立发现了八个彗星和三个星云，成为世界上第一位著名的女天文学家。

② 约翰·赫歇尔的数学论文"On a Remarkable Application of Cotes's Theroem"，于1812年11月12日发表。

③ 皮考克，英国数学家，曾著有*Treatise on Algebra*（《代数学》），1830后任伊利大教堂的主持牧师。

④ 巴贝奇，英国数学家，一生致力于研究运筹学，被称为现代计算机的先驱。

⑤ 休厄尔，英国科学史家和科学哲学家。下一小节将主要介绍休厄尔，他是另一部译著《重学》底本的作者。

1838年，约翰·赫歇尔在非洲旅行，完成了对整个南半球恒星天的观测。他在发表其观测成果的同时，注意到《天学论》中部分观测数据的陈旧，对该书的内容进行了更新，增加了“椭圆诸根之变”“逐时经纬度之差”“恒星”“恒星之理”“星林”五章内容，并把父亲威廉、姑姑卡罗琳对北半球恒星天的观测成果以及他自己对南半球恒星、星云、双星等的最新观测也一并整合到了该书中，于1847年最终完成，正式更名为*Outlines of Astronomy*。这是他一生中最具世界影响力的一部天文学著作。1849年，这本集天文、地理、光学、气象学于一体的科普巨著出版。

由于*Outlines of Astronomy*这本书面向的读者是广大天文爱好者，而读者群对天文学知识的了解程度不一，所以约翰·赫歇尔在各章节内容的编排上力求由浅入深。在开篇的导言中，他向广大读者言明：这部作品的目的不在于细论天文观测的种种步骤和各种天文原理的推演方法，而是旨在引导每一位读者以实事求是的态度、严谨的观测方法，看清我们这个宇宙的真实图景，然后将他们带到通往天文学研究的道路上。他还特别提醒天文学研究者在众多学说面前应该保持清醒的头脑，以观测事实为依据，排除虚妄之理论。

三、西方符号代数的传入——《代数学》《代数术》

就代数而言，伟烈亚力在中译本《代数学》自序中言：“近代西国，凡天文、火器、航海、筑城、光学、重学等事，其推算皆以代数驭之。”代数在西方科学里是一种必不可少的数学工具，在物理、天文等各领域都有所应用，是理解上述天文、力学译著的重要工具。由此可以理解为什么《谈天》《重学》《代数学》等译著都同时出版。

西方代数学知识的最早系统传入，可追溯到《数理精蕴》中的《借根方比例》一节，实际上此前在16世纪已有对数的内容传入。《数理精蕴》是康熙御制，它的流传和影响较之其他天文算书更具优势。雍正禁教，致使数学的传播受阻，因此乾嘉以来学者转向搜集整理中国古代算书，考据之风盛行一时。对古代算书的发掘整理，无疑有助于中国传统数学的恢复。“1790年代后期，通过乾嘉学派的辑佚、校勘与考证等工作，失传五百多年之久的古算典籍如《算经十书》，乃至宋金元四大家的杰出作品，才得以重见天日，并进一步成为19世纪中国数学家所凭仗的主要研究资源之一。”① 当然《代数学》的中译可能是一种自然趋势，不需要

① 洪万生．谈天三友［M］．台北：明文书局，1993：3-4.

为其找出一个客观上的理由。但是正如洪万生先生所指出的，“算学不可能自外于一个学术环境或文化背景而发展”。我们可以从两方面来评析乾嘉学派。一方面，它没有继续西学的传播；而另一方面，对传统数学的研究，客观上为吸收和融合西方数学做了准备。就西方知识和文化体系而言，作为它的迎纳者的中国，是以自身的文化背景为基础，对其进行理解、迎纳和吸收的。所以，乾嘉学派的考据之风看似中断了西方数学的传入，实质上却为西方数学的传播铺平了道路，创造了吸收西学的文化背景。

乾嘉学派对传统数学中代数内容的研究主要体现在对天元术、四元术等宋元数学的校注。据《清史稿·艺文志》及其《拾遗》，以及李俨先生《近代中算著述记》的记载，在《代数学》中译本刊行前，有大量关于天元术、四元术的阐释著作。

在 1859 年（《代数学》刊行之年）与 1873 年（《代数术》刊行之年）之间的十几年，数学著作的出版刊行是一种怎样的状况？笔者查阅资料，却找不到此间“代数”流传变迁的踪迹。不过可以推想，这期间的代数术语无疑经历了一个流传和变动的过程。

华蘅芳在其《学算笔谈》序中指出：

> 上古之算本简捷而易明也，自后世事物日变，人心智虑日出于是，设题愈难，布算愈繁，而精其业者各以心得著书，有好为隐互杂糅，穷极微奥，不屑以浅近示人，甚或秘匿其根源以炫异变，易其名目以托古。此盖今古筹人之积习、作者之恒情、算学之境因，是而益深而学算之人宜其望洋而兴叹也。咸同以来，风气稍开，四方向学者渐众。津逮初学之书，亦渐出原或力求简易，语焉不详或稗贩成书，无足观览或泾泾然随问演草，因题立术，亦云曲尽能事矣。①

华氏指出，中国传统数学之所以不能很好地流传和发展，是著述者“好为隐互杂糅”“不屑以浅近示人”的原因造成的。这当中暴露了中国传统数学发展的一些弊病。传统数学为实用性和构造性所限，藏匿其机理而只给出结论。“咸同以来”，西学再次输入。这里与其说是“风气稍开”，毋宁说是有了一种救亡图存的思想意识和危机感。洋务派希望通过学习西方的先进技术来改变清政府的穷途末路，这样的社会形势为西方数学的传播提供了一种氛围。

① 华蘅芳. 学算笔谈序［M］// 行素轩算稿. 上海：三鱼书屋，1885：1b.

1．“借根方”和符号代数的早期传入

明末以来，西方传教士多采取“学术传教”的方式进行基督教传播。因此伴随传教士的东来，一批西方科学著作被带入中国。明末至清代前中期，传教士带来了一些西方代数学著作。据《北堂图书馆藏西文善本目录》记载[①]，明末清初传入的外国数学著作有多种。其中代数学著作主要有帕奇欧里（Luca Pacioli）的 *Summa de Arithmetica*，*Geometria*，*e proportioni*，*e proportionalita*（《算术、几何、比例和均匀性的总论》，1523年版）、韦塔纳（又译“塔他格利亚”，原名不详）的六种意大利文著作（含代数著作）、克拉维斯（Christopher. Clavius）的 *Algebra*（《代数学》，1609年版）、韦达（Fransçis Viète）的 *De aequationum recagnitione et emendatione*（《方程的整理与订正》，1615年版）；阿尔斯台特（原名不详）的 *Elementale matheematicum*（《初等数学》，1611年版）；另外克拉维斯的 *Opera mathematica V*（《数学论丛》第5卷，1612年版）也可能含有代数学知识。然而，遗憾的是，这些著作当时都没有进行汉译。

在中国最先系统介绍西方代数知识的是《数理精蕴》。当时汉译活动很被动，就连仅有的一次介绍符号代数的尝试也以失败告终。[②] 此后的百余年，西方的代数知识以“借根方”的形式在中国流传。乾嘉以来，中国传统代数成就被发掘出来，学者们将更多的精力放在传统代数的研究上。西方的“借根方”虽然也被考虑，但总的倾向是“厚中薄西”。

从“借根方”的记法来看，这种代数的传入可有两种渠道。一种是传教士将带来的拉丁文、法文数学著作中的代数内容加以整理，这就是中国学者当时所了解的西方代数知识“借根方”。关于这个问题，可据《北堂图书馆藏西文善本目录》做一些推测。另一种则是传教士本身有兼通数学的，以自己所了解的当时西方代数的情况，编写了一些著作。总的来看，“借根方”代数应是16世纪早期的西方代数学。这是一种非符号化的代数方法。在康熙御制、梅瑴成参与主编的《数理精蕴》中，对“借根方”作了比较详细的阐述。原文如下：“借根方者，假借根数方数以求实数之法也。凡法必借根借方。加减乘除，令与未知之数比例齐等。而本数以出，大意与借衰叠借略同。然借衰叠借之法，只可以御本部，而此

① 吴文俊．中国数学史大系：第7卷［M］．北京：北京师范大学出版社，2000：8-13.

② JAMI C．欧洲数学在康熙年间的传播情况——傅圣泽介绍代数符号尝试的失败［M］// 李迪．数学史研究文集：第1辑．徐义保，译．呼和浩特：内蒙古大学出版社，1990：117-123.

法则线面体诸部，皆可御之。”[①] 在《借根方比例》的这一段文字中，已释清“借根方”的含义和内容，同时涉及了相关术语。

根据韩琦博士考证,《借根方算法》是最早传入中国的西方代数学著作。这本书的译者是安多。《数理精蕴》中的“借根方比例”主要依据这本书的内容编写。[②] 由于有康熙御制之名，所以“借根方”流传较广。与此相比，1712—1713 年法国传教士傅圣泽（Jean F. Foucquet）试图介绍的《阿尔热巴拉新法》的命运就凄凉多了。“在傅圣泽写‘代数新法’时，康熙帝是科学问题的最高法官；这样，一门新科学由于他个人的好奇就得以介绍，而由于他自己不懂又定为无用。”[③]“新法”是与“旧法”相对而言的,“旧法”指的即是“借根方”中的代数方法。“阿尔热巴拉新法”，指的就是符号代数。事实上，这一时期符号代数在西方也处于形成阶段。“新法”在当时的中国没有得到认可，主要有以下几方面的原因。第一，从狭义的方面来看，傅圣泽本人对符号代数的理解不够全面，再加上他忽略了学习者的文化背景。第二，从广义上说，当时的传教士的科学传播工作受传教目的限制，未把真正先进的数学知识的传播作为其目的。

此后的 100 多年，由于传教士与统治者宗教信仰上的严重分歧，中西文化的交流陷入低谷，西方数学的输入中断。这一时期学者文人埋头于故纸堆，对传统学术进行整理挖掘，最具代表性的当属乾嘉学派。在数学方面，乾嘉学者中出现了几位极具代表性的人物。这其中尤其值得一提的是“谈天三友”焦循、汪莱和李锐对“借根方”与天元术的态度。19 世纪初，焦循和李锐均表现出对天元术的热衷和对“借根方”的含蓄的批评。汪莱则从“借根方”法得到了方程理论的启示，发展了中国的方程论。[④] 总的来看，对天元术的研究在这一时期形成了热潮，而“借根方”在一定程度上受到了冷落。梅瑴成用传统天元术解读“借根方”，为当时统治者的“西学中源”说提供了依据。对于一般学者们来说，其影响也是重要的。虽然继续吸收西学无望，但中算家可以将“借根方即天元一解”所传达的内容扩展延伸，找到其恢复传统中算研究的强大精神后盾。对传统天元术的研究，表面上看来无助

① 梅瑴成．借根方比例［M］// 数理精蕴：下编卷．影印版，1923：31-36．转引自：任继愈．中国科学技术典籍通汇：数学卷（第 3 分册）［M］．郑州：河南教育出版社，1993：940.

② 韩琦，詹嘉玲．康熙时代西方数学在宫廷的传播——以安多和《算法纂要总纲》的编纂为例．自然科学史研究，2003（2）：145-156.

③ JAMI C．欧洲数学在康熙年间的传播情况——傅圣泽介绍代数符号尝试的失败［M］// 李迪．数学史研究文集：第 1 辑．徐义保，译．内蒙古大学出版社，1990：120.

④ 田淼．中国数学的西化历程［M］．济南：山东教育出版社，2005.

于西方数学的传入，然而对传统中算的恢复在客观上也为接受西方数学做了准备。

2.《代数学》的传入

以“代数”作为algebra这一数学学科的译名，最早是在1853年。之后，李善兰和伟烈亚力合译的十三卷本《代数学》第一次系统将西方符号代数学输入中国，填补了符号代数学在中国的空白，导引了19世纪后期西方代数学在中国的传播。其中，二人创译的一批代数术语和数学符号为以后数学翻译的开展奠定了基础。

《代数学》刊行后的十几年，符号代数在中国的传播并不顺利。在此期间，甚至没有几本以“代数”为名的著作出版。正如洪万生先生所言:“《代数学》在当时并不流行。”① 直到华蘅芳和傅兰雅合译的《代数术》刊行，符号代数才开始在中国流行和传播，到20世纪初期进入了普及阶段。由此可见，开创性的工作不但难做，要被正确理解和得到恰当评价，也需要一个过程。

3.《代数学》和《代数术》

《代数学》原书名*Elements of Algebra*，作者是英国人棣么甘（Augustus De Morgan，现译名奥古斯都·德·摩根）。这本书在1835年初版，1837年再版。1859年它的中译本②刊行。该书共13卷，主要论述初等代数，包括一次、二次方程，兼论指数函数、对数函数的幂级数展开式和二项式定理等，是我国第一部符号代数读本。

《代数术》原书名*Algebra*，作者是英国人华里司（W. Wallace）。1873年该书中译本③刊行。全书25卷，共281款，内容包括初等代数、方程论，还有无穷级数、对数、指数、利息、连分数和不定方程等。《代数术》较之《代数学》在内容上更加系统化，条理清晰。这与西方当时的数学发展及原著作者个人的写作风格有直接关系。

可以毫不夸张地说,《代数学》和《代数术》的汉译，是西方符号代数学向我国传入和传播的两座里程碑。

四、古典学术的传入——《几何原本》后九卷

欧几里得的《几何原本》(*Euclid's Elements*）是世界数学史上具有重要影

---

① HORNG W S. Li Shanlan：The Impact of Western Mathematics in China during the Late 19th Century［D］. City University of New York，1991：328.

② 伟烈亚力，李善兰. 代数学［M］. 上海：墨海书馆，1859. 按照洪万生先生的说法，中译本《代数学》是根据奥古斯都·德·摩根《代数学》的第1版译成的。

③ 傅兰雅，华蘅芳. 代数术［M］. 上海：美华书馆，1873.

响的著作之一，其伟大历史意义在于它是用公理法建立起演绎体系的最早典范。《几何原本》传入中国后，代表了“当时一种中国数学家陌生的数学体系和数学方法，在中国产生了强烈的反响，影响很大。它使数学家的思想方法、数学观念、研究方式等都发生了转变”①。众所周知，《几何原本》的翻译历经两次西学东渐，才得以完成。第一次是在1606年，明代科学家徐光启怀着对西学“会通与超胜”的信念，与传教士利玛窦合作，采用德国数学家克拉维乌斯（Christoph Clavius）校订增补的拉丁文注释本译出前六卷。第二次是自1852年始，李善兰与英国传教士伟烈亚力合作，“四历寒暑始卒业”，于1856年在上海墨海书馆补译完成后九卷。这部历经近两个半世纪才译全的名著，显示了中国向西方寻求知识与真理的艰难行程，也展现了中国译家求会通求超胜的不屈不挠的精神。②《几何原本》后九卷与前六卷是同一部著作的不同部分，那么后九卷在翻译过程中有没有受到前六卷翻译方法、原则和体例的影响？术语有没有沿用前六卷的？前六卷的内容对于后九卷的译者又产生过哪些影响？这些问题都是值得讨论的。为了继续研究这些问题，在这里有必要先简要介绍一下《几何原本》前六卷翻译的情况和影响。

1.《几何原本》前六卷的翻译

利玛窦1552年出生于意大利的佛罗伦萨，1561年入耶稣会学校学习。1577年5月，他离开罗马，1582年抵达中国澳门，开始了长达32年的传教生涯。利玛窦是第一个以“科学传教”与“兼容儒教”为手段，为后继西方传教打开了中国大门的传教士，之后许多传教士纷纷承袭了这些手段。为了顺利传教，利玛窦从西方带来了许多用品，比如圣母像、地图、星盘和三棱镜等，还有欧几里得的《几何原本》。这个版本是利玛窦在罗马学院学习用的课本，它是利玛窦的恩师、当时欧洲著名的数学家克拉维乌斯校订增补的拉丁文注释本。利玛窦在中国的传教开始颇为不顺，为此，他决定通过向公众开放图书室、展示地图、宣扬西方科技等方式，先吸引中国民众，再达到传教的目的。此举果然奏效，不仅吸引了很多平民百姓，也招来了很多知识分子。例如，明朝礼部尚书瞿景淳之子瞿太素就决定师从利玛窦，并跟随他学习《几何原本》第一卷。为了学习的方便和显示自

① 郭世荣. 论《几何原本》对明清数学的影响［M］// 莫德，朱恩宽. 欧几里得几何原本研究论文集. 呼伦贝尔：内蒙古文化出版社，1995：246-260.

② 邹振环.《几何原本》的续译及其刊刻的影响与意义［M］// 徐汇区文化局. 徐光启与《几何原本》. 上海：上海交通大学出版社，2011：105-119.

己的才学，瞿太素还尝试把第一卷翻译成中文。由此可见，第一个尝试翻译《几何原本》的人应是瞿太素。随后在南京，翰林王肯堂的学生张养默也跟随利玛窦学习数学，并尝试翻译《几何原本》第一卷，“但这两次都未能成功”①。

1601 年 1 月，利玛窦获准在北京居住和传教，此后结识了在京备考的徐光启。徐光启，字子先，号玄扈，明朝南直隶松江府上海县人。他在明末历任翰林院庶吉士、礼部左侍郎等职，官至礼部尚书，71 岁时任文渊阁大学士。他对科技有着浓厚的兴趣，在中国古典文化和科学方面有深厚功底和广博知识，这使得他能够成为当时少有的会通中西的学者。随着利玛窦和徐光启交往逐渐增多，徐光启从利玛窦那里也学到了越来越多的西方科技知识，并深感西方科技的精妙，于是他向利玛窦建议印刷一些有关欧洲科学的书籍，引导人们做进一步的研究，内容要新奇而有证明。这个建议被利玛窦愉快地接受了。

他们随即开始工作，首先须确定翻译什么著作。利玛窦指定《几何原本》，这是因为：“中国人最喜欢的莫过于关于欧几里得的《几何原本》一书。原因或许是没有人比中国人更重视数学了，虽则他们的教学方法与我们的不同，他们提出了各种各样的命题，却都没有证明。这样一种体系的结果是任何人都可以在数学上随意驰骋自己的想象力而不必提供确切的证明。欧几里得则与之相反，其中承认某种不同的东西，亦即，命题是依序提出的，而且如此确切地加以证明，即使最固执的人也无法否认它们。”②

由于这是第一次尝试译介西方书籍，在翻译过程中遇到了很多困难。据利玛窦本人所言：“东西文理，又自绝殊，字义相求，仍多阙略，了然于口，尚可勉图，便成艰涩矣。”③ 其中，关键的问题是“字义相求，仍多阙略”。

《几何原本》前六卷中，每卷前均有定义（界说），之后是命题（题）及其证明。徐光启和利玛窦在翻译过程中，对原著的内容有取舍和增补，并创造出大量新的几何术语。“前六卷翻译完成之后，徐光启曾要求继续翻译后九卷，但利玛窦拒绝了。”④ 有学者认为利玛窦根本不懂后面的内容。⑤ 后来，这个译本又经过了一些传教士和李之藻、杨廷筠等人对文字的进一步加工，才最后得以定稿。再版

① 利玛窦，金尼阁．利玛窦中国札记［M］．何高济，王遵仲，李申，译．北京：中华书局，1983.

② 同上。

③ 利玛窦．译几何原本引［M］//徐光启著译集．上海：上海古籍出版社，1983.

④ 徐光启．几何原本引［M］//徐光启著译集．上海：上海古籍出版社，1983.

⑤ 林金水，邹萍．泰西儒士利玛窦［M］．北京：国际文化出版公司，2000：198-199.

时，徐光启在《几何原本》跋中，回顾了翻译的过程，并感慨地说："绩成大业，未知何日，未知何人，书以俟焉。"① 渴望继续翻译后九卷的心情溢于言表。

《几何原本》是利玛窦和徐光启翻译的第一部西方著作。这部不朽巨著，在世界数学史上占有特别重要的地位，为西方数学逻辑体系的确立起到了不可替代的历史作用。《几何原本》前六卷论述平面几何，"基本上可以自成体系"②。其内容成为中国数学家争相学习的目标，并掀起了研究的高潮。许多数学家在《几何原本》的基础上写出了一批重要的数学著作，如方中通的《几何约》、李子金的《几何易简集》、杜知耕的《几何论约》、王锡阐的《圜解》和梅文鼎的《勾股举隅》《几何通解》《几何补编》等。据梅荣照、王渝生、刘钝的研究，这些专著都有中西会通的意味，明显受到《几何原本》逻辑思维方法的影响。③《几何原本》前六卷对李善兰的影响同样非常大，他的尖锥术就是受到前六卷的影响建立起来的。

2.《几何原本》后九卷的翻译

1847 年 8 月 26 日，伟烈亚力到达上海，主持墨海书馆的工作。在他主持墨海书馆的那些年里，他不仅学习了法文、德文、俄文、希腊文、满文、蒙古文、维吾尔文和梵文，还研读了历史、地理、宗教、哲学、艺术和东亚的科学。"在来华的传教士中，没有一个能有他那样广博的中国文献的基础。"④

伟烈亚力来华后就发现了《几何原本》前六卷的汉译本，他对于徐光启和利玛窦没有译全《几何原本》也感到十分遗憾，于是他非常希望能够完成后九卷的翻译工作。他从英国买来了由拉丁文译成英文的版本，但其中"校勘未精，语讹字误，毫厘千里，所失匪轻"，于是他到处寻找能翻译该书后九卷的合译者。"精于计算、于几何之术心领神悟、能言其故"的李善兰成为最好的人选。

1852 年，李善兰与伟烈亚力开始翻译《几何原本》后九卷，"朝译几何，暮译重学"，于 1857 年实现了徐光启续成《几何原本》后九卷的愿望。翻译时，李善兰秉承徐光启的翻译体例，在前六卷术语的基础上，创造出一些新的术语，有

---

① 徐光启．几何原本跋［M］// 徐光启著译集．上海：上海古籍出版社，1983.

② 郭静霞．明译《几何原本》确定数学术语的方法与原则初探［D］．呼和浩特：内蒙古师范大学，2008.

③ 梅荣照、王渝生、刘钝．欧几里得《原本》的传入和对我国明清数学的影响［M］// 莫德，朱恩宽．欧几里得几何原本研究论文集．呼伦贝尔：内蒙古文化出版社，2006：114-144.

④ 邹振环．《几何原本》的续译及其刊刻的影响与意义［M］// 徐汇区文化局．徐光启与《几何原本》．上海：上海交通大学出版社，2011：105-119.

的还一直沿用至今。《几何原本》成为当时一些学堂的教材，例如1862年成立的京师同文馆设有“原本”课程，李善兰是总教习，教材应有《几何原本》前六卷；地方学堂也以该书为教材。在1898年创办的京师大学堂、1902—1903年兴建的一批中学堂，以及1905年废除科举后兴办的新式学校中，中学课程均采用了《几何原本》作为新教材。①

第二节 西方地矿知识及其开采技术的传入

一、地矿知识传入的背景

19世纪60年代，随着洋务运动开展，“自强”成为当时的政治口号，其原则大抵为：“查治国之道，在乎自强，而审时度势则自强以练兵为要；练兵又以制器为先。”② 在此原则下，各类军事工厂层见叠出。而军事工业的发展必然会带动诸如开矿、冶金、铁路等近代工业的发展。我们看到，洋务派兴办了各种近代工业，如江南机器制造总局、开平煤矿、汉阳铁厂、招商局等。洋务派于19世纪70年代开始购买西方采煤机器，聘请西方的矿师，开办近代煤矿。③ 洋务派的重臣李鸿章亦认识到，“中土仿用洋法开采煤铁，实为近今急务”④。近代工业的开办极大地增加了对煤矿、铁矿等资源的需求。而开办矿业一方面能够使得国家更为富强，另一方面，又可以与当时的洋人争夺矿业所产生的丰厚利润。这些都极大地刺激了了解地质、矿产知识及相关技术的需求。

为满足这种需要，官方与民间成立了一些翻译机构，积极翻译相关科学技术著作，希望为寻找矿脉提供指南。1868年6月，江南制造局翻译馆正式开馆。“局内所设翻译馆专译书之事，即于一千八百六十八年六月中开馆。”⑤ 上年开译的《汽机发轫》《汽机问答》《运规约指》《泰西采煤图说》四种著作译成，送呈两江

① 宋芝业．徐、利译《几何原本》若干史实新证［J］．山东社会科学，2010（4）：20–23.

② 文庆．筹办夷务始末（同治朝）：卷50［M］// 续修四库全书·史部·纪事本末类．上海：上海古籍出版社，2008：394.

③ 李进尧．中国采煤技术的形成和发展［J］．自然辩证法通讯，1988（1）：39–44.

④ 李鸿章．复翁玉甫中丞．光绪元年十月二十三日［G］// 吴汝纶．李文忠公朋僚函稿：卷15．保定：莲池书社，1902.

⑤ 傅兰雅．江南制造总局翻译西书事略［J］．格致汇编，1880（6）.

总督曾国藩。曾国藩感到“盖翻译一事，系制造之根本”，批准“另立学馆以习翻译”。[①] 江南制造局翻译馆成立后，就开始约聘在沪西人担任口译，并由我国学者担任笔述，合作翻译西书。由于当时译书主旨仍在讲求船坚炮利、工艺精巧，故所译之书的内容也以汽机、兵船、铜铁火炮及与之紧密相关的格致算学、声学、光学、化学、电学为主，但又因制炮、造舰皆需金属，故译书涉及辨矿、取金、煎炼、矿冶等类。这是我国有计划地翻译西洋“矿冶”书籍之开端。

《地学浅释》(1872 年)、《开煤要法》(1871 年) 正是在此背景下翻译出版的。正如华蘅芳所指出的,“五金之矿藏往往与强兵富国之事大有相关”,“则此书之成，亦未始非民生利用之一助也”。“惟此书之大意专为识别金石而作，至于试验之方，熔炼之术，书中论之至详，且有目录可检。”[②] 因“矿冶”仍为工程技术，如需进一步明了矿物之性质及利用，矿床之成因及赋存特性，还非借助矿物学与地质学之知识以为基础不可，这是我国首次翻译近代欧美矿物学著作《金石识别》、地质学著作《地学浅释》及关于矿物学名词的《金石表》之诱因。[③] 华蘅芳认为,“盖自《金石识别》译成之后，因金石与地学互为表里，地之层累不明，无从察金石之脉络”，于是再次与玛高温合作，翻译了 *Elements of Geology*，即《地学浅释》。

二、《地学浅释》译介之前已传入中国的西方地质学知识

明末耶稣会士利玛窦、艾儒略 (Giulio Aleni)、龙华民 (Niccolo Longobardi) 等人来华传教，揭开了西学东渐的序幕。他们带来的世界地图和地学书籍，向中国传入了西方的地图投影和测量纬度的方法，以及对地球形状、海陆分布和世界地理的新认识，大大丰富了中国人的地学知识。但是地质学的相关内容少有涉及。直到鸦片战争之后，西方地质学才开始通过不同文本相继传入。在《地学浅释》之前，最具代表性的是《地理全志》和《金石识别》。

较早传入中国的是慕维廉 (William Muirhead) 撰写的《地理全志》(1853 年翻译)，该书为近代西方的地理学著作，其中也涉及地质学的知识。[④] 在《地理全志》中，慕维廉将地质归为地理学三大内容之一，并从地理学的角度谈及地质问

---

① 曾国藩. 新造第一号轮船竣工并江南制造局筹办情形折 [G] // 中国近代兵器工业档案史料 (一). 北京：兵器工业出版社，1993.

② 华蘅芳. 金石识别序 [M] // 行素轩文存刻印本，1872.

③ 龙村倪.《金石识别》的译成及其对中国近代地质学的贡献 [C] // 王渝生. 第七届国际中国科学史会议文集. 郑州：大象出版社，1999：374-386 .

④ 卢嘉锡. 中国科学技术史：地学卷 [M]. 北京：科学出版社，2000：481.

题。在此书中，他第一次使用了“地质”一词。[①]

《地理全志》分上、下两编。上编主要讲自然地理，下编的《地质论》《地势论》《水论》三节涉及地质问题。《地质论》讲地表、地裂、火山、地壳断层等，为构造地质方面的内容；《地势论》讲地貌及其变迁；《水论》则讲水质、水分布、江河湖泊、海洋、泉、水流、水的侵蚀及沉积等。慕维廉是首次向中国人介绍化石科学的西方人。他将化石定名为“飞潜动物之迹”，其形成是在“石质未坚凝之先”，与泥沙俱沉，掩埋于地中而成，因此就可用化石来探索地球的历史。这和现代科学的认识相接近。他在此书中按地壳的外部特征，从老到新将地层分为第一进层、第二进层、第三进层。对第一进层，他又分为堪比安层（寒武系）、西路略层（志留系）；对第二进层，他分为红砂层（泥盆系）、煤层（石炭二迭系）、新红砂层（三迭系）、蛋形层（侏罗系）、白粉层（白垩系）；对第三进层，他分为下新层、中新层、上新层，相当于第三系。此种划分与魏纳划分法相同，但与19世纪被认为科学的赖尔划分法不同。[②]

《地理全志》传入近20年之后，1872年，江南机器制造总局翻译出版了美国人代纳（Jame D. Dana）所著的《金石识别》。该书是传入我国的第一部专论西方矿物学的著作。《金石识别》突破了中国传统的“金石”观点，第一次以近代科学的方法来理解矿物，以“晶体”的观点，从“化学组成”及“物理性质”来讨论矿物并进行“矿物分类”。全书12卷，介绍了结晶学，书中有晶体图形。[③] 此书在矿物学名词的翻译方法上做出了一定的贡献，对中国已有的名词，则采用之，如“石膏”“石英”“方解石”等；无中国名或不明其质的则音译新名，如silica译为“夕里开”（二氧化硅），alumina译为“卢弥那”（氧化铝）。其中一些译名经过修改被现在的科学界所用，如chlorite译为“绿泥石”，diamond译为“金刚石”，isomorphism译为“同质异形体”。

《地理全志》和《金石识别》向中国传播了西方的地质岩石学、矿物学知识，而《地学浅释》传入了比上述两部著作更为系统的地史学、地层学、岩石学知识，并介绍了赖尔地层演化的思想。《地学浅释》共有38卷，以地球及其生物对过去的地质作用留下的记录为讨论对象，对古地质学、古生物学、古地史学进行了论

---

① 曹增友. 传教士与中国科学［M］. 北京：宗教文化出版社，1999：251-252.

② 同上。

③ 孔国平，佟健华，方运加. 中国近代科学的先行者——华蘅芳［M］. 北京：科学出版社，2012：98.

述，大部分知识是第一次传入。

三、《开煤要法》传入之前传统的煤矿开采技术

洋务派从1862年起开办了新式矿务学堂，除了上述理论著作《金石识别》《地学浅释》，实用技术层面的著作同样重要。因此，一系列工程技术著作被引入。

1. 晚清矿业工程类译著考察

晚清时期专门论述煤矿开采主题的译著并不多见，专门论述煤矿工程技术的译著仅《开煤要法》一部，其他译著仅为部分涉及煤矿开采。经整理，晚清各类新译西书中，江南机器制造总局在此期间翻译的矿业工程类西书有《开煤要法》《井矿工程》《银矿指南》《开矿器法图说》《求矿指南》《相地探金石法》《探矿取金》。具体书目、译者、出版年代及其内容见表2–2–1的介绍。

表2–2–1　江南机器制造总局矿业工程类译著

译著名称	译者	出版年代	内容简介
《开煤要法》	傅兰雅口译，王德均笔述	1871	介绍煤矿工程各环节，并对各类煤矿工程技术与防险措施进行了全面的介绍
《井矿工程》	傅兰雅口译，赵元益笔述	1879	介绍三种井矿工程中用到的具体方法
《银矿指南》	傅兰雅口译，应祖锡笔述	1891	介绍矿业工程的环节，如采矿、分矿、炼矿、磨矿等环节
《开矿器法图说》	傅兰雅口译，王树善笔述	1899	介绍开矿机械，内容涉及400多种求矿开矿器具
《求矿指南》	傅兰雅、潘松译	1899	讲述求矿、地层、选矿、各类矿石、测地求矿的方法等内容
《相地探金石法》	王汝聃译述	1903	讲述找矿要领、金石类别以及探金石之法
《探矿取金》	舒高第口译，汪振声笔述	1904	讲述开矿环节和器具的使用，以及开矿过程中实际测量、计算的方法等

上述译著是晚清矿业工程技术引入过程的重要成果，其内容涉及矿业工程的相关环节，以及各类技术和工具的介绍，包括找矿、选矿、工程、运输、安全等方面。从表2–2–1可以看出，《开煤要法》是最早的矿业工程类译著。

《井矿工程》一书共三卷，介绍了“造自涌水井之法”“开地取矿之法”“用火药拉开土石之法”三种方法。三卷内容均与煤矿工程常用技术联系甚密。卷一介

绍了造自涌水井的基本方法，另外还介绍了“法国北边开大径之煤井，所用之器颇属巧妙”[①]。而在卷二的开地取矿之法当中，分别介绍了“令凿转动之法”“凿孔常遇到的问题”“孔内补管为衬”以及“开石的器具”等。卷三介绍了用火药拉开土石的各类方法，均与当时矿业开采的急需技术有关。此类基本开矿方法亦可为采煤技术提供借鉴。

《开矿器法图说》一书涉及400余幅关于开矿类器械的介绍图片，并介绍了各类矿产的开矿器具，在当时的矿业工程类译著中，对开矿器具介绍得最为完备。

《开矿器法图说》一书在翻译的过程中曾有过中断，后译者在上海各处观察机器等内容之后，继续翻译，最终成书。当时洋务派重臣，曾任两江总督、南洋通商大臣的刘坤一为此书作序时介绍了这本书的情况：

是书为美国开矿工程家俺特累所著，乃汇萃西国各处求矿、开矿、运矿及矿井中起水通风一切应用之器具。与夫轧碎矿块，舂碾成粉，淘澄金类之质，所用各种之器，各家之造法，各处之用法，均能直抉其利弊之所在。而反复言之，盖皆以阅历试验而得，非徒托空言也。江南制造局翻译馆觅得此书，延英国儒士傅兰雅口译，其笔述者为上海王太守树善。译未及半，因事中辍。后傅乞假至美，而王亦调金山。两人复聚一处，因得将前此未竟之业续译成之。金山为矿产极富之区，傅又引王历观各处开矿之厂，指示其机器之作用。于是前此之按图索解，未能洞悉其底蕴者，一旦以目验得之，故书中于机器之图说言之最详。向使当时在上海译毕，恐不能如此详且尽也。

由此可见，本书翻译时，傅兰雅和王树善曾在金山地区参观开矿工厂，在后来翻译的时候能将之前无法理解的机器作用准确地进行翻译，对机器图说的解释甚为详细和全面。此序中关于煤矿工程技术机器的介绍也能反映当时煤矿开采方面所引入机械的情况。

由于采煤与一般采矿的情况并不完全相同，《开矿器法图说》专门对煤矿开采所用器具做了介绍。特别指出了机器取代人力的增益情况。

近数年内开煤各工中，有以机器代人力者，所增之益处，可谓最大。盖旧法用人力在煤洞内开煤，诸多劳苦。如煤层格外薄，则工人不但不能立而作工，并且不能坐而作工，只能卧在洞内。故其所出之力大，所成之功微。而且所开之煤

① 白尔捺．井矿工程：卷一［M］．傅兰雅，口译．赵元益，笔述．上海：江南机器制造总局，1879：7.

小块多大块少，价值亦至减色。假使开煤以三尺高为一层，则所开之平槽仅宽九寸，而此九寸宽之深槽，不免有许多不值钱之煤层、煤粉。故自创设机器以代人工，不但可免工人之大劳苦，即开煤亦能迅速，且其煤多、机器之开煤速，则用资本之时少……

由上述机器取代人力的增益情况可知，采用机器以代人工以后，工人的劳动强度会有所减轻，开发煤炭亦能较为迅速，并且产量大，能够节省更多的成本。

2.《开煤要法》中的采煤技术与中国传统采煤技术比较

《开煤要法》的基本内容为：①关于煤炭的历史、分布及形成：从煤炭的源流开始，由西方对煤炭的记载到煤炭的分类，继而讲述煤炭在古地层中的分布情况；然后描写了煤炭的形成，由煤炭内的生物形迹来推测煤是如何形成的，并记载了世界各地产煤的具体状况，尤其重视对中国国内产煤现状的介绍。②煤矿开采的核心技术：介绍了如何凿孔寻煤，例如用空心铁杆来凿孔的方法等，并且提到多种煤井的形式；接下来讲煤井的开凿方式与煤井支护、预留煤柱，以及各类取煤的方法和井下煤炭的运输、提升等问题，尤其重视利用汽机和各类起煤车架的方法；关于如何引水及排水，亦有涉及，特别是对于各类取水器具的介绍尤为详细；在介绍煤井内的照明和通风时，重点介绍各种防火灯和各类煤井通风机械。③安全管理及规章：最后一卷主要介绍煤井的管理，包括各种规章制度和各类险情的规避方法。

在《开煤要法》传入之前，“长期的生产实践，使中国人民积累了丰富的经验，形成了传统的煤炭开采与加工利用技术体系。在手工生产的社会经济条件下，人们利用这种技术，有效地进行煤炭生产，即使在近现代机器大生产的社会经济条件下，传统采煤技术仍然起着重要作用”[①]。因此，对于中国传统采煤技术的探索，可以明晰晚清时期在西方新式采煤技术进入中国前，中国的煤炭开采情况，有助于理解西方煤矿工程技术的作用。

晚清时期手工煤窑的生产技术状况目前已有相关研究成果。研究期间，笔者去山东淄博煤矿展览馆、山西大同晋华宫国家矿山公园和太原的中国煤炭博物馆等地拍摄了相关实物资料。除此之外，参考了各类煤矿史志关于当时煤炭生产技术状况的记载，并且结合各类煤炭史的相关研究成果，对传统煤炭开采状况进行

① 李进尧、吴晓煜、卢本珊. 中国古代金属矿和煤矿开采工程技术史［M］. 太原：山西教育出版社，2007：347.

梳理。由于笔者的研究重点不在此处，故仅列举部分研究成果以佐证晚清西方煤炭开采技术传入前后的中国传统煤炭开采技术状况。

由于19世纪70年代以后，近代煤矿开始兴办，因此笔者对于传统手工煤窑开采技术，主要根据明末清初之前的状况来进行梳理。明清采煤技术记载见于明代的《本草纲目》《天工开物》和清初的《颜山杂记》。在找煤、选择井位、布置井巷、采煤、支护、通风、排水及安全防护等方面，我国采煤技术至此都有了很大的发展。[①] 直至明末清初，煤炭开采技术仍居世界领先地位。手工煤窑生产尽管发展迅速，但手工作业的效率提升空间有限，到了清中叶以后，逐渐不能够适应社会的需要了。

下面从煤矿工程的开拓、运输、提升、排水、照明、通风等核心技术环节出发，梳理当时中国的煤矿开采技术状况。

关于凿井的具体要求，见于《颜山杂记》中“凡攻煤，必有井干，虽深百丈而不挠”，“视其井之干，欲确尔坚也，否则削”的记载。吴晓煜《中国古代煤炭科学技术的主要成就》的研究表明：“其选址和凿井一是要做到确，即选址要做到准确无误，不然会造成返工。二是坚，即必须坚固牢靠，以保证安全。这两条要达不到，井干必然会削垮。另外根据‘避其水之潦’、‘二者（指盘锢和鸡窝）皆井病也’，以及‘测石之层数’，可以想见井筒位置确定必须根据地质条件，不在含水大、有井病的地方开井，并且要准确知道测石之层数，才能保证井干的确与坚，以求成功。”[②]

在矿井开拓方面，基本的开拓方式并未变化，并且开凿以镢头、镐等工具为主。明清时期的矿井开拓方式是平峒、立井和斜井。平峒开拓见于山地丘陵地区，立井开拓多见于平原地区，斜井开拓在丘陵、平川都不少见。关于采煤工具，这一时期的采煤工具仍旧以各类手工工具为主，不同地区的状况各异，但基本的动力均为手工刨采。基本工具为凿、锤、镐、钎等，如图2-2-1、图2-2-2。如吴晓煜先生的研究指出，《颜山杂记》《本草纲目》等古代书籍中对于采煤各类状况的介绍，均以手工采掘为主，古代的落煤方法中，尚无用火药爆破的记载。

---

① 中国大百科全书编辑部，中国大百科全书总编辑委员会《矿冶》编辑委员会．中国大百科全书：矿冶［M］．北京：中国大百科全书出版社，1984：829.

② 吴晓煜．中国古代煤炭科学技术的主要成就（上）［J］．中国矿业大学学报（社会科学版），2007（4）：98–106.

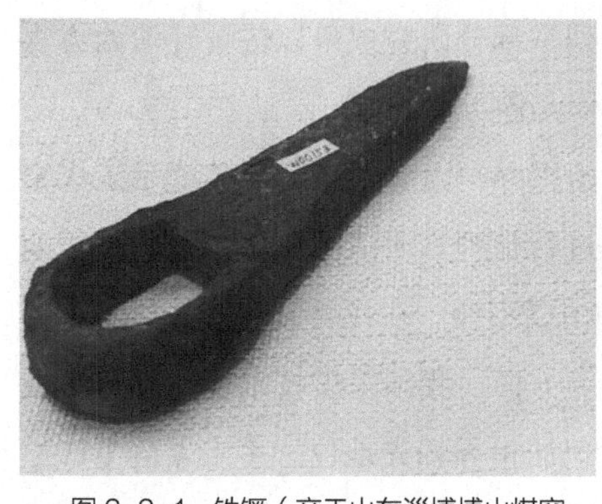

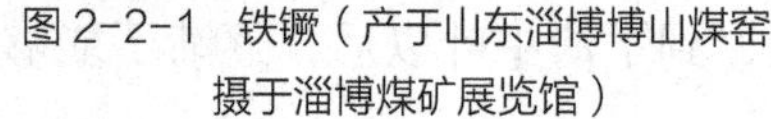

图 2-2-1　铁镢（产于山东淄博博山煤窑，摄于淄博煤矿展览馆）

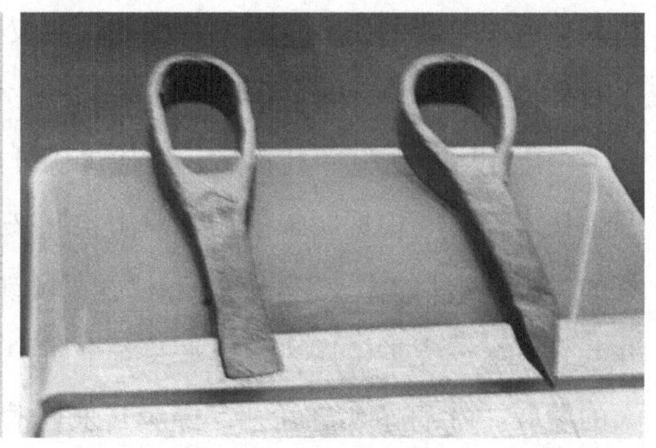

图 2-2-2　铁镢（出土于山西汾阳同义沟古煤窑，清，摄于中国煤炭博物馆）

在运输方面，晚清手工煤窑大体以木制运输车或人力运输为主，后来，用牲畜运煤亦逐渐普及开来。“明清时期，为了增大煤井产量，用牲畜在井下运煤已经相当普遍，例如，明嘉靖二十七年（公元 1548 年）前后，河南鲁山县梁洼和宝丰县张八桥一代，开办有马拉煤窑，巷深（长）一百余米，有骡马三百多条，可见当时的生产规模已不小。”① 不同地区的煤炭运输情况可能略有不同，笔者以晚清时期煤炭开发的两个具有代表性的地区——山西太原和山东淄博出土的文物进行对比，通过实物来论证当时所用煤炭运输工具的具体情况（图 2-2-3 至图 2-2-6）。根据吴晓煜先生的研究，“古代井下运输，除去大部分是人背、肩挑之外，值得提及的是有一种拖筐或拖车，即长方形或船形运煤工具；或竹编或木制，有的拖车下边钉上铁条，成为拖条；有的安上小轮，以减少拖车与底板的摩擦力。在淄博矿区古煤井中还发现有为便于牵拉拖筐，在巷道中所铺设的木沿板。”② 笔者的调研情况与上述介绍相一致，可以从中了解到中国传统煤窑的开凿方式的实际状况。

图 2-2-3　煤托（出土于山西汾阳抢风沟古煤窑，清，摄于中国煤炭博物馆）

山东淄博地区采用的井下运输方式是以竹筐装煤，然后将其在沿板上拖拽。沿板是沿运煤线路铺设的木板。山西出土

① 李进尧、吴晓煜，卢本珊．中国古代金属矿和煤矿开采工程技术史［M］．太原：山西教育出版社，2007.

② 吴晓煜．中国古代煤炭科学技术的主要成就（上）［J］．中国矿业大学学报（社会科学版），2007（4）：98-106.

图 2-2-4　拉煤拖条（摄于淄博煤矿展览馆）

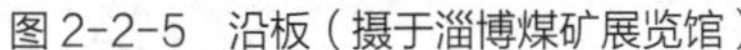

图 2-2-5　沿板（摄于淄博煤矿展览馆）

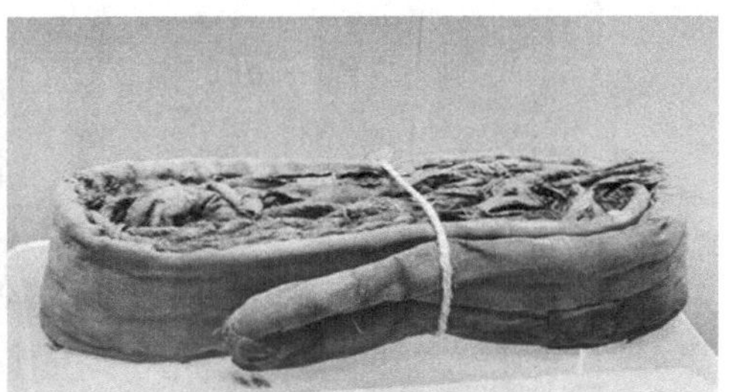

图 2-2-6　麻绊（摄于淄博煤矿展览馆）

的煤托是一种简易的四轮车，四轮皆为木制，并且在运输的过程中并无相关的可供此类煤托单独行驶的轨道，但此类煤托的运输效率已经较之前人力拖拽有所提高。据相关资料记载，畜力已经使用于井下，例如《平定州志》载，嘉庆年间山西阳泉一个煤窑被水所淹，“内涸没工人、驴骡四五十口被困井下”，说明井下畜力运输的发达。

在煤井提升方面，不管是立井还是斜井的煤窑，都需要运用煤井的提升技术。晚清手工煤窑依然使用人力或畜力为主的辘轳提升（图 2-2-7 至图 2-2-10），提升效率较低。

照明方面，由于矿井下无自然光进入，漆黑一片，为了保障生产，必须保证足够的光源。但由于地下气体复杂，矿井照明需要结合矿井通风同时进行。晚清时期开采煤层较浅，基本以明火照明为主，灯油来源也多种多样，矿灯的使用方法更是五花八门。“古人早期用燃烧竹签、松树脂、柏树条作为井下照明的措施，后发展为点菜油灯、茶油灯照明。古煤矿在长时期中都是明火照明……虽然明代已出现加罩的矿灯，清代乃至近现代的一些小煤窑仍然用明火灯照明，形成各具

图 2-2-7　龙把（出土于山西汾阳石泉庵古煤窑，明，摄于中国煤炭博物馆）

图 2-2-8　木制辘轳（河南鹤壁中新煤矿掘进中发现的文物，摄于大同煤炭博物馆）

图 2-2-9　双轮辘轳车（淄博煤矿展览馆墙壁照片）

图 2-2-10　提升用辘轳车（淄博煤矿展览馆墙壁照片）

特色的矿灯，如猫儿灯、猴儿灯、夜壶灯、油葫芦、鸭嘴灯、瓢灯、瓦灯、蛤蟆灯、狼狈灯、油鳖灯等等，这些灯的燃料为菜油、茶油或蓖麻油。使用矿灯的方法也是多种多样，有的用布条、绳子把灯缠裹在头上，有的手提，有的嘴衔，有的挂在背筐上，有的插在井壁上。”① 笔者在调研期间，拍摄到晚清手工煤窑使用的蛤蟆灯、碟子灯等照明器具（图 2-2-11 至图 2-2-13）。

排水技术方面，随着矿井开采的逐步加深，矿井中汇集的大量积水会影响到整个开采过程，并且煤炭开采中透水事故造成的后果非常严重，给人们以警示。因此各类煤井开采过程中，人们十分注重煤井的防水问题。

① 李进尧、吴晓煜、卢本珊. 中国古代金属矿和煤矿开采工程技术史［M］. 太原：山西教育出版社，2007：324.

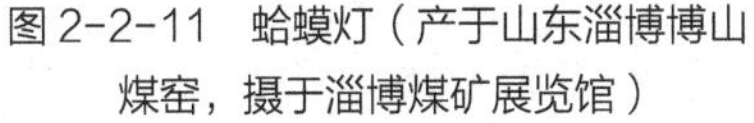

图 2-2-11 蛤蟆灯（产于山东淄博博山煤窑，摄于淄博煤矿展览馆）

图 2-2-12 碟子灯（产于山东淄博博山煤窑，摄于淄博煤矿展览馆）

关于中国古代矿井的排水问题，学界早有研究，“古代早期只能用肩挑、手戽来排除矿井积水，排水能力小，井筒提升使用辘轳、绞车之后，用牛皮包、木桶等容器提水是很普遍的事……有的地区，采用下泄水于窑外的方法排水，既省工又非常有效。例如，京西煤窑曾联合建造泄水沟排水。清雍正十三年（公元 1735 年），京西上樭子煤窑、巧利窑、沙果树窑三家联合共同建造了一条泄水沟，用于排泄煤窑水，这是因山就势、因地制宜进行煤窑排水的好方法。”① 笔者曾在淄博煤矿展览馆内发现有古排水堰道遗址照片，如图 2-2-14，可惜未能查考到具体遗址。

煤井通风问题是煤矿开采过程中的重要问题。煤井通风技术是指利用煤井内外的气压差异使地面空气进入煤井，与井下空气混合，并做定向流动，最后排出煤井的过程。通常造成气压差的方法有自然通风方法和人工通风方法两种。通风的目的主要有三个：①供给井下工作人员适量的新鲜空气；②稀释并排除有害气

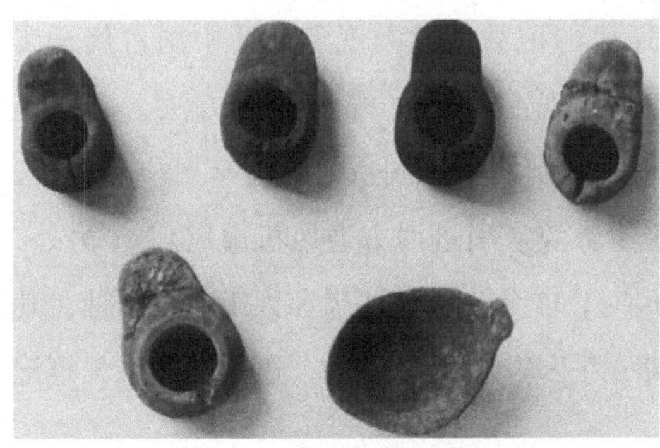

图 2-2-13 井下使用的矿灯（摄于中国煤炭博物馆）

图 2-2-14 古代井下排水堰道（淄博煤矿展览馆墙壁照片）

① 李进尧，吴晓煜，卢本珊. 中国古代金属矿和煤矿开采工程技术史［M］. 太原：山西教育出版社，2007：324.

图 2-2-15　明崇祯刻本《天工开物·燔石》插图

体；③为井下作业创造良好的气候条件。[①] 中国古代煤矿通风相关记载散见于各类著述当中，例如，井下“毒气灼人”，“冷烟气中人即死”[②] 等。由此可见，煤井通风这一技术最初是基于“人们对于煤井中含有有毒气体的认识而采取的一项技术措施”[③]。关于中国古代煤井通风技术较为详细的记载是《天工开物·燔石》中的“竹筒排毒气法”，这是一种自然通风方法（图 2-2-15）。书中写道：“……毒气灼人，有将巨竹凿去中节，尖锐其末，插入炭中，其毒烟气从竹中透上，人从其下施镬拾取者。”

为了将“毒气”排出，古人把巨大的竹子中节凿通，末端削尖，插入煤井的炭中，使毒烟气顺着竹子通到地面。类似的自然通风方法亦可见于明《颜山杂记》《滇南矿厂图略》《边州见闻录》等。另外，在北方地区，通常会有卷筒通风或双井法。“是故凿井必两，行隧必双，令气交通以达其阳，攻坚致远，功不可量。以为气井之谓也。”这里“气井”指风井，“行隧必双”，说明其中一条巷道用于通风。只要有了两个井筒、两条巷道，加上一些通风设施（如风门、风帘等），就可形成一个自然通风系统。这与西方传入的自然通风方法有相似之处。

中国传统煤井通风技术多数以自然通风为主，辅以简单人力机械通风方法，鲜有运用其他动力机械进行煤井通风的记载。此类观点在《中国古代金属矿和煤矿开采工程技术史》当中亦有所体现：“传统的煤窑通风方法，多数是自然通风，在通风口与出风口高差很小时，则用手工制造的人力扇风机（风车、风扇）通风。”[④]“直到 19 世纪末才有极少数煤矿引进西方通风机通风。”[⑤] 另外，《中国古代煤炭开发史》中介绍井下通风时，亦分为自然通风和人工通风两种，其资料主要以《颜山杂记》《滇南矿厂图略》《王崧矿厂采炼篇》《边州闻见录》等记

① 范明训. 煤矿安全知识丛书：通风［M］. 北京：煤炭工业出版社，1999：3.

② 宋应星. 天工开物［M］. 上海：商务印书馆，1933：12.

③ 李进尧，吴晓煜，卢本珊. 中国古代金属矿和煤矿开采工程技术史［M］. 太原：山西教育出版社，2007：324.

④ 同上：287.

⑤ 同上：404.

载为主。

《开煤要法》所介绍的西方煤矿工程技术的最大特点是在煤井的提升、运输、排水、通风等机械的动力方面普遍应用了蒸汽机。自从蒸汽机运用在煤矿开采的各类关键技术上之后，煤矿的生产效率得到了很大的提升，此为《开煤要法》所介绍的煤炭开采技术与中国传统煤矿工程技术的最根本的差异。蒸汽机贯穿于《开煤要法》关键技术环节的始终，从最开始的井巷开凿，到井巷的支护，再到煤井运输与提升等环节，均有汽机作为动力机械。除此之外，近代西方煤矿所用机械及安全防护等装置均比中国传统煤矿更为先进。

第三节　晚清科学译著的底本

我们选择的几部科学著作大多为当时西方著名科学家所编纂，在当时影响大，流行广，多次再版。19 世纪各学科仍处于发展中，新资料、新理论不断涌现，因此，大多数科学著作每次再版时都会有知识的补充和数据的更新，这就使得同一著作的不同版本在内容上有较大差异。这一节我们将加入时间的维度来讨论底本选择是否反映了当时科学的最新进展，也即传入中国的知识内容是否为当时最先进的。

一、《谈天》的底本①

Outlines of Astronomy 是一本专门写给天文爱好者的通俗读物（图 2-3-1）。为了让生涩的天文学原理更易于读者理解，约翰·赫歇尔加入了许多生动的例子，对天文学原理的阐述深入浅出，文辞优美生动，盎然生趣，极受读者喜欢。所以该著作一经问世，就在英国频频再版，甚至直到 1985 年还在出版。本书多次再版，而且每次再版都有较大的修订，并增补了内容，更新了天文学观测数据。汉译本《谈天》（图 2-3-2）译自 1851 年版的 *Outlines of Astronomy*。底本 *Outlines of Astronomy* 于 1871 年再版时有较多内容的增补与天文数据的更新。江南机器制造总局的徐建寅据此版本对《谈天》中部分陈旧的观测结果和数据进行了修正，也增译了部分内容，形成了该书的第 2 个版本——江南机器制造总局重刻本。该版本于同治十三年（1874

① 樊静. 晚清天文学译著《谈天》的研究［D］. 呼和浩特：内蒙古师范大学，2007. 此文为本项目的研究基础。

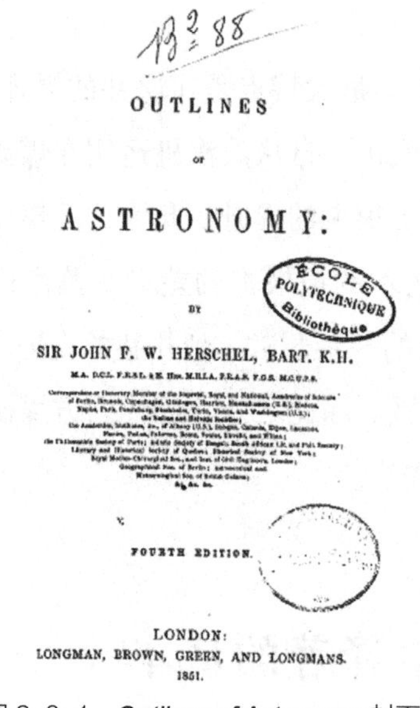

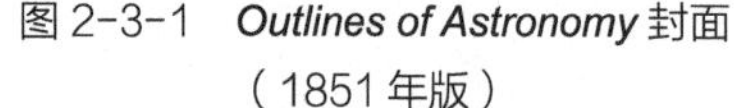
图 2-3-1　*Outlines of Astronomy* 封面（1851 年版）

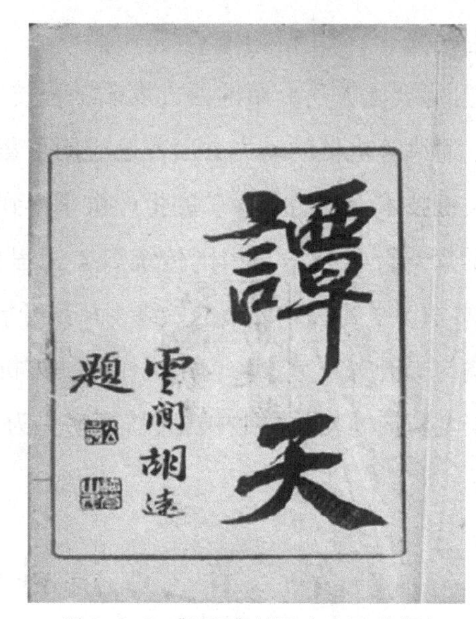

图 2-3-2 《谈天》封面（1859 年版）

年）刊行。为厘清《谈天》底本在各版本中的情况，并为搞清楚《谈天》一书在首次翻译、增译及重校时所依据的原本分别是哪一个版本，我们必须对原本的版本做充分的调查、了解。所以笔者利用英国图书馆联合目录[①]对 *Outlines of Astronomy* 的版本情况进行整理，如表 2–3–1 所示。

表 2–3–1　*Outlines of Astronomy* 版本信息对照

版次	出版时间	出版人	版式描述	馆藏地
1	1849	London：Printed for Longman，Brown，Green and Longmans	书长 22cm，共 8 册；前言 14 页，正文 661 页；图 5 幅[②]	爱丁堡图书馆 利兹图书馆
2	1849	London：Printed for Longman，Brown，Green and Longmans	书长 22 cm，共 8 册；前言 16 页，正文 661 页；图 6 幅；正文前有勘误表 1 页[③]，书后附有星表、索引和出版人员名单[④]	皇家学院图书馆 曼彻斯特图书馆 牛津图书馆 达拉漠图书馆
3	1850	London：Longman，Brown Green and Longmans	书长 23cm；前言 16 页，正文 661 页；图 7 幅；附有参考书目和索引	牛津图书馆 剑桥图书馆 大不列颠图书馆

① 英国图书馆联合目录（British Union Catalog，COPAC），http://copac.ac.uk/，2006 年 9 月登录。

② 5 幅图中包括卷首插画、一张名为 Plate A 的折叠图及其他。以后各个版本中的图版均在此基础之上有所增加。

③ 对 1833 年所发表的 *A Treatise of Astronomy* 第 43 部分的增补和修正。

④ 书后附有 *Outlines of Astronomy* 于 1849 年 2 月出版时的朗曼出版社人员名单，共 32 页。

续表

版次	出版时间	出版人	版式描述	馆藏地
4	1851	London：Longman，Brown Green，and Longmans	书长 23cm；前言 16 页，正文 661 页；图 6 幅；附有参考书目和索引	剑桥图书馆 伦敦大学学院 格拉斯哥图书馆
5	1858	London：Longman，Brown Green，Longmans and Roberts	书长 23cm；前言 24 页，正文 714 页；图 6 幅；附有星表和索引	爱丁堡图书馆 皇家学院图书馆 牛津图书馆
6	1859	London：Longman，Green，Longman and Roberts	书长 24cm；前言 24 页，正文 714 页；图 7 幅	牛津图书馆 剑桥图书馆 大不列颠图书馆
7	1864	London：Longman，Green，Longman，Roberts，Green	书长 23cm；前言 24 页，正文 729 页；图 9 幅；另附有星表、索引、参考书目及发行者名单	牛津图书馆 剑桥图书馆 大不列颠图书馆
8	1865	London：Longmans，Green and Co.	书长 23 cm；前言 24 页，正文 731 页；图 9 幅；另附有索引、参考书目及发行者名单	利兹图书馆 诺丁汉图书馆
9	1867	London：Longmans，Green and Co.	书长 24cm；前言 24 页，正文 741 页；图 9 幅	爱丁堡图书馆 皇家学院图书馆 谢非尔德图书馆
10	1869	London：Longmans，Green and Co.	书长 21 cm；前言 28 页，正文 753 页；图 9 幅	爱丁堡图书馆 牛津图书馆 剑桥图书馆 格拉斯哥图书馆①
11	1871	London：Longmans，Green and Co.	书长 22cm；前言 28 页，正文 753 页；图 9 幅；附有参考书目和索引	爱丁堡图书馆 皇家学院图书馆 英国空军特别部队
12	1878	London：Longmans，Green and Co.	书长 21 cm；前言 28 页，正文 753 页，图 9 幅；附有参考书目和索引	伯明翰图书馆 利物浦图书馆 纽卡斯尔图书馆

通过表 2–3–1 可见，*Outlines of Astronomy* 自 1849 年第一次出版，截至 1878 年，英国已推出了该书的不同版本达 12 版之多。依据这些版本的版式以及序言的详细信息，就可发现 12 个版本之间有如下的继承关系：第 2 版、第 3 版、第 4 版

① 在英国格拉斯哥图书馆内，还藏有一册 1859 年的汉译本《谈天》，亦为 18 卷，带附表，卷首还有译者伟烈亚力所写的英文序，题为“Translation of Hershell's Outlines of Astronomy”。

均以第 1 版为母本；第 6 版、第 7 版、第 8 版均以第 5 版为母本；第 10 版、第 11 版、第 12 版均以第 9 版为母本。而且每一次再版时，都是在母本的基础上，进行数据修正和内容增补。对于新增补的内容，则在其原索引条中加入英文字母 a、b、c 等，以区别于原文，如（395a）（395b）（395c），或放在正文之后的注释（Note）之中。此后，1878—1985 年还陆续出现了几个版本，但它们多为早期版本的再版或缩微胶片，所以暂不列入表中。

Outlines of Astronomy 在英国如此畅销，被多次再版。后来这本著作还被翻译为德语、俄语、阿拉伯语等多国语言，传播到欧洲、亚洲、美洲等地。

《谈天》的翻译始于 1851 年，而所据底本正是 1851 年的 *Outlines of Astronomy* 第 4 版，可见引入的底本在当时是最新版本。遗憾的是，墨海书馆的《谈天》在出版之后的最初几年里，传播并不十分广泛，其影响也比较有限。15 年后，江南机器制造总局的徐建寅又依据 1869 年出版的 *Outlines of Astronomy* 第 10 版对《谈天》中部分陈旧的观测结果和数据进行了修正，也增译了部分内容，并把 1859—1871 年间发现的新星编辑成表，加入其中。这意味着无论是《谈天》的初译本还是增译本，其中译介的天文学知识即使是在当时的西方世界也是较新的。

二、《地学浅释》的底本①

《地学浅释》共 38 卷，英国雷侠儿（Charles Lyell，后来亦译作莱伊尔，今译查尔斯·赖尔）著，玛高温口译，华蘅芳笔述。其英文底本是赖尔的名著 *Elements of Geology*，现今习称《地质学纲要》。该书曾名为 *A Manual of Elementary Geology*，今译为《普通地质学教科书》，它与赖尔另一名著 *Principles of Geology*（《地质学原理》）关系极为密切。

《地学浅释》是继慕维廉的汉文著作《地理全志》及玛高温与华蘅芳所译《金石识别》之后，由西方传入中国的较完整的地质学著作，也是第一部由西方传入的真正的地质学著作。该书在晚清传播较广，影响较大②③，受到多方面学者的重

① 聂馥玲，郭世荣.《地质学原理》的演变与《地学浅释》[J]. 内蒙古师范大学学报（自然科学汉文版），2012（3）：307-313. 此文为该项目的研究成果之一。

② 叶晓青. 早于《天演论》的进化观念 [J]. 湘潭大学社会科学学报，1982（1）：100-103.

③ 叶晓青. 赖尔的《地质学原理》和戊戌维新 [J]. 中国科技史料，1981（4）：78-81.

视与关注，已有学者对其内容、社会影响[①]、底本[②]、出版时间[③]等方面进行了研究。

但是，在已有的介绍与论述中，关于赖尔的几部地质学著作还有一些模糊不清甚至错误的说法。因此，需要厘清它们之间的关系，澄清误解，勘正错误。本节依据赖尔本人的介绍，分析他的三部不同名称的地质学著作的关系，然后主要探讨《地质学原理》与《地质学纲要》之间的区别与联系，以及不同版本的《地质学纲要》的变化情况，以此说明《地学浅释》所翻译的内容在赖尔著作中的地位，以及其中的内容与当时地质学前沿发展的关系。

赖尔的地质学不仅在地质学史上，而且在整个科学史上占有重要地位。赖尔的观点在地质学的一系列争论中构成了通往进化论的道路上的重要一段。他的地质学思想集中体现在了他的《地质学原理》和《地质学纲要》等书中。

1. 与《地质学原理》相关的几本书之间的关系

1827 年年底，赖尔把《地质学原理》第一卷的手稿送去付梓。当时，因为赖尔的观点与人们已有的观念发生了根本的冲突，也许出版商也不是赖尔观点的坚定信仰者，又因为赖尔几次到欧洲大陆旅行，不断修改细节，所以，直到 1830 年该书才出版。《地质学原理》于 1830 年 1 月出版了第一卷。最初，赖尔计划写两卷，对立派的反击迫使他改变了计划，使他在书中不仅包括了原本计划的地质学内容，而且也包括了他与对手之间争论的内容。最终，第二卷于 1832 年 1 月出版，第一卷的第 2 版（修改版）在 1832 年 6 月出版，第三卷于 1833 年 4 月出版。到 1873 年，《地质学原理》共出版了 11 版，详细情况见图 2-3-3[④]。

随着地质学的发展和新资料的发现，《地质学原理》的内容不断扩充，到第 3 版开始出全四卷，共四篇，每篇为一卷。到 1838 年出版第 5 版时，将第四篇抽出并进行扩展，单独成书，即《地质学纲要》（版本情况见图 2-3-3）。在该版的序言中，赖尔写道："本书的内容原来是为本人以前的著作《地质学原理》写的一份

① 吴凤鸣．一部西方译著的魅力——《地学浅释》在晚清"维新""变法"中的影响和作用［J］．国土资源，2007（9）：55-59.

② 李鄂荣．关于《地学浅释》的几个问题［C］．中国地质学会地质学史委员会编．地质学史论丛（一）．北京：地质出版社，1986：80-89.

③ 王仰之．关于《地学浅释》和《金石识别》两书介绍中所存在的几个问题［J］．地质论评，1980（6）：551-552.

④ 该图根据徐韦曼译的《地质学原理》中第 10 版序言及《地质学纲要》原著的第 1 版、第 6 版和第 4 版的序言编制而成。

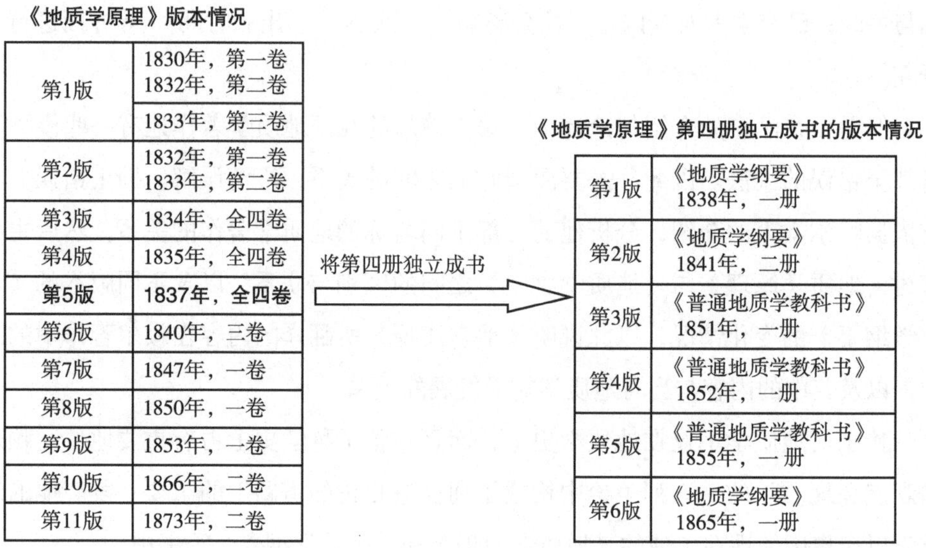

《地质学原理》版本情况

第1版	1830年，第一卷 1832年，第二卷
	1833年，第三卷
第2版	1832年，第一卷 1833年，第二卷
第3版	1834年，全四卷
第4版	1835年，全四卷
第5版	**1837年，全四卷**
第6版	1840年，三卷
第7版	1847年，一卷
第8版	1850年，一卷
第9版	1853年，一卷
第10版	1866年，二卷
第11版	1873年，二卷

将第四册独立成书

《地质学原理》第四册独立成书的版本情况

第1版	《地质学纲要》 1838年，一册
第2版	《地质学纲要》 1841年，二册
第3版	《普通地质学教科书》 1851年，一册
第4版	《普通地质学教科书》 1852年，一册
第5版	《普通地质学教科书》 1855年，一册
第6版	《地质学纲要》 1865年，一册

图 2-3-3 《地质学原理》《地质学纲要》和《普通地质学教科书》的版本情况及其关系

补充内容，是专为那些读《地质学原理》时发现某些章节有些模糊或困难的学生写的，提供他们想要的基础知识。后来，我考虑把这个主题扩展成一本独立的著作也是可能的，可作为学习地质学的引论。”①《地质学纲要》的第 2 版也延续了这一书名，到 1851 年出第 3 版时更名为《普通地质学教科书》，第 4 版、第 5 版都延续了这一书名。到第 6 版（1865 年）时，又改回《地质学纲要》。“在这十年期间，我又出版了几本《地质学纲要》的‘补遗’，而这些增补内容现在全部整合到这本书中，增加了 50 多幅图，130 页。这些内容已经超出了教科书所计划容纳的范围，因此我又恢复了这本书 1838 年开始出版时的书名，即《地质学纲要》。《地质学纲要》是由我的《地质学原理》中的第四卷的内容扩展而成的。”②

吴凤鸣对《地质学纲要》和《普通地质学教科书》的问题有研究，指出，“笔者认为，澄清这个问题要从名著 *Manual of Elementary Geology* 的版次说起：1830 年第一卷出版；1832 年第二卷出版；1837 年第五版时改编为四篇；1838 年将第四篇扩充为独立专册，命名为 *Elements of Geology*，即确切译为《地质学纲要》；1851 年又经重新编写、修订，命名为 *Manual of Elementary Geology*，译为《普通

① LYELL C. Elements of Geology［M］. Philadelphia：James Kay，Jun. And Brother，122 Chestnut Street. Pittsburgh：C. H. Kay & Co，1839：3–4.

② LYELL C. Elements of Geology：Or The Ancient Changes of the Earth and Its Inhabitants，as Illustrated by Geological Monuments［M］. London：John Murray，Albemarle Street，1865.

地质学教程》；1865 年再一次定名为《地质学纲要》”①。

根据我们的研究，以上叙述有问题。

第一，上述引文中 *Manual* 和 *Elements* 的关系混乱。1830 年出版的是 *Principles* 而不是 *Manual*，*Principles* 的第四篇单独成书为 *Elements*，后来 *Elements* 更名为 *Manual*，即 *Manual* 和 *Elements* 是同一本书，版本不同，书名不同。

另外，1959 年中译本的《地质学原理》（*Principles of Geology*）中载第 10 版序言，记录的 *Principles*、*Elements*、*Manual* 三者之间的关系也非常明确：“《地质学原理》的最初五版，非但包括地球和它的生物的现代变化的见解，而且也包括地质学家所必须阐明的那些有机界和无机界的遗迹和古代的同类变化的讨论。后一部分，或者地质学本身，原来列在第四篇，现在删掉了，并且扩充成独立的一种书，称为《地质学纲要》（*Elements of Geology*），第一版在 1838 年以十二开本刊行，后来在 1841 年扩充成 12cm 本两册，1851 年又经过重编，定名为《普通地质学教科书》（*A Manuel of Elementary Geology*），改为一册八开本，最后，在 1865 年又改为《地质学纲要》，仍保留八开本一册。”②

第二，吴凤鸣的研究中有“1837 年第五版时改编为四篇”的说法。事实上，1834 年第 3 版的《地质学原理》就已经是全四卷，1835 的第 4 版、1837 的第 5 版均保持全四卷。所以，从 1834 年开始全书的内容就是四篇，而不是 1837 年出第 5 版时才改为四篇。

第三，*Manual* 是从 1851 年开始出版，而不是 1830 年。

2.《地质学原理》与《地质学纲要》的区别与联系

《地质学纲要》的内容出自《地质学原理》，但《地质学纲要》和《地质学原理》是两本独立的著作，论述范围不同，一个涉及古代，另一个涉及近代。但是这两部著作又有联系，不仅保留了部分共同的内容，而且在地质学的研究方法和内容编排顺序上，都体现了赖尔“将今论古”的思想。

关于《地质学原理》与《地质学纲要》二书有何区别，李鄂荣对此有深入研究。通过二书目录的比对，李鄂荣指出：“《地学浅释》主要是按岩石地层和地质史的顺序，从新到老加以论述的，最后一章则是讨论五金矿脉，即矿床学……《地质学原理》主要是讲地质作用对地球表面的影响以及古今地质作用的一致性。并

---

① 吴凤鸣．一部西方译著的魅力——《地学浅释》在晚清“维新”“变法”中的影响和作用［J］．国土资源，2007（9）：55-59.

② 莱伊尔．地质学原理：第一册［M］．徐韦曼，译．北京：科学出版社，1959.

不按时代叙述新老地层的特征。可见两书的内容是完全不同的。以现在的地质科学分科相比拟，则《地学浅释》接近于地层学和地史学，而《地质学原理》是《普通地质学》或《自然地理学》。”①

对于这两本书的区别，赖尔本人也有论述：“这样分开的‘原理’与‘纲要’分别有其极为不同的范围。《地质学原理》所讨论的是可以用来说明地质现象的那一部分自然法则，包括生物界和非生物界，从而以便研究现时正在活动的各种原因所造成的、并且可以把地球和它的生物的现状流传到后世的各种永久结果，这样的结果，是地球上不断变迁的地质情况的永久遗迹，是局部破坏和再造的持久标志，也是生物界中无穷变幻的纪念物。简言之，我们可以认为它们是一种记录地球的象征文字。另一方面，在《地质学纲要》中，我主要研究地壳的组成物质，它们的排列、相对位置，以及它们所含的生物。这些事实，如果用上述研究现代变化的钥匙来解释，可以告诉我们过去连续发生的重大事变——几乎完全在人类诞生以前，地球外壳和它的生物所经历的一系列变革。”②

也就是说，虽然《地质学纲要》是从《地质学原理》中抽出的内容，但是这两部著作各自涉及的范围不同，内容上也是独立的。这一点赖尔也反复声明。他在《地质学纲要》第 1 版的序言中指出：“现在呈现给读者的这本书既不是《地质学原理》的摘要，也不是它的任何部分的缩写。在某些方面，当我认为需要把前一书的某些内容结合到《地质学纲要》中时，我不仅没有缩写前一书中的内容，反而是扩展了它们，给出更充分的解释，增加版面，以期让初学者能够更加易于理解。”③

也许是因为在《地质学纲要》第 1 版的序言中，赖尔提到该书是“作为学习地质学的引论”，引起读者对于二书的关系有一些争议，所以，赖尔在《普通地质学教科书》（1852 年版）中说：“在这个问题上引出许多混乱，借此机会，我想再次说明《普通地质学教科书》不是《地质学原理》的摘要，也不是为后者准备的引论。”④

尽管这两部著作是独立的，但是《地质学纲要》不仅涉及了《地质学原理》的部分内容，而且还进行了扩展；而《地质学原理》也保留了《地质学纲要》中

---

① 李鄂荣．关于《地学浅释》的几个问题［M］// 中国地质学会地质学史委员会．地质学史论丛（一）．北京：地质出版社，1986：80–89.

② LYELL C．The Student's Elements of Geology［M］．London：John Murray，1871.

③ LYELL C．Elements of Geology［M］．Philadelphia：James Kay，Jun and Brother，1839：3–4.

④ LYELL C．A Manual of Elementary Geology：Or，The Ancient Changes of the Earth and its Inhabitants，as Illustrated by Geological Monuments［M］．New York：D．Appleton & Co.，1853.

的部分内容。“这两种书虽然如此划分，但是我仍然在《地质学原理》中（第一篇）保留着某些可以作为与两种书有共同关系的内容，例如地质学的早年发展简史，以及许多说明古今自然作用力完全相同的事实和论证。也就是说，这些事实和论证，可以使我们相信，现在在地球表面上或地面以下活动的作用力的种类和程度，可能与远古时期造成地质变化的作用力完全相同。”①

另外，对于读者而言，如何对待这两本书，赖尔在不同时期均有论述。1838年，他指出：“期望熟悉《地质学原理》的较大部分（不少于全书的5/6）的学生可以更容易理解在《地质学纲要》中对地质现象的解释。另一方面，那些开始读《地质学纲要》的读者通过粗略地看一下后面所附的目录，就可以更容易地理解《地质学原理》那部分的意义。”②

赖尔在1852年又强调：“尽管从书名上看，这两部书都是关于地质学的，但其范围极不相同。《地质学原理》包含地球及其上生物的近代变化，而《普通地质学教科书》是关于古代变化的遗迹。为使二者相区别，我仔细考虑了各自的完整性与独立性。但如果有学生问我该先读哪一本，我将推荐他先从《地质学原理》开始，因为他可通过《地质学原理》从已知到未知，步步深入，通过了解现代的变化预先获得解读古代现象（无论是有机物还是无机物）的钥匙。”③

赖尔在1866年继续谈到这个问题：“如果问我应该先读《地质学原理》还是《地质学纲要》，我感到很难回答，就像要我回答学生应该先从化学还是先从自然哲学开始学习一样难。这是完全不同又不可分离的两门学科。整体上，一方面，我努力使两部著作保持相互独立；另一方面，我可能会推荐读者先学习地球及其生物的近代变化，因为它是在本书中讨论的，接着往后是对较为远古时代的遗存的分类和解释。”④

从赖尔关于两部著作的关系的论述可以看出，两部著作内容独立，却有内在联系。其中内在联系不仅体现在内容上有共同的部分，而且体现了地质学的研究方法：近代变化是理解古代的钥匙。因此，对于想理解地质学全貌的人而言，两部著作缺一不可。赖尔对于学习两部著作的建议也正体现了他“将今论古”的地

---

① LYELL C. The Student's Elements of Geology［M］. London：John Murray，1871.

② LYELL C. Elements of Geology［M］. Philadelphia：James Kay，Jun and Brother，1839：3–4.

③ LYELL C. A Manual of Elementary Geology：Or，The Ancient Changes of the Earth and its Inhabitants，as Illustrated by Geological Monuments［M］. New York：D. Appleton & Co.，1853.

④ LYELL C. The Student'a Elements of Geology［M］. London：John Murray，1871.

质学研究方法。

更重要的是，赖尔在他的著作中通过均变论统一地说明了地质现象，说明了地球地壳的变化不是什么超自然力量或者巨大的灾变造成的，而是由于最平常的自然力在漫长的时间里逐渐形成的。他应用归纳的方法证明了普通力（大气的作用、生物的作用、火山和地震的作用，尤其是水的作用）的叠加效果会产生居维叶（Georges Cuvier）和巴克兰（William Buckland）所说“本质上具有奇迹特征”的那些灾变现象。这两部著作中还包含了年代地层学、古生物学和自然地理学方面的最新进展，也包括了赖尔对科学的重要贡献，即他对第三纪的上新世、中新世及始新世的确立和划分。赖尔的理论排除了长期存在于地质现象解释中的神学与宗教的因素，“建立了科学的地质学”，“给地质学带来了新的秩序”[①]，“开拓了科学进步的道路”[②]。同样重要的是，赖尔的理论已经走在了发现有机自然界进化论的边缘。“确实地质学的均变论几乎是在呼唤生物学的进化论……赖尔无疑为达尔文铺了路。他的书主要目的是‘使洪积论者沉沦，简言之，使所有的神学诡辩家沉沦’……赖尔希望，科学与宗教在没有可能再次相互折中之前，都应回到适于自己的领域中去。”[③] 赖尔还提出“将今论古”的研究方法，使地质学成为一门实证科学。

尽管对于变质作用和地壳演化，同样存在着两种对立的观点即均变观点和非均变观点之争，一些事实也说明“将今未必能够论古”[④]，但是赖尔的学说在科学史上的重要性及其意义是不言而喻的。

3.《地质学纲要》不同版本与《地学浅释》

《地质学纲要》首先在19世纪70年代传入我国。《地质学原理》就目前所掌握的资料来看，20世纪50年代末有了中译本（1859年由徐韦曼翻译，底本是1873年第11版*Principles of Geology*）。晚清华蘅芳和玛高温翻译的《地学浅释》底本是1865年出版的第6版的《地质学纲要》[⑤]，其英文书名为*Elements of Geology*。

不同版本的《地质学纲要》，内容上差别较大，篇幅变化也较大（表2-3-2）。

---

① 小林英夫. 地质学发展史［M］. 北京：地质出版社，1983：75.

② C. C. 吉利斯俾.《创世纪》与地质学［M］. 杨静一，译. 南昌：江西教育出版社，1999：133.

③ 同上：131.

④ 游振东. 均变论沉思录——写在莱伊尔“地质学原理”发表160周年［J］. 中国地质大学学报，1992（11）（增刊）：26-30.

⑤ 此结论最早由严敦杰考订。参考文献：艾素珍. 清代出版的地质学译著及特点［J］. 中国科技史料，1998（1）：11-25.

表 2-3-2 《地质学纲要》六个版本的篇幅变化情况

版次	出版年份	篇章数	页数
第 1 版	1838	25	316
第 2 版	1841	36	414
第 3 版	1851	38	512
第 4 版	1852	38	512
第 5 版	1855	38	685
第 6 版	1865	38	794

第 1 版的《地质学纲要》1838 年出版，共 25 章，到第 2 版时扩展为 36 章，到第 3 版时为 38 章。在后面的 4 版中虽然一直保持 38 章，但是篇幅一直在增加，到第 6 版已经增加到近 800 页，比第 1 版篇幅增加了一倍还多。从表 2-3-2 可以看出，第 3 版和第 4 版篇幅没有变化。事实上，第 4 版也有内容上的扩充，只是将扩充的内容单独出版。“第 3 版 1 月印了 2000 本，很快就卖完了……即使在这样短的时间内，在古生物学上也发现了一些极为重要的事实，或者说有些重要的事实首次被证实。如果在本书补充介绍这些重要的发现，对于那些购买此书前一版的读者来说就有些不方便，为此，我把这些新进展写成本书的‘补遗’(跋文，单独印刷，单独出售，售价 6 先令)，同时指出这些新进展与极为重要的理论问题之间的关联。”① 从第 5 版到第 6 版间隔近十年，在这十年中，赖尔还为《地质学纲要》出版了几次补充内容，如《第五版普通地质学教科书补遗》(*Supplement to the Fifth Edition of A Manual of Elementary Geology*，1857 年)，这些补充内容全部整合到了第 6 版中。

我们将第 1 版和第 6 版的内容做了对比：第 1 版共 25 章，第 6 版共 38 章，第 1 版中有 15 章 60% 的内容在第 6 版中仍然保留，其余 11 章的内容调整到第 6 版的不同章节中；第 6 版中完全新增内容共 13 章，这些新增内容是在后来不断修订、再版过程中逐步扩充的，其中包含了五金矿脉以及赖尔对第三纪的上新世、中新世及始新世的确立和划分等内容。从第 1 版到第 6 版，完全新增章节占到了第 6 版全书的 34.2%，而内容上与第 1 版相比增加了 60%。

不同版本的《地质学纲要》不仅内容上有所增加，而且书的结构相应地也进

① LYELL C. A Manual of Elementary Geology: Or, The Ancient Changes of the Earth and Its Inhabitants, as Illustrated by Geological Monuments [M]. New York: D. Appleton & Co., 1853.

行了调整。“每一次校订很大程度上都相当于重编，每一个新的版本都不同于它前面的版本。”① 而且在每一个版本中附有勘误表和增加的内容，有的版本还附有《地质学原理》的目录，以便使读者能够对比二书的内容。可以说，第 6 版的《地质学纲要》与前几版相比，内容最完整、最全面，同时也包含了《地质学原理》中的一些内容，体现了西方地质学在古代部分的最新进展。

赖尔的《地质学原理》和《地质学纲要》在西方世界产生了重大影响，几乎每一版本在英国出版后，第二年就在美国和其他国家出版。② 从英文《地质学纲要》到汉译本《地学浅释》，由于译者语言不通，不熟悉西方地质学，前后用时两三年，颇费了一番周折。华蘅芳在 1873 年补写的前言中有详细说明。史家也多有介绍，兹不赘述。

三、《开煤要法》的底本

关于《开煤要法》一书的英文底本问题，笔者参阅了前人关于江南制造局翻译馆的相关研究，并结合《傅兰雅档案》一书中各类书信的相关内容进行考证。通过《傅兰雅档案》中的信件所体现出的时间线索，笔者研究发现，《开煤要法》的底本并不是 1869 年版 *Coal and Coal Mining*，而是 1867 年版 *A Treatise on Coal and Coal Mining*。具体论证如下：

傅兰雅在 1868 年 3 月 17 日给巴特森（Bathson）的信中谈到需要为江南机器制造总局订购书籍：“我高兴地接受为制造局订购书籍和仪器的任务。如能将这些货物委托你的洋行办理，那将会省掉我许多麻烦。”③ 在另一封给江南机器制造总局的信中，讨论完译书合约条款后，傅兰雅申明到馆日期为 5 月 20 日，到馆之前辞去了英华书馆和字林新报的职务。④ 由此得知，傅兰雅最早进行译书活动的日期不早于 1868 年 5 月 20 日。

1868 年 3 月 18 日，傅兰雅在给史密斯·埃尔德公司的信中说明了购书的要求并附有详细的购书清单。其中包括“coal and coal mining”，并在其后特意嘱托需要最新、最全的成果。“我受负责制造局的官员委托，向你们购买所附清单中的

---

① LYELL C. Elements of Geology: Or The Ancient Changes of the Earth and Its Inhabitants, as Illustrated by Geological Monuments [M]. London: John Murray, 1865.

② 本文参考的几部赖尔的著作就是在美国出版发行的，因此，出版时间上比英国原版的要晚一些。

③ 戴吉礼. 傅兰雅档案 [M]. 桂林：广西师范大学出版社，2010：344.

④ 同上：345.

书籍和仪器。标 * 的书籍，请尽可能找最新最完整的版本，这是用来编辑同主题中文著作的。随信寄上汇丰银行的汇票……书籍要经陆路快速运来，仪器可以海运，但要格外留心那些化学仪器。"[①] 由此购书清单可以看出，傅兰雅并未指定在煤炭开采方面的具体书目名称，只是委托史密斯·埃尔德公司采购这一类的书籍，并特意嘱托该公司"尽可能找最新最完整的版本，因为这是用来编辑同主题中文著作的"[②]。因此，仅从购书单给出的"coal and coal mining"这一简短信息，不能够确定此为该书全名，更不能确定《开煤要法》一书的底本。由于不同版本的书名略有差异，所以我们需要先确定底本的出版年代。

1868年7月31日，傅兰雅给史密斯·埃尔德公司的信中，确认书籍已经收到，佐证了前述订购书籍的准确性。"我收到了 5 月 16 日和 30 日的书籍发票，书籍已经运到，相信科学仪器也会到达。"[③]

在底本考订的过程中，对于关键时间点的把握是确定相关底本出版年代的重中之重。傅兰雅在 1868 年 7 月 28 日给艾约瑟的信中说《开煤要法》的翻译工作马上完成："你手头还有中文版世界地图的话，请寄来 6 份，我从贞德博士和丁韪良博士那里了解了一些你的情况。我现在制造局为中国政府翻译各种科目的书籍，已经译好了一卷《运规约指》,《开煤要法》也很快就完成，另外还在翻译化学著作和声学著作。刚开始有很多困难，但相信很快就会好起来。"[④]

由此推断，傅兰雅在 1868 年 7 月之前已经开始《开煤要法》的翻译工作，所以底本不可能是 1869 年出版的 *Coal and Coal Mining*。

如表 2-3-3 所示，英文本共有八版并且 1867 年版的 *A Treatise on Coal and Coal Mining* 是首版，因此，底本只能是 1867 年的 *A Treatise on Coal and Coal Mining*。

因此，根据《傅兰雅档案》中各类信件记载,《开煤要法》一书的翻译时间为 1868 年，而这与现有研究成果中关于《开煤要法》一书的英文底本 *Coal and Coal Mining* 为 1869 年出版的结论相矛盾。

A Treatise on Coal and Coal Mining 一书共有八版，各版本的名称、内容略有差异，见表 2-3-3 相关介绍。

---

① 戴吉礼．傅兰雅档案［M］．桂林：广西师范大学出版社，2010：345-350.

② 同上：344.

③ 同上：374-375.

④ 同上：374.

表 2-3-3　A Treatise on Coal and Coal Mining 各版本的相关信息比较

出版年份	出版时书名	总章节数	出版信息	总页数
1867	*A Treatise on Coal and Coal Mining*	19	London：Virtur Brothers	253
1869	*Coal and Coal Mining*	19	London：Strahan	253
1872	*A Rudimentary Treatise on Coal and Coal Mining*	19	London：Lockwood	253
1873	*A Rudimentary Treatise on Coal and Coal Mining*	19	London：Lockwood	253
1875	*A Rudimentary Treatise on Coal and Coal Mining*	19	London：Lockwood	253
1880	*A Rudimentary Treatise on Coal and Coal Mining*	19	London：Crosby Lockwood	261
1886	*A Rudimentary Treatise on Coal and Coal Mining*	19	London：Crosby Lockwood	261
1900	*A Rudimentary Treatise on Coal and Coal Mining*	21	London：Crosby Lockwood	346

简要比对各英文版本之后发现，1867 年版与后几个版本体例相似，但在细节上仍然有一些修订。如在具体论述各年代的详细数据方面，各版本都选择了当时最新的数据。除了各类数据差异，作者还加入了自己对于煤炭行业趋势以及各类问题的看法和分析。例如，他在第五次修订的前言中说："令人吃惊的是，英国煤产量在过去的 20 年里翻了一番，一直持续到 1877 年……但是最近的数据却是每年在减少 300 万吨。"① 另外，在 1875 年的修订版中，大英博物馆的植物学家威廉·卡鲁瑟斯（William Carruthers）对于"煤与植物"这一章节进行修订，加入了很多最新的观点。作者在 1890 年去世后，1900 年版本由继任矿业总监 T. 福斯特·布朗（T. Forster Brown）进行修订。1900年版更换了最后两章，增加爆破炸药、洗焦、炼焦相关章节，此为最后修订版。1900 年之后，很多年里都有此书进行重印、翻印的消息，直至 2016 年它还在再版。此书还被译成中文、德文等，其影响之深，可见一斑。

另外，通过研究发现，查尔斯·辛格（Chales Singer）主编的《技术史》一

① SMYTH W W. A Rudimentary Treatise on Coal and Coal Mining［M］. London：Crosby Lockwood，1880：Ⅸ.

书在第四卷第一编第三章《金属和煤的开采》后附的参考文献表明，该书引用的“采煤工具和机器”的文献来源正是《开煤要法》的英文底本 *A Treatise on Coal and Coal Mining*。(《开煤要法》英文底本为 1867 年初版,《技术史》引用的为 1880 年版，由上文关于版本的对比可知，两版本除了前言以及某些年份的产量，并无较大差别。) 辛格的《技术史》是科技史专业的经典著作，上述一条史料的发现足以说明《开煤要法》底本的权威性。

四、其他译著的底本

近代天文学与力学发展的重要基础之一是几何、代数、微积分等数学工具的发展，而几何学无论是内容还是形式都成为近代科学的基础与典范。《几何原本》经过明清两次西学东渐才最终完整翻译为中文，这里重点讨论《几何原本》后九卷的底本选择。

1.《几何原本》的底本[①]

1607 年，徐光启和传教士利玛窦翻译了《几何原本》前六卷，其底本是利玛窦在罗马学院学习用的课本，它是著名的德国数学家克拉维乌斯校订增补的拉丁文注释本。

1857 年，李善兰和伟烈亚力续译了后九卷,《几何原本》全本问世。在《几何原本》后九卷的序中，李善兰和伟烈亚力都没有明确提到底本，只提及底本为拉丁文译成的英文本。因此，学术界对《几何原本》后九卷的底本一直存在着争议。钱宝琮根据伟烈亚力《几何原本》序中“此为旧版，校勘未精，语讹字误，毫厘千里，所失匪轻”推断，后九卷的底本为艾萨克・巴罗（Isaac Barrow）1660 年翻译的 15 卷英文本 *Elements*, *The Whole Fifteen Books*。[②]2004 年，徐义保在文章“The First Chinese Translation of the Last Nine Books of Euclid’s Elements and Its Source”(《欧几里得〈几何原本〉后九卷的初次汉译及其底本》) 中认为，后九卷的底本应是 1570 年出版的亨利・比林斯利（Henry Billingsley）的英文译本 *The Elements of Geometria of the Most Ancient Philosopher Euclide of Megara*（以下简称 *The Elements*）(图 2-3-4)。[③] 徐义保首先将《几何原本》的后九卷与巴罗的英文

① 李民芬. 关于李善兰翻译《几何原本》的研究［D］. 呼和浩特：内蒙古师范大学，2013. 此为本项目的研究成果之一。

② 钱宝琮. 中国数学史［M］. 北京：科学出版社，1964：264-265.

③ XU Y. The First Chinese Translation of the Last Nine Books of Euclid’s Elements and Its Source［J］. Historia Mathematica, 2005, 32（1）: 4-32.

图 2-3-4　比林斯利的
The Elements（1570 年版）

本进行了对比，发现其中有很多差异：

第一，在定义和命题证明的描述上，英文本采用了大量的符号，例如"="“+”，而汉译本都用很长的文字进行说明。

第二，一些和命题有关的注释内容，在英文本中被放在了命题的旁边，而汉译本则把它们放在了正文里。

第三，内容方面，汉译本中存在着很多英文本所没有的内容。例如，第七卷第三个命题中汉译本有两个引理，而英文本只有一个。

第四，汉译本中对命题的解释（解曰）、说明（案、又案）及举例（例）和英译本中同一个命题证明的内容不符。

第五，英文本中的很多内容在汉译本中没有包含进去，例如第十一卷中有关平行六面体、立体图形的内切、外切的定义在汉译本中就找不到。

徐义保还收集整理了 1850 年以前英国出版的英文本，发现这期间英文版本大部分是六卷本和八卷本，只有比林斯利 1570 年的英译本和约翰·里克（John Leeke）、乔治·瑟利（George Serle）1661 年的英译本是十五卷或十六卷本。其中里克和瑟利 1661 年的英译本又大量参考了比林斯利 1570 年英译本的内容。徐义保将此版本与汉译本进行对比，发现两者间有较大差异，如同一命题的证明过程不相符，汉译本中的“案”“例”部分在里克和瑟利 1661 年的英译本中没有对应，等等。这样就把巴罗和其他的英译本一一排除，而只剩下比林斯利的英文本了。通过对比得知，虽然这两个版本也存在着一些差异，但是内容基本相同，从而确证了比林斯利 1570 年英译本 *The Elements* 是汉译《几何原本》后九卷的底本。

《几何原本》在我国出现过各种版本，有的版本中只有前六卷，有的版本中只有后九卷，还有的版本是将前六卷和后九卷合并在一起的十五卷本。莫德在文章《对 400 年（1607—2007）来我国出现的《几何原本》的各类版本之研究》中将收集到的 26 种版本分为三类，并研究了各版本之间以及各类版本之间的关系，还进一步研究了它们同国际上流传的一些版本间的关系。① 为了更好地研究《几何

① 莫德，朱恩宽．欧几里得几何原本研究论文集［M］．呼伦贝尔：内蒙古文化出版社，2006：209-224.

原本》后九卷的翻译情况，选取合适的、准确率高的版本进行研究至关重要，因此，本节首先将包含后九卷的一些重要版本做简要介绍，而后分析说明本文所选取版本的结构和内容。

《几何原本》中包含后九卷内容的版本很多，不同的版本其内容组成也不尽相同。最早的版本是由松江人韩应陛校勘并于1858年出资木刻印行的版本。该版有戊午（1858年）初夏王庆芝“几何原本”四字题签，书名并无“续”字，共三册。前有咸丰七年（1857年）正月五日李之藻的《续译几何原本序》和同年正月十日伟烈亚力的序。正文为卷七至卷十五，卷首题为“英国伟烈亚力口译、海宁李善兰笔受”。后有韩应陛咸丰七年（1857年）二月十一日所撰《题几何原本续译本后》。扉页用红笔旁注“第一次刷印六十七部”,“每部纹银四两”。可惜该版“刻之印行，无几而毁于寇”[①]。

之后，李善兰向曾国藩建议重刻《几何原本》，称该书为“算学家不可少之书，失今不刻，行复绝矣”[②]。同治三年（1864年），曾国藩成立金陵书局后，即刻决定重刊该书，他指出:“曾余移驻金陵，因属壬叔取后九卷重校付刊，继思无前六卷，则初学无由得其蹊径。而乱后书籍荡泯,《天学初函》世亦稀觏。近时广东海山仙馆刻本，纰缪实多，不足贵重，因并取六卷者属校刊之。”[③] 这样《几何原本》十五卷足本在金陵书局得以刊刻（图2-3-5）。这一版本是中国出现的第一个完整的十五卷译本，它由徐光启翻译的前六卷和李善兰翻译的后九卷合并而成，因而在《几何原本》版本系列中又称为“明清本”。金陵书局出版的《几何原本》扉页有“几何原本十五卷”七字题签。扉页背面是曾国藩题写的“同治四年夏月刻于金陵曾国藩署检”，正文包括徐光启、利玛窦原序，李善兰、伟烈亚力续译原序，曾国藩《几何原本》序，徐光启《几何原本》杂议，韩应陛续译原跋，徐光启原跋，以及徐光启、利玛窦合译的前六卷和李善兰、伟烈亚力合译的后九卷。校对工作由南汇张文虎负责。可见此版本不仅内

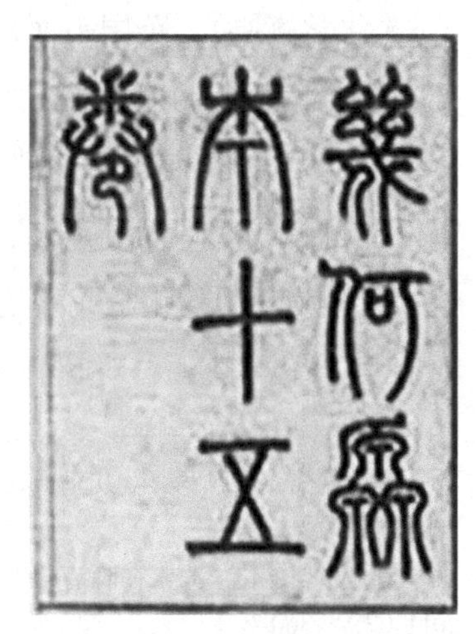

图2-3-5 金陵书局版《几何原本》扉页

① 曾国藩．几何原本序［M］// 几何原本．南京：金陵书局，1866.

② 同上。

③ 同上。

容完整，而且经过多人覆校，错误较少。

该版后续进行过多次再版或重印，内容相差无几。例如江南机器制造总局刊本（1878 年）、江宁藩署刊本（1882 年）、上海积山书局石印缩本（1896 年）、《古今算学丛书》影印本（1898 年）和《中西算学大成》收录的版本（1889 年）等。①

通过对上述版本的分析，加上本书中还涉及一些前六卷和后九卷术语的比较，选定金陵书局版的《几何原本》作为研究对象。

2.《化学鉴原》的底本

西方近代化学知识的传入，一般认为始于合信。他在《天文略论》（1849 年）中介绍了养（氧）气和淡（氮）气及其在空气中的大致含量比例，此后玛高温译述的《博物通书》（1851 年）② 与合信的《博物新编》（1855 年）中均提及 56 种元素。1868 年丁韪良（William Alexander Parsons Martin）编著的《格物入门》之第六卷《化学入门》提及 62 种元素，在中文化学书籍中首次引入了简单元素表格，将元素分为气类（1—4 号元素）、杂类（5—10 号元素，30、42 号元素）、金类（其余 30 个元素）三类，遵循拉瓦锡（Lavoisier）对元素的分类方法，而且引入了化学式。③ 之后，随着西方化学知识的译介，64 种元素为晚清学者普遍接受，而且在元素分类上已接近门捷列夫（Dmitri Ivanovitch Mendeleyel）的元素周期表的分类方式。这些知识主要源于徐寿和傅兰雅翻译的《化学鉴原》（1871 年）。④

《化学鉴原》，英国韦而司（David Ames Wells）撰，傅兰雅口译，徐寿笔述，1871 年江南机器制造总局出版。该著作系统引介了当时西方无机化学知识，是中国第一本无机化学教材。⑤ ⑥ 徐寿与傅兰雅在《化学鉴原》的翻译过程中首创了以西文首音或次音译元素名、以偏旁区别元素大致类别的单形声字元素命名法，这一原则为日后的化学元素定名工作奠定了基础，也成为现代化学命名原则的重要参考。《化学鉴原》对晚清翻译、传播化学知识产生了重要作用。

---

① 莫德，朱恩宽．欧几里得几何原本研究论文集［M］．呼伦贝尔：内蒙古文化出版社，2006：209-224.

② 邓亮．化学元素在晚清的传播——关于数量、新元素的补充研究［J］.《中国科技史杂志》，2011（3）：360-371.

③ 李桂琴，白乌云．晚清译著《化学入门》对近代化学的影响研究［J］．内蒙古石油化工，2013（19）：95-98.

④《化学初阶》（嘉约翰口译，何了然笔述，1870 年）比《化学鉴原》略早，但前者借用了后者拟译的部分元素汉译名，同时也因为二者针对的读者群不同，后者较前者影响大些。

⑤ 韦光．初探洋务运动时期中国近代化学教育的发展［J］．化学教育，2012（8）：69-72.

⑥ 徐振亚．徐寿父子对中国近代化学的贡献［J］．大学化学，2000（1）：58-62.

根据《傅兰雅译著考略》记载，《化学鉴原》译自1858年版的 *Wells's Principles and Applications of Chemistry*。[①]《化学鉴原》底本完整的书名是 *Wells's Principles and Applications of Chemistry: For the Use of Academies, High-School, and College*（以下简称 *Chemistry*）（图2-3-6）。作者韦而司生于美国马萨诸塞州斯普林菲尔德（《化学鉴原》卷首将其误写成英国人），是一名工程师、教科书作家和经济学家（图2-3-7）。1851年，韦而司毕业于哈佛大学罗伦氏科技学院，同年被任命为该学院助理教授，并在劳伦斯中学担任化学和物理学讲师。韦而司除编写了 *Chemistry* 之外，还编写了自然哲学（*Wells's Natural Philosophy*）和地理学（*Wells's First Principles of Geology*）等方面的教科书。[②]1858年由韦而司编写的 *Chemistry* 在纽约和芝加哥出版，此书在当时的美国十分流行，作为教科书曾被发行过十余版。

WELLS'S

PRINCIPLES AND APPLICATIONS

OF

CHEMISTRY;

FOR THE

USE OF ACADEMIES, HIGH-SCHOOLS, AND COLLEGES:

INTRODUCING

THE LATEST RESULTS OF SCIENTIFIC DISCOVERY AND RESEARCH, AND ARRANGED WITH SPECIAL REFERENCE TO THE PRACTICAL APPLICATION OF CHEMISTRY TO THE ARTS AND EMPLOYMENTS OF COMMON LIFE.

WITH TWO HUNDRED AND FORTY ILLUSTRATIONS.

BY

DAVID A. WELLS, A.M.,

NEW YORK:

IVISON & PHINNEY, 321 BROADWAY.

CHICAGO: S. C. GRIGGS & CO., 39 & 41 LAKE ST.

1858.

图2-3-6　1858年版 *Chemistry* 封面

图2-3-7　刊登在《大众科学》月刊上的韦而司肖像

但是该著作与上述著作不同的一点是，虽然多次再版，但是内容没有更新。18、19世纪正是化学飞速发展的时期，新元素不断被发现，化学理论进一步完善。1869年翻译《化学鉴原》时，译者发现 *Chemistry* 中的内容略显陈旧，于是在翻译过程中更新、增补了不少内容，致使译著与原著有较大差异，如元素的数量、部分原子的原子量等。这使得研究《化学鉴原》的学者曾对《化学鉴原》的底本

① BANNETT A A. John Fryer: The Introduction of Western Science and Technology into Nineteenth-Century China［M］. The East Asian Research Center Harvard University, 1967: 86.

② MALONS D. Dictionary of American Biography（Vol.19）［M］. New York: Charles Scribner's Sons, 1936: 637-638.

存有异议。[①] 但随着相关研究的进一步开展 [②]，研究者发现了译本在1858年初版的 *Chemistry* 基础上有所增补。根据我们的对比研究，增补的内容大多来源于英国化学家蒲陆山（Charles Loudon Bloxam）所著的 *Chemistry, Inorganic and Organic, with Experiments and a Comparison of Equivalent and Molecular Formulae*[③]（以下简称 *Inorganic and Organic*）。该著作后被徐寿和傅兰雅译作《化学鉴原续编》和《化学鉴原补编》。续编的主要内容为有机化学，补编为无机化学。

Inorganic and Organic 的作者蒲陆山生于英国沃里克郡梅里登，1845年进入皇家化学学院，师从著名化学家霍夫曼（August Wilhelm Hofmann），随后成为其助手，1870年任伦敦国王学院化学教授。1854年，蒲陆山与阿拜尔（F. A. Abel）合作出版了 *Handbook of Chemistry, Theoretical, Practical and Technical*。该书经蒲陆山单独修订后，书名改为 *Chemistry, Inorganic and Organic, with Experiments and a Comparison of Equivalent and Molecular Formulae*，在伦敦出版。该书是英国当时有名的化学教科书之一，共出了11版。蒲陆山去世后，由他的儿子担任主编于1923年出版了该书的最后一版。《化学鉴原补编》的底本是1867年出版的 *Inorganic and Organic*。

《化学鉴原》（1871年版）的底本采用美国科学家韦而司1858年出版的 *Wells's Principles and Applications of Chemistry*，且再版均无知识更新。因此《化学鉴原》翻译时增补了英国著名化学家蒲陆山1867年出版的 *Inorganic and Organic*。

从以上对几部晚清科学译著底本的研究来看，多数译著的底本都是当时著名科学家所著，且多次再版，发行量大，影响大，而且译者在选取底本时，几乎都是选多次再版后最新的版本。《化学鉴原》底本再版时无内容更新，但翻译时却参考了当时另一部著名的化学著作的内容，保持了内容的前沿性。又如《谈天》再版时，又参考其底本的最新版本对其中的天文学数据等内容进行了增补与更新。这些做法都是为了使译著的内容尽可能与西方科学发展保持一致。也就是说，我们所选取的这几部译著，其中的科学基本上可以体现当时西方科学发展的最新成果。

---

① 王扬宗．关于《化学鉴原》和《化学初阶》[J]．中国科技史料，1990，11（1）：84–88.

② 汪广仁．中国近代科学先驱徐寿父子研究［M］．北京：清华大学出版社，1998：370.

③ BLOXAM C L. Chemistry, Inorganic and Organic, with Experiments and a Comparison of Equivalent and Molecular Formulae [M]. London: John Churchill & Sons, 1867.

第三章

晚清科学翻译的改写与变通

第一节　译本对体例的改写

晚清科学译著的体例不统一，有的按照原著体例翻译，有的有所变通和调整。有的前面有译例，有的没有。下面就对几部体例调整较大的译著进行对比研究，目的在于发现译著与底本体例的差异，以及差异背后所体现的中西科学文化的不同。

一、不同版本的《谈天》与其底本体例差异

《谈天》影响大，多次再版，不同版本之间内容有差别。尤其是1874年《谈天》再版时，根据更新的 *Outlines of Astronomy*（1874年），徐建寅在原译基础上进行了天文数据的更新，并增补了内容。这里有必要先厘清汉译本《谈天》的不同版本及其差异，然后，在此基础上分别讨论译本及其底本的体例差异。

1.《谈天》初译本与续译本

由于《谈天》及其底本都曾多次再版，而且二者均有内容更新，为厘清二者体例及内容上的差异，首先对现存《谈天》的版本进行梳理。

丁福保、周云青两位前辈曾在《四部总录天文编》一书中对《谈天》的作者、内容、翻译等做了简要介绍，并首次提及《谈天》曾被刊刻为墨海书馆大字本、江南机器制造总局重刊本、排印本、石印本等数个版本发行。我们在此基础之上，对清华大学图书馆、中国国家图书馆、内蒙古师范大学图书馆、内蒙古图书馆等单位所收藏的26本《谈天》，进行了初步比较，整理如下。

（1）上海墨海书馆大字本

《谈天》上海墨海书馆大字本（图 3-1-1）为 1859 年初刊本，三册十八卷，现馆藏于中国国家图书馆普通古籍库。由序言下方的朱文“杨守敬印”和“飞青阁藏书印”可知，这套藏书原为著名的宜都杨守敬飞青阁藏书楼所收藏。首页印有“谭天”，左下角为“雲间胡远题”[①]的字样，并附有“公寿”“横云山民”两枚印章。背面中央镘有“咸丰己未中秋墨海活字版印”，右下角标有当时这套书的售价，为“每部纹银肆两”。内容顺序为李善兰序、伟烈亚力中文序、凡例、正文十八卷、附表一卷、附图六板。

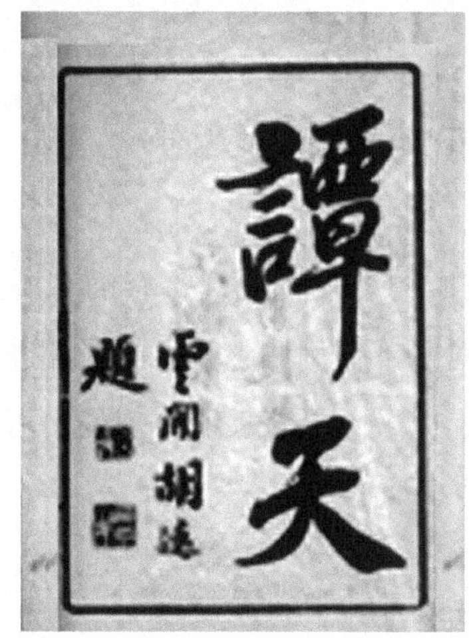

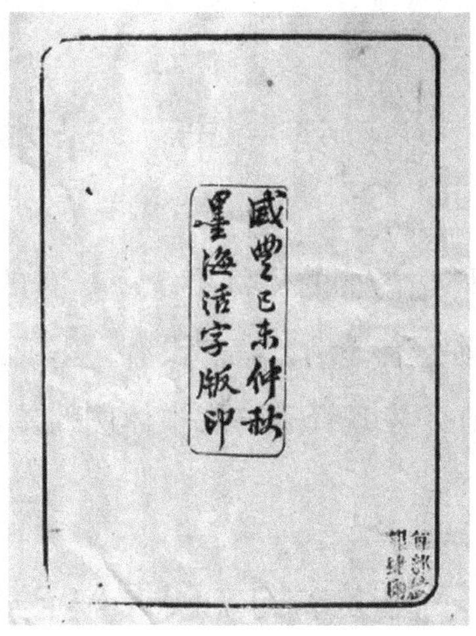

图 3-1-1 《谈天》上海墨海书馆大字本书影

卷前有李善兰、伟烈亚力于咸丰元年（1851 年）为该书所做的序各一篇，凡例一卷。凡例简要介绍了原本概况，文中时间、长度、经纬度等的换算规则，星座的命名原则，卷尾附表的内容来源，图表的刊刻情况等。对于书后所附的星表，凡例特别指出，1851—1858 年天文学家所观测到的新星都一一附入，而“最后有咸丰八年所得者，非原书所有也”。

在凡例的末节之后，还特别印有李善兰和伟烈亚力共同翻译的西方数学译著目录。“已著译书目:《数学启蒙》二卷、《几何原本》七卷至十五卷、《代数学》十三卷、《代微积拾级》十八卷。”

正文有句读。每一卷标题前都注明“英国侯失勒原本”[②]，并按如下方式署

① 胡远（1823—1886），字公寿，号横云山民，晚清画家，绘有《横云山民印聚》。

② 侯失勒，赫歇尔的中文译名，在《谈天》中译为侯失勒约翰或侯失勒。

名：“海宁李善兰删述，英国伟烈亚力口译”。其后都有一小段文字，各行均向下退两格，作为本卷内容的概述或提挈。另外，为阐明原理，文字中多附有木刻图。但“一书中各图除木刻外，又用原书钢板印者”[①]，共六板，并单独附在十八卷之后。“而其字皆为英文书”[②]，分别以“Plate I”“Plate Ⅱ”“Plate Ⅲ”“Plate Ⅳ”“Plate Ⅴ”和“Plate A”，代表第 1，2，3，4，5 板和甲板，每板内的各个小图以“Fig.1”“Fig.2”等依次代替图一、图二等。还特别指出，“又图中 a，b，c，A，B，C 等字，乃英国字母也，犹之中国用甲乙丙丁等字也。”[③]

（2）江南制造总局增译本

遗憾的是，墨海书馆的《谈天》在出版之后的最初几年里，传播并不十分广泛，其影响更是有限。15 年后，江南制造总局的徐建寅又依据 1871 年出版的 *Outlines of Astronomy*（第 11 版）对《谈天》中部分陈旧的观测结果和数据进行了修正，也增译了部分内容，并把 1859—1871 年发现的新星编辑成表，加入其中，形成了该书的第 2 个版本——江南制造总局增译本（图 3-1-2）。该版本于同治十三年（1874 年）刊行出版。

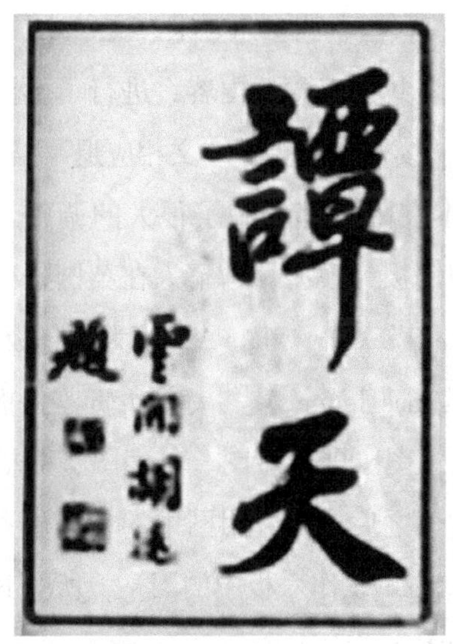

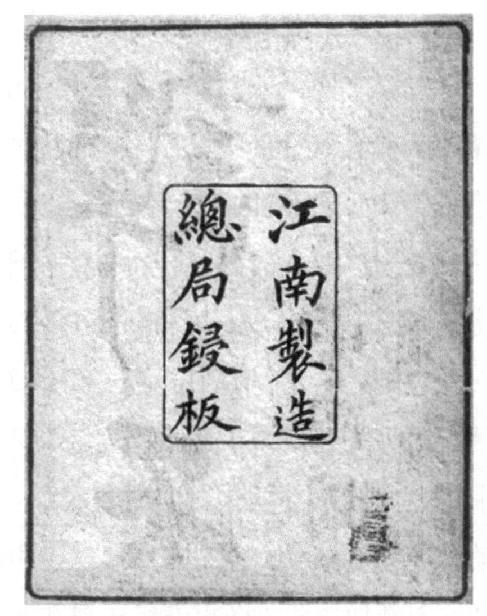

图 3-1-2 《谈天》江南制造总局增译本书影

① 傅兰雅．江南制造总局翻译西书事略［M］// 张静庐．中国近现代出版史料．上海：上海书店出版社，2011：9-28.

② 赫歇尔．谈天［M］．伟烈亚力，口译．李善兰，徐建寅，笔述．上海：江南制造总局，1874：8.

③ 同上。

第一，全书四册十八卷，书名页背面刻有“江南制造总局锓板”的字样。内容顺序为伟烈亚力序、李善兰序、凡例、侯失勒约翰传、卷首例、正文十八卷、附表一卷。与墨海书馆木刻本比，增译本《谈天》卷前的序文顺序变更为先伟烈亚力序、后李善兰序。之后是凡例，内容稍做了改动。

第二，新增《侯失勒约翰传》一篇，为国内读者详细介绍了原书作者（约翰·赫歇尔）的生平及天文学成就。传记中的内容多译自当年皇家天文学院理事会助理秘书约翰·威廉（John Williams）为悼念赫歇尔所写的《侯失勒讣告》。①《侯失勒约翰传》中还附有一张赫歇尔晚年的画像，采自一本英国论文集 *Leisure Hour*。

第三，正文卷首另有“例”一卷，言明是学习天文学乃至诸学的“为学之要”。首先，“必祛其习闻之虚说而勤求其新得之事实”。对于初学者，要学会不被没有理论依据的习俗旧说所迷惑，而“凡有据之理即宜信之”，习天学者尤其如此，因“天学乃以此为要道”。其次，要从《谈天》的学习中有所受益，“应先明算学诸法，又须知及和平弧三角法及重学之初理，另略知光学以通造远镜与凡测天之器”。正文有句读，且每卷前的署名变更为：“海宁李善兰删述、英国伟烈亚力口译、无锡徐建寅续述”。

第四，增译本对墨海书馆大字本中的卷一、三、四、六、七、九、十、十一、十二、十三、十四、十六、十七、十八及附表共十五卷的内容，进行了不同程度的续译。所有增译的部分均另起一行，并以“续”字开头，续文相应退一格。

第五，为了方便中国读者阅读，重校本在附图部分做了很大的调整。徐建寅与伟烈亚力以原本的出版公司提供的印刷钢板为模型，聘请人在英国进行了翻刻，将原版图中的英文标识“Plate Ⅰ”“Plate II”……“Plate A”改为“一板”“二板”……“甲板”，并约请托马斯·詹纳（Thomas Jenner）② 专门负责监督板图的刊刻情况。另外还新添了乙板、丙板和六板三图（即日躔图、月表图、彗星图），与之前的六板图一并插入对应的卷次中。重刻之后，部分附图中的小图位置也稍有变动，如原 Plate I（含 Fig. 1–Fig.4）中的 Fig.4 改作六板中的图一，所剩其余三幅小图，与新加的两小图重新组成现在的一板。

第六，附表在上一版本的基础之上，又编入了 1859—1871 年观测到的新星。但“如同治十年所得者，又有论太阳等事说，非原书所有，而由重刊之本文新译

① 这份《侯失勒讣告》收录在 1871 年的英国皇家天文学院理事会年度报告中。

② 赫歇尔. 谈天［M］. 伟烈亚力，口译. 李善兰，徐建寅，笔述. 上海：江南制造总局，1874：1.

之也"①。

（3）江南制造总局重校本

1874年7月，江南制造总局再次对增译本的《谈天》进行了修正，在经李善兰最终审核之后，刊刻发行了《谈天》的重校活字本。这是《谈天》的第三个版本。该版本三册十八卷，版权页上刻有"同治甲戌孟秋重校活字版印"。序的右下方有朱文"丰华堂书库宝藏印"一枚，原为著名的杨氏丰华堂藏书楼藏书。内容顺序为：伟烈亚力英文序、中英文天文学名词对照表、伟烈亚力序、李善兰序、凡例、侯失勒约翰传、卷首例、正文十八卷、附表。

与江南制造总局增译本相比明显不同的是，重校本的《谈天》在开篇添加了伟烈亚力的英文序"Translation of Herschel's Outlines of Astronomy（Second Edition）"，为读者介绍了《谈天》中附图的刊刻过程及传记的翻译细节，并编入了文中出现的各类名词术语的中英文对照翻译表（List of Technical Terms Used in the Work），共八页。每页分左右两栏，每栏左侧为英文名（以英文字母顺序排列），右侧对应《谈天》中的译名。书中另外收录有117个新发现的小行星。

正文有句读，每卷前的署名稍有变动："海宁李善兰删述，英国伟烈亚力口译，无锡徐建寅续笔"。续译部分不再有明显的特征。续文前无"续"字，而是直接和原译文连在一起，合成一个整体。

英文原著中，每一段内容前，都加有编号，如"395."，以方便读者索引。重校版采纳了英文原著的这一方式，在每一段文前缀行的上边框前加上了内容编号，如在"木星诸月"条的上边框有"五百三十三b"的字样。依此统计，全文内容共分939段（1851年版 *Outlines of Astronomy* 共939条）。

另外，《谈天》还有西学富强丛书本、测海山房丛书本等版本。而且该书流传到日本后，还有"日文训点本"。除"日本训点本"之外，大多其他版本均以江南制造总局增译本为母本刊刻。笔者以上述版本刊刻的先后顺序为基准，结合每个版本排版方式的一些细微变化、附图的位置变动、相似之处等方面的证据，勾勒了各个版本之间的继承关系，如图3-1-3所示。

该图也反映了一个很奇怪的现象：在1874年刊刻的两个版本中，较晚刊出的重校本无论在内容上、编排方式上都优于增译本，且更贴近原本。但此后所刊出的其他各个版本，如西学富强丛书本、万有文库丛书本等，竟没有一种是以重校

① 赫歇尔. 谈天［M］. 伟烈亚力，口译. 李善兰，徐建寅，笔述. 上海：江南制造总局，1874：1.

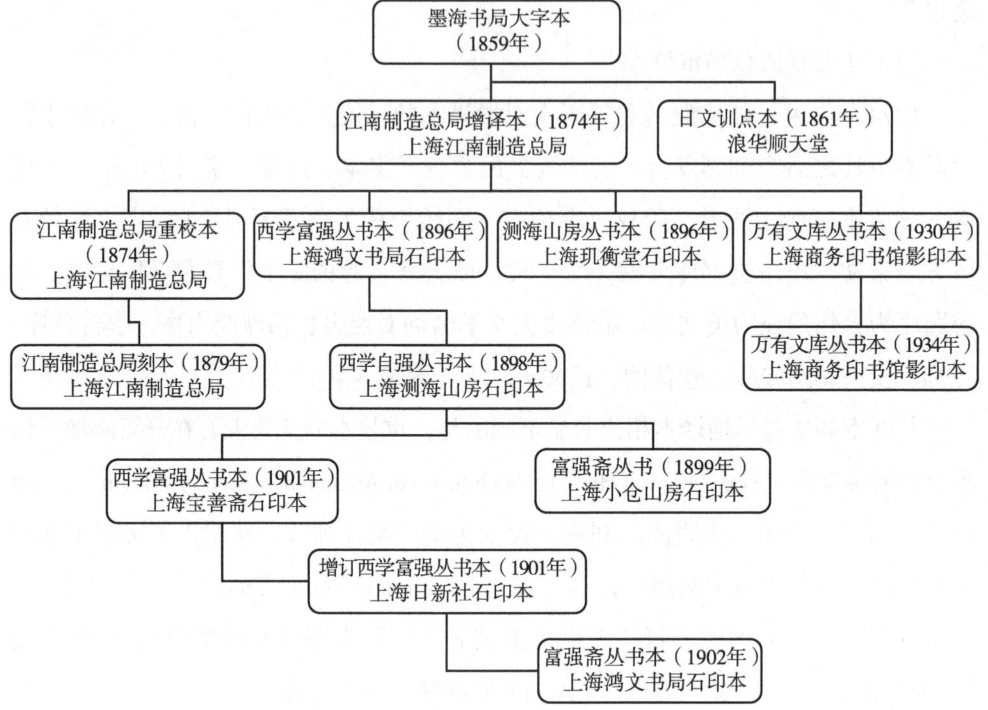

图 3-1-3 《谈天》各版本继承关系

本为底本的，其中的原因尚未可知。

2.《谈天》初译本与底本的体例差异

由于 *Outlines of Astronomy* 一书面向的读者是广大天文爱好者，读者群对天文学知识的了解程度不一，所以约翰·赫歇尔在各章节内容的编排上力求由浅入深。书中包括卷首插图、开篇序言（Preface，1849.4.12）、注释（Note，1851.8.5）、导言（Introduction）、正文（18 章内容）、卷尾的附录（Appendix）和索引（Index）。正文分了五部分，各部分内容如表 3-1-1 所示。

在开篇的导言中，作者向广大读者言明：这部作品的目的不在于细论天文观测的种种步骤和各种天文原理的推演方法，而是旨在引导每一位读者以实事求是的态度、严谨的观测方法看清我们这个宇宙的真实图景，然后将他们带入通往天文学的道路。他还特别提醒天文学研究者在众多学说面前应该保持清醒的头脑，以观测事实为依据，排除虚妄之理论。

而其余 4 篇又细分为 18 章，除了对 19 世纪中叶之前的天文学知识，如地球天文学、太阳系各行星及卫星、月球、天文观测仪器和最基本的天文学名词、术语等做详细介绍，还将他和父亲威廉、姑姑卡罗琳在南、北恒星天观测到的双星、变星、星云等最新的恒星研究成果也包括在内。

表 3-1-1 *Outlines of Astronomy* 目录

篇章		各章小节数	各章内容
导言		1–10	天学之要
第 1 部分 天文观测原理 天体运行原理 地球、太阳月球、卫星 彗星	第 1 章	11–80	地球天文学
	第 2 章	81–129	天文学名词、术语
	第 3 章	130–204	天文观测仪器
	第 4 章	205–289	地球地理学
	第 5 章	290–345	恒星测量
	第 6 章	346–400	太阳
	第 7 章	401–437	月球
	第 8 章	438–455	天体运动原理
	第 9 章	456–526	太阳系诸行星
	第 10 章	527–553	卫星
	第 11 章	554–601	彗星
第 2 部分 月亮与行星的摄动	第 12 章	602–651	摄动
	第 13 章	652–701	椭圆轨道根数
	第 14 章	702–776	经纬度、时差
第 3 部分 恒星天文学	第 15 章	777–818	恒星
	第 16 章	819–863	变星、双星、有色双星
	第 17 章	864–905	星团、星云
第 4 部分 天文历法	第 18 章	906–939	天文历法

由于各章节中穿插了许多不同的知识点，为了方便论述及读者查询、索引，每一个知识点均列为一小节，并在每一个小节前都加有序数条，全书共计 939 条，每一条涉及一个知识点。另外，*Outlines of Astronomy* 每章开头都有一组有助于读者阅读的索引内容，为读者提供阅读线索。

从上文对汉译本《谈天》不同版本的梳理可以看出，汉译本本身的体例变化也较大，而且内容不断更新，逐渐丰富（表 3-1-2），尤其是 1874 年的重校本，为文中内容增加了索引编号，与底本的叙述方式更接近。总体上，译著与底本在体例上有如下差异。

表 3-1-2 《谈天》各版本与 *Outlines of Astronomy*（1851 年版）的体例对照

<table>
<tr><th>Outlines of Astronomy（1851 年版）</th><th>《谈天》（1859 年版）</th><th>《谈天》重刻本（1874 年版）</th><th>《谈天》重校本（1874 年版）</th></tr>
<tr><td rowspan="9">Preface（4 页）
Note to the fourth edition
Introduction
18 Chapters
Appendix
Index</td><td>李善兰序</td><td>伟烈亚力序（中）</td><td>伟烈亚力序（英）</td></tr>
<tr><td>伟烈亚力序（中）</td><td>李善兰序</td><td>中英术语对照表</td></tr>
<tr><td></td><td></td><td>伟烈亚力序（中）</td></tr>
<tr><td>凡例</td><td>凡例</td><td>凡例</td></tr>
<tr><td></td><td>候失勒传</td><td>候失勒传</td></tr>
<tr><td></td><td>卷首例</td><td>卷首例</td></tr>
<tr><td>18 卷内容（939 条）</td><td>18 卷内容</td><td>18 卷内容（939 条）</td></tr>
<tr><td>附表</td><td>附表</td><td>附表（有增补）</td></tr>
</table>

第一，译文没有翻译原著的前言（Preface，共 4 页，主要介绍了该书的源流）和对第 4 版的说明（Note to the fourth edition）。

第二，译文没有包括原著中的导言部分（Introduction）。*Outline of Astronomy* 正文前导言共 10 段。[①] 其内容主要包括：学习天文学的心理准备与方法，关于学习本书应该具备的基础知识的说明，本书的写作方法、目标和将要涉及的内容、基本观点等。后来徐建寅增译《谈天》时，增译本中补充了这部分内容，标题为“例”。

第三，*Outlines of Astronomy* 共 18 章，分为 4 部分，除第 1 部分没有标题，其余 3 部分均有标题：Part Ⅱ Of the Lunar and Planetary Perturbation（月亮和行星的摄动），Part Ⅲ Of Sidereal Astronomy（恒星天文学），Part Ⅳ Of the Account of Time（天文历法）。但《谈天》没有依据底本做这样的分类，而是通篇分为十八卷内容。

第四，*Outlines of Astronomy* 的 18 章内容中，8 章有明确的标题（如第 4，5，6 章，图 3-1-4）10 章没有明确的标题（第 1、2、3、7、8、12、14、15、16、18 章，图 3-1-5），只有阅读索引词（句）。而《谈天》每一卷都有明确的标题（图 3-1-6）。

① 原著每一段都有标号，全书各段统一编号，如第 1 章从第 11 段开始，第 2 章从第 81 段开始，等等。

xii CONTENTS.

CHAPTER IV

OF GEOGRAPHY.

CHAPTER V.

OF URANOGRAPHY.

CHAPTER VI.

OF THE SUN'S MOTION.

图 3-1-4 *Outlines of Astronomy* 目录中有标题的书影

PART I.

CHAPTER I.

CHAPTER II.

CHAPTER III.

图 3-1-5 *Outlines of Astronomy* 目录中没有标题的书影

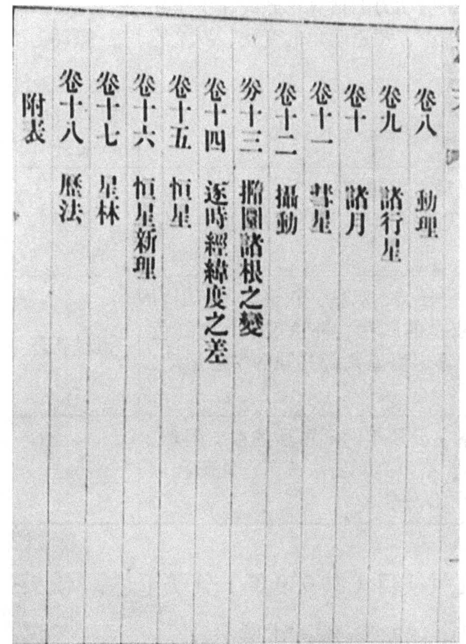

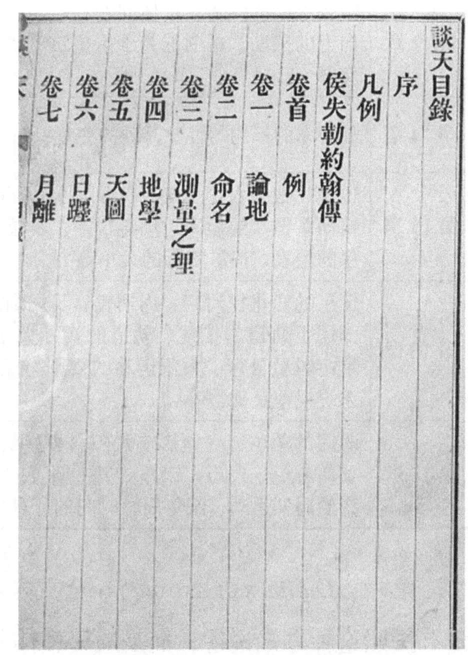
談天目錄

图3-1-6 《谈天》目录（1874年重校本）

第五，*Outlines of Astronomy* 18 章的主题与《谈天》十八卷基本对应。底本有标题的按照底本标题翻译；底本没有标题的，译者概括内容提炼出标题。我们将 *Outlines of Astronomy* 中没有标题的 10 章的关键词（句）的主要内容整理，与《谈天》目录对应，如表 3-1-3 所示。

表 3-1-3 *Outlines of Astronomy* 没有标题的部分与《谈天》的对应关系

篇章	*Outlines of Astronomy*	《谈天》
第 1 章	一般概念、视运动和真实运动、地球的形状和大小、地平线及其下降、大气、折射、地球位差、哥白尼地球运动的观点、相对运动、球面天文学、地球中心作为静止的点的相关现象	论地
第 2 章	术语、初等几何概念及关系、地球、天球是球体的概念	命名
第 3 章	一般天文仪器和观测的本质、关于恒星和太阳的时间，时间的测量、时钟、计时仪器、天文测量、望远镜观测增加准确度的应用、经纬仪、时间间隔角的测量，增加读数准确度的方法、游标卡尺、显微镜、水平仪、垂线仪、六分仪等	测量之理
第 7 章	月球、月球周期、视直径、视差、距离、月球轨道的近似值，地球在月球椭圆轨道的焦点上、月球的偏心率、一般的掩星和日食	月离
第 8 章	地球引力、万有引力定律、抛射体的路径、地球引力使月球保持它的运动轨道、椭圆定律、地球与太阳质量比较、太阳的密度和表面重力、太阳对地球的扰动	动理
第 12 章	需要考虑的问题、三体问题、运动的叠加、摄动力的估算、光线在正交方向上的摄动、哥白尼关于行星轨道倾斜的理论、黄道倾角的变化、岁差的解释	摄动
第 14 章	偏心率的不均匀性、月球的变化、行星摄动最显著的三种情况	逐时经纬度之差
第 15 章	恒星、根据大小分类、光度测定、不同恒星光度测定比较、恒星的分布、银河系恒星的距离、周年视差、单位、新发现的恒星、已经发现视差的恒星的星表、恒星实际的大小等	恒星
第 16 章	恒星的变化和周期、周期表、不规则恒星、分类、双星、轨道、万有引力作用下轨道的描述、轨道的实际大小、双星的颜色、补色现象、血红色星、恒星自行、太阳运动的规则与速度，嘉定恒星系绕共同的中心运动、系统视差及反常等	恒星新理
第 18 章	时间的单位、岁差影响太阳与恒星的关系、天和年的不可通约性、困难、如何避免、公历、误差、奥古斯丁的修正、格里高利历法改革、太阳和月亮的周期运动、纪年表、时间的计算规则、春分	历法

第六，*Outlines of Astronomy* 全文内容按照条目（共 939 条）分条论述，《谈天》没有按照这种方式论述，而是通篇整体论述（1874 年重校本除外）。

Outlines of Astronomy 的这种体例在 20 世纪西方科学著作中比较有代表性。一是每一章的目录和每一章正文开篇都有一段关键词（句）索引，为本章提供阅读

线索；二是正文论述均分为若干条（或小节），而且全书的序号连续排列。晚清译者多数进行了调整，如对于原著分若干条（或小节）论述的情况,《谈天》初译本（墨海书馆大字本）只将对应的内容概括、分段，而《重学》则大部分作为第一款、第二款……分开论述。[①] 对于原著中不完全统一的章、节目录，译著也进行了不同程度的补充与调整，如《谈天》对于底本没有明确题目的章，根据内容进行概括提炼，补充了缺少的题目，使全书比较统一。还有的把原著中关键词（句）索引调整后作为子目录，如《地学浅释》，突出了某一节的主要内容。

二、《地学浅释》及其底本的体例差异

1.《地学浅释》及其底本的篇章结构比较

《地学浅释》包括华蘅芳的序、总目录、子目录和正文四部分。

总目录共有 38 卷（表 3–1–4），在每卷的总目录下还有子目录，子目录下对应着正文。

底本 *Elements of Geology* 是由前言、目录、正文、索引、附录五部分组成的，其完整的书名是《地质学纲要：用地质遗存物说明地球及其生物的古代变化》（*Elements of Geology*：*Or The Ancient Changes of the Earth and Its Inhabitants*，*as Illustrated by Geological Monuments*）。[②]

底本第一部分是前言，包括《地质学纲要》的版本、书名的流变，其中指出，自从 1855 年之后的十年期间，赖尔赴欧洲各地收集古人类的地质学证据，故这十年间没有再版，而这些调研的内容都被补充到 1865 年的版本中，落款为“1864 年 12 月 20 日于伦敦哈利街 53 号”。[③]

底本第二部分是目录，包括每一章的题目以及这一章内的关键词（句）。关键词（句）是一组一组的地质学短语或短句，它为阅读全章内容提供线索。[④]

底本第三部分是正文，每一章开头重复目录中的关键词（句），但是从内容上无法区分关键词（句）所对应的段落。另外，其中的 16 章还有子标题，比如第 10 章有三个子标题，第 12 章有两个子标题。

---

① 聂馥玲．晚清经典力学的传入——以《重学》为中心的比较研究［M］．济南：山东教育出版社，2013.

② LYELL C. Elements of Geology：Or The Ancient Changes of the Earth and Its Inhabitants，as Illustrated by Geological Monuments. London：John Murry，1865.

③ 同上：5–6.

④ 同上：7–16.

底本第四部分是索引，共22页，主要是地质名词和本书涉及人名、地名的索引。①

底本第五部分附录介绍了赖尔的自然科学著作，如The Antiquity of Man，from Geological Evidences。②

从底本与译本的体例来看，译本少了底本中的前言、索引及附录三部分。更值得注意的是，译本在目录与正文中都没有底本中的关键词（句），却在各章都增加了子目录。因此，虽然《地学浅释》的总目录与其底本总目录一一对应，但是《地学浅释》每一卷的正文前增加的该卷子目录却在底本中无法找到一一对应的内容，有的子目录与关键词（句）有一定的对应关系，有些则差别很大。

与《谈天》补充章目录的处理方式不同，《地学浅释》将原著的关键词（句）和索引的大部分内容翻译过来，并结合对应内容加以概括，生成了子目录。本节主要分析《地学浅释》子目录的形成，以此体现译著与底本在体例上的差异，从而为译著与底本之间的差异研究提供基本线索。

《地学浅释》的底本是1865年的*Elements of Geology*（以下简称*Geology*）。*Geology*全书38章，共800多页，篇幅较大。《地学浅释》也是38卷，从各章各卷目录上看，有一一对应关系，也即《地学浅释》完整翻译了*Geology*的38章内容，如表3-1-4所示。但进一步对比研究发现二者差异较大。

第二部分目录，包括每一章的题目以及各章内的关键词（句）。关键词（句）是一组一组的地质学短语或短句，它为阅读全章内容提供线索。

第三部分正文，每一章的开始重复目录中的关键词（句），每章的内容中大多没有子标题，而且从内容上也无法区分关键词（句）所对应的段落，个别章有子标题。

表3-1-4 《地学浅释》与*Geology*（1865年版）目录对比

《地学浅释》目录	*Geology* 目录
卷一　论石有四大类	1. On the different classes of rocks
卷二　论水层石之形质	2. Aqueous Rocks — Their composition and forms of stratification
卷三　论水层石中生物之迹	3. Arrangement of fossils in strata-freshwater and marine
卷四　论水底沉积之物坚凝为石，生物变成僵石	4. Consolidation of strata and petrifaction of fossils

① LYELL C，Elements of Geology：Or The Ancient Changes of the Earth and Its Inhabitants，as Illustrated by Geological Monuments，London：John Murry，1865：773–794.

② 同上：795–796.

续表

《地学浅释》目录	*Geology* 目录
卷五　论石层平斜曲折凹凸之故	5. Elevation of strata above the sea-horizontal and inclined
卷六　论石层被水蚀去之处极大	6.Denudation
卷七　论泥砂土石之松而未结者	7.Alluvium
卷八　论各类石皆有先后之期	8.Chronological classification of rocks
卷九　论以僵石定水层石之期	9. On the different ages of the aqueous rocks
卷十　论今时新叠层及后沛育新之叠层	10.Recent and post-pliocene pertops
卷十一　论冰迁石	11.Post-pliocene period *continued*—Glactal epoch
卷十二　论后沛育新冰期	12.Post-pliocene period *continued*—Glacial *concluded*
卷十三　论僵石层，论沛育新	13.Classification of tertiary formations–pliocene period
卷十四至十五　论埋育新	14.Miocene period
	15.Miocene formations—*continued*
卷十六　论瘗育新	16.Eocene formations
卷十七　论第二迹层，克里兑书	17.Cretaceous Group
卷十八　论下克里兑书	18.Lower cretaceous and wealden formation
卷十九　论茶而刻及尼阿可弥水蚀之形	19.Denudation of the chalk and wealden
卷二十　论求拉昔克之不尔培克层及乌来脱	20.Jurassic group–purbeck beds and oolite
卷二十一　论求拉昔克之来约斯	21.Jurassic group，*continued.*–lias
卷二十二　论脱来约斯	22.Trias or red sandstone group
卷二十三　论泼而弥安	23.Permian or magnesian limestone group
卷二十四　论可儿美什	24. The coal，or carboniferous group
卷二十五　论可儿美什及炭灰石	25.Carboniferous group—*continued*
卷二十六　论提符尼安老红砂石	26.Old red sandstone，or devonian group
卷二十七　论西罗里安、勘孛里安安、落冷须安	27.Silurian and cambrian group
卷二十八　论火山石	28. Volcanic rocks
卷二十九　论火山石之形	29. Volcanic rocks—continued
卷三十至三十二　论各期中火山石	30. On the different ages of volcanic rocks
	31. On the different ages of the volcanic rocks—*continued.*
	32. On the different ages of the volcanic rocks—*continued.*
卷三十三　论镕结石	33. Plutonic rocks-granite

续表

《地学浅释》目录	*Geology* 目录
卷三十四　论各期之镕结石	34. On the different ages of the plutonic rocks-granite
卷三十五　论热变石	35. Metamorphic rocks
卷三十六　论热变石之纹理	36. Metamorphic rocks—*continued.*
卷三十七　论热变石之期	37. Of the different ages of the metamorphic rocks—*continued*
卷三十八　论五金藏脉	38.Mineral veins

第四部分是索引，长达22页，指出化石与正文中相同，均以斜体表示。

第五部分是附录，介绍了赖尔的22部著作。

《地学浅释》有华蘅芳序、总目、子目和正文四部分内容。华蘅芳序主要记录了他与玛高温翻译《地学浅释》的过程及种种困难："惟余于西国文字未能通晓，玛君于中土之学又不甚周知，而书中名目之繁，头绪之多，其所记之事迹，每离奇恍惚，迥出于寻常意计之外而文理辞句又颠倒重复而不易明，往往观其面色，视其手势而欲以笔墨达之，岂不难哉。"

《地学浅释》总目共38卷，与*Geology*各章标题内容一一对应;《地学浅释》在每一卷的正文前均有该卷的子目录，这些子目录有的与*Geology*的关键词（句）对应，有的差别很大。

从二者的体例来看，译著《地学浅释》比原著*Geology*少了前言、索引及附录。更值得注意的是,《地学浅释》各章子目录是*Geology*所没有的。所以，要想搞清楚《地学浅释》是否完整翻译了原著的内容，原著的内容体系是否得到了完整表达，最迫切的问题是搞清楚《地学浅释》子目录及其来源问题。因为一部著作的目录及其子目录具有提纲挈领的作用，能够反映该著作的篇章结构以及知识的内在逻辑关系。

《地学浅释》38卷，每一卷都有不同数量的子标题，第28卷最多，有22个子标题。为了选取有代表性的内容进行分析，我们分别对《地学浅释》与*Geology*的子目录、篇幅等内容进行初步的统计（表3-1-5），并从该表统计数据的对比中选取具有代表性的章节作为典型案例进行分析。①

① 孙晓菲，聂馥玲.《地学浅释》增设子目录的方法及来源［J］. 中国科技史杂志，2015（4）：413-423. 此文为该项目研究成果之一。

表 3-1-5 《地学浅释》与 *Geology* 子标题、关键词（句）、数量及页数对照表

卷号	《地学浅释》		*Geology*			中英页数之比	卷号	《地学浅释》		*Geology*			中英页数之比
	子标题数	每卷页数	关键词（句）数	每章页数	子标题数			子标题数	每卷页数	关键词（句）数	每章页数	子标题数	
1	11	23	10	9	—	2.56	20	19	53	28	38	3	1.39
2	11	22	10	11	—	2	21	4	22	13	16	—	1.38
3	3	26	14	12	—	2.17	22	11	38	30	27	5	1.41
4	8	23	13	11	—	2.09	23	4	14	9	7	—	2.0
5	6	36	16	22	—	1.63	24	18	48	26	30	2	1.6
6	8	22	11	13	—	1.69	25	10	36	17	27	5	1.33
7	5	9	6	7	—	1.28	26	13	29	16	26	8	1.16
8	9	15	10	7	—	2.14	27	11	42	45	41	14	1.02
9	9	24	12	15	—	1.60	28	22	48	15	16	—	3.0
10	18	38	24	29	3	1.31	29	8	32	34	45	2	0.71
11	9	16	11	13	—	1.23	30	8	19	11	12	—	1.58
12	8	15	20	28	2	0.54	31	8	22	21	19	3	1.16
13	11	43	24	33	2	1.30	32	10	24	21	18	—	1.33
14	8	27	36	36	5	0.75	33	18	37	20	15	—	2.47
15	4	20	21	35	4	0.57	34	15	32	16	15	—	2.13
16	5	31	27	22	8	1.41	35	17	37	16	14	—	2.64
17	15	50	27	29	3	1.72	36	4	20	10	11	—	1.82
18	5	19	13	12	3	1.58	37	10	19	12	9	—	2.11
19	4	19	17	34	—	0.56	38	16	34	19	15	—	2.27

（1）《地学浅释》子目录的来源问题

Geology 只有 38 章的目录，没有子目录，有些章有子标题（只有第 16 章有子标题，其他都没有），但《地学浅释》每一卷都有子目录，涵盖着为数不少的子标题。从表 3-1-5 可以看出，《地学浅释》中的子标题数与 *Geology* 的关键词（句）数及子标题数差异较大，但有一定关系。经过对比分析，我们认为《地学浅释》的子标题主要来源于 *Geology* 的关键词（句），个别还参考了 *Geology* 的子标题。因此，我们将主要分析《地学浅释》的子标题数与 *Geology* 关键词（句）数的差异及其产生的原因。

第一,《地学浅释》有些卷册的子标题数与 *Geology* 相应章的关键词（句）数较相近，如第 1、2、8、34、35 卷，只差 1 节，有的多 1 节，有的少 1 节。

第二,《地学浅释》中大部分卷册的子标题数比 *Geology* 中相应章的关键词（句）数少，最少的是 1 节，最多者达 30 多节，如第 14、16、27、29 卷则分别少 28、22、33、26 节。

第三,《地学浅释》中个别卷的子标题数量比 *Geology* 中的关键词（句）数多，如第 1、2、28、35 章，除第 28 章多 7 节之外，其余都是多 1 节内容。

《地学浅释》子目录与 *Geology* 关键词（句）有关系，但又有上述如此大的差异。我们需要搞清楚的问题是：第一,《地学浅释》的子标题与 *Geology* 差异如此大，内容上的差异如何？第二，显然，这些子标题是译者华蘅芳和玛高温在理解底本内容的基础上对 *Geology* 各章内容进行的提炼，那么这种提炼能否反映 *Geology* 的核心内容？子目录的设置是否具有合理性？为此，我们以第 8 卷、第 14 卷为例来分析上述问题。一方面，这两卷的子标题数与关键词（句）数是差异较大的，便于对比研究。另一方面，第八卷主要讲述岩石的分类及原因，是本译著的核心内容之一；第十四卷讲述中新世地层的分类，中新世属于地质时代的第三纪，这是赖尔提出的一个重要理论。选择这两卷内容作为分析案例具有代表性。

（2）删减内容的问题

我们初步对比研究，发现《地学浅释》翻译时有较多的内容删减，那么删减量到底有多大？为此我们统计了《地学浅释》与 *Geology* 各章的页数，如表 3–1–5 所示，其中“中英页数之比”一列是《地学浅释》每一卷的页数与 *Geology* 每一章的页数的比。由于涉及中英文的排版、字号、插图等因素，这些单个的比值没有太大的参考价值，但是 38 个比值之间的相对值，某种程度上能够粗略反映不同章之间的删减量的相对情况。相对而言，比值小的删减的多，比值大的删减的少（0.54~3.0），如第 28 卷，该比值是 3，应该删减内容较少。同时从表 3–1–5 可见，第 28 卷的子标题数与 *Geology* 第 28 章的关键词（句）数也是相差得最多，差了 7 节。有鉴于此，我们以第 28 卷作为案例，一方面分析子标题多的原因，另一方面分析其删减增补的情况。同时与第 14 卷（子标题数与篇幅都相差较大）的删减情况对比，对《地学浅释》的删减情况进行分析。

2.《地学浅释》子目录研究

由于《地学浅释》的子目录为译者所增，而且该子目录与 *Geology* 可参照的关键词（句）、子标题差异较大。故选取差异较小的第 8 卷和差异较大的第 14 卷、

第 28 卷为例，来研究子目录的来源、差异的原因，进而探析《地学浅释》这三卷的结构、内容、知识框架与 *Geology* 的差异，以此分析该著作在翻译过程中对西方地质学知识及其体系传播的完整性及传播特点。

（1）《地学浅释》第 8 卷与 Geology 第 8 章目录对比分析

Geology 第 8 章主要论述水成石、火成石、火山石、热变石的成因，各类岩石的分类与形成时间，以及当时西方盛行的火成论与水成论学说。*Geology* 第 8 章共有 10 个关键词（句）（图 3–1–7），没有子标题。《地学浅释》第 8 卷有 9 个子标题，对应关系如图 3–1–7、表 3–1–6 所示。对比来看，“Neptunian theory”（水成论）没有翻译，这部分主要讲述了魏纳（Werner）的水成论学说。但是从《地学浅释》第 8 卷的具体内容来看，对水成论有论述。也就是说，从结构上看基本内容全翻译了，但具体细节有差异。这一点后面讲详述。

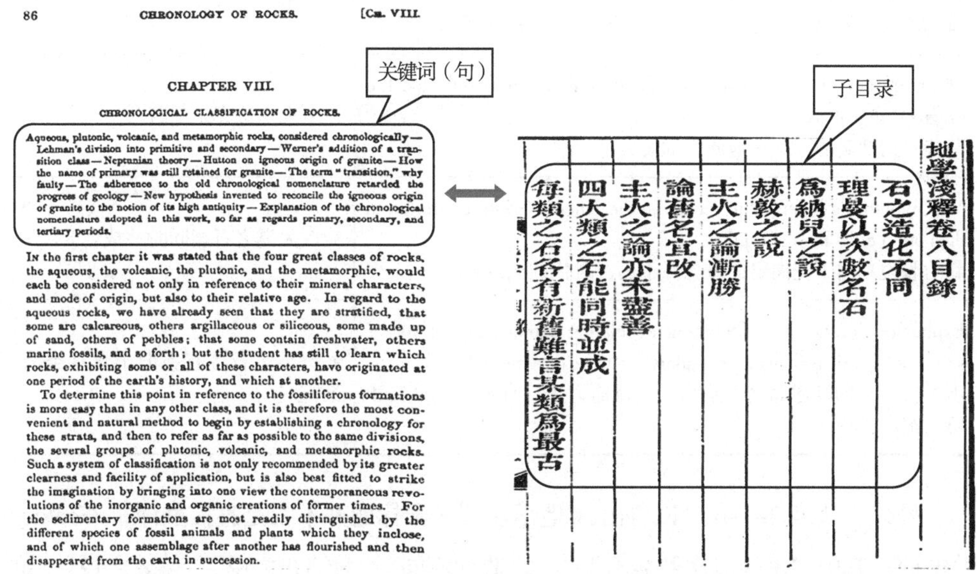

86 CHRONOLOGY OF ROCKS. [CH. VIII.

CHAPTER VIII.

CHRONOLOGICAL CLASSIFICATION OF ROCKS.

Aqueous, plutonic, volcanic, and metamorphic rocks, considered chronologically — Lehman's division into primitive and secondary — Werner's addition of a transition class — Neptunian theory — Hutton on igneous origin of granite — How the name of primary was still retained for granite — The term "transition," why faulty — The adherence to the old chronological nomenclature retarded the progress of geology — New hypothesis invented to reconcile the igneous origin of granite to the notion of its high antiquity — Explanation of the chronological nomenclature adopted in this work, so far as regards primary, secondary, and tertiary periods.

In the first chapter it was stated that the four great classes of rocks, the aqueous, the volcanic, the plutonic, and the metamorphic, would each be considered not only in reference to their mineral characters, and mode of origin, but also to their relative age. In regard to the aqueous rocks, we have already seen that they are stratified, that some are calcareous, others argillaceous or siliceous, some made up of sand, others of pebbles; that some contain freshwater, others marine fossils, and so forth; but the student has still to learn which rocks, exhibiting some or all of these characters, have originated at one period of the earth's history, and which at another.

To determine this point in reference to the fossiliferous formations is more easy than in any other class, and it is therefore the most convenient and natural method to begin by establishing a chronology for these strata, and then to refer as far as possible to the same divisions, the several groups of plutonic, volcanic, and metamorphic rocks. Such a system of classification is not only recommended by its greater clearness and facility of application, but is also best fitted to strike the imagination by bringing into one view the contemporaneous revolutions of the inorganic and organic creations of former times. For the sedimentary formations are most readily distinguished by the different species of fossil animals and plants which they inclose, and of which one assemblage after another has flourished and then disappeared from the earth in succession.

地學淺釋卷八目錄

石之造化不同

理曼以次數名石

爲納兒之說

赫敦之說

主火之論漸勝

論舊名宜改

主火之論亦未盡善

四大類之石能同時並成

每類之石各有新舊雖言某類爲最古

图 3–1–7 *Geology* 第 8 章首页和《地学浅释》第 8 卷首页

表 3–1–6 *Geology* 第八章关键词（句）与《地学浅释》第 8 卷的子标题对比

Geology 第 8 章“Chronologial Classification of Rocks”关键词句（10 个）	《地学浅释》第 8 卷“论各类石皆有先后之期”子标题（9 个）
Aqueous plutonic，volcanic and metamorphic rocks，considered chronologically 水成石、火成石、火山石、热变石是按照年代顺序形成的	1. 石之造化不同

续表

Geology 第 8 章“Chronologial Classification of Rocks”关键词句（10 个）	《地学浅释》第 8 卷“论各类石皆有先后之期”子标题（9 个）
Lehman's division into primitive and secondary 里曼学说将石划分为第一次石和第二次石	2. 里曼以次数名石
Werner's addition of a transition class 魏纳的水成论说（转折）	3. 为纳儿之说
Neptunian theory 水成论	未翻译
Hatton on igneous origin of granite 赫顿的花岗岩起源于火成岩的学说	4. 赫敦之说
How the name of primary was still retained for granite 原始之名仍称花岗岩	6. 论旧名宜改
The term "transition", why faulty “转折”这词，为什么是错的（水成论为什么是错误的）	5. 主火之论渐胜
The adherence to the old chronological nomenclature retarded the progress of geology 坚持旧的命名顺序延迟地质学的发展	7. 主火之论亦未尽善
New hypothesis indented to reconcile the igneous origin of granite to the notion of its high antiquity 新的假说趋向于花岗岩的概念源于远古时代的火成岩	8. 四大类之石能同时并成
Explanation of the chronological nomenclature adopted in this work, so far as regards primary, secondary, and tertiary periods 本书所采用的顺序命名的解释，到目前为止只有第一、第二和第三纪。	9. 每类之石各有新旧难言某类为最古

另外，从表 3-1-6 可以看出，《地学浅释》子标题并不都是直接翻译了 *Geology* 关键词，其中“里曼以次数名石”“石之造化不同”“为纳儿之说”“赫敦之说”“论旧名宜改”基本是直译的，这五个子标题翻译得准确、简练，并且反映了本卷的内容。而“主火之论渐胜”“主火之论亦未尽善”“四大类之石能同时并成”“每类之石各有新旧难言某类为最古”并不是根据关键词直译或意译的，而是根据文章内容概括提炼而成，讲述的内容皆属第八卷的主题“论各类石皆有先后之期”。

值得注意的是，这部分内容在翻译顺序上有调整，如“6. 论旧名宜改”与“5. 主火之论渐胜”顺序颠倒。*Geology* 先讲 How the name of primary was still retained for granite，后论 The term "transition" why faulty。《地学浅释》先讲“主

火之论渐胜”，后讲“论旧名宜改”，是为了讲述赫顿（Hatton）火成论的系统性与完整性。赫顿主张火成论，当时火成论成为地质学的一种渐胜的学说。这种调整使地质学知识完善，既有理论，也有实例的支撑，使读者更容易明白火成论的来龙去脉。所以,《地学浅释》第 8 卷的子标题主要来源于 *Geology* 第 8 章的关键词（句）。

（2）《地学浅释》第 14 卷与 *Geology* 第 14 章目录对比分析

《地学浅释》第 14 卷主要讲述法国以及其他西欧国家中新世的地层成因、沉积的物种、地形、地貌、地层的分布情况等。《地学浅释》该卷共有 8 个子标题，*Geology* 该章共有 36 个关键词（句）以及 5 个子标题（表 3-1-7）。从结构上看，译本与底本的小节数差别很大，但事实上《地学浅释》虽然有删减，但在内容上与 *Geology* 并没有相差如此之大，大部分内容都有翻译。

研究发现,《地学浅释》第 8 卷 8 个子标题概述了 *Geology* 第 8 章的 36 个关键词（句）的主要内容，并参考了 *Geology* 的子标题。下面具体分析这部分子标题的来源及其合理性。

表 3-1-7 《地学浅释》第 14 卷与 *Geology* 第 14 章关键词（句）及子标题对照表

Geology 第 14 章 Miocene Period 关键词（句）（36 个）	《地学浅释》第 14 卷“埋育新”子标题（8 个）	*Geology* 第 14 章子标题（5 个）
Upper Miocene strata of France — Faluns of Touraine — Depth of sea and littoral character of fauna — Tropical climate implied by the testacea — Proportion of recent species of shells — Faluns more ancient than the Suffolk Crag — Varieties of Voluta Lamberti peculiar to Faluns and to Suffolk Crag — The same Species are common to more than one geological Period	2. 法兰西法伦	Miocene Strata of France — Upper Miocene Faluns of Touraine — Miocene Formations.
Lacustrine strata of Auvergne — Indusial limestone — Fossil mammalia of the Limagne d'Auvergne — Freshwater strata of the Cantal — Its resemblance in some places to white chalk with flints — Proofs of gradual deposition	3. 法兰西淡水灰石为下埋育新	Lower Miocene Strata of France
Lower Miocene strata of France — Remarks on classification, and where to draw the line of separation between Miocene and Eocene strata — Relations of the Gres de Fontainebleau to the Faluns and to the Calcaire Grossier — Lower Miocene strata of Central France	4. 法兰西下埋育新	
Miocene strata of Bordeaux and South of France — Upper Miocene strata of Gers — Dryopithecus	5. 法兰西南方埋育新	

续表

Geology 第 14 章 Miocene Period 关键词（句）（36 个）	《地学浅释》第 14 卷“埋育新”子标题（8 个）	*Geology* 第十四章子标题（5 个）
Belgian and British Miocene formations —Edegbam beds near Antwerp—Diest sands of Belgium and contemporaneous iron-sands of North Downs—Upper Miocene beds of Belgium —Bolderberg—Lower Miocene strata of Klen Spawen	6. 比里朕荷兰普鲁斯	Belgian and British Miocene Formations
Hempstead beds，Isle of Wight—Bovey Tracey Lignites in Devonshire—Isle of Mull Leaf-beds	7. 英吉利下埋育新	Lower Miocene Strata of England
Miocene formations of Germany —Mayence basin —Upper Miocene beds of Vienna basin—Lower Miocene of Croatia—Fossil Lepidoptera—Oligocene strata of Professor Beyrich—Miocene strata of Italy.	8. 普鲁斯奥地里以大里希腊	Miocene Formations of Germany

由于该卷《地学浅释》的子标题数与 *Geology* 的关键词（句）数相差很大，对比起来困难也较大，我们参考了 *Geology* 的关键词（句）、子标题及正文内容，将它们与《地学浅释》的子目录对应整理成表 3-1-7。从表 3-1-7 第三列 *Geology* 的五个子标题可以看出，这一章主要介绍了法国、比利时、德国的中新世地层及其形成。第一列是 *Geology* 的 36 个关键词（句），更具体地提供了不同地质时期的各种地质遗存物。

《地学浅释》将本卷分为 8 节，所提供的信息介于上述二者之间，体现出如下特点。

第一，对整章内容的切分比 *Geology* 的子标题更具体。如 *Geology* 的第二个子标题是“法国下中新世地层”，但是根据对应的关键词（句）及内容，这部分还涉及法国南部的地层结构和热尔省的上中新世地质时期（第 5 节）。《地学浅释》将这部分内容分为 3 节，即第 3、4、5 节。第 3 节和第 4 节虽然都是论述法国下中新世的地质时期，但内容的针对性有所不同，第 3 节主要论述这一地质时期的遗存物为渐变论提供的证据，第 4 节集中讨论了中新世与始新世划分的界线及对分类的评论等，第 5 节涉及了法国南部以及法国热尔省的上中新世地层。这种对 *Geology* 原文内容的切分与提炼，对阅读者整体性地了解中新世的地层理论、化石等是有益的。

第二，个别题目没有完整体现相应的内容。如第 2 节“法兰西法化”（砂质泥灰岩）这个子标题体现了 *Geology* 第一个子标题"Miocene Strata of France—Upper Miocene Faluns of Touraine—Miocene Formations"（法国中新世地层，都兰上中新世砂质泥灰岩层，中新世地层的构成）的部分内容。从对应的关键词来看，这部分主要涉及法国的上中新世地层、法国都兰的砂质泥灰岩（Faluns of Touraine），以及形成法国砂质泥灰岩的各种地质遗存。而"法兰西法伦"只抽取了上述内容的部分含义，特别是没有体现法国的砂质泥灰岩与上中新世地质时期的关系。类似的又如第 6 节、第 7 节"比里肤荷兰普鲁斯""普鲁斯奥地里以大里希腊"，译者根据内容列举了几个国家名称，旨在用国家的名称来代指所讲述的中新世地层，但从这两个题目来看，不能准确反映所对应的内容。

第三，《地学浅释》第一节首先介绍了中新世（埋育新）的概念："沛育新之下其层名埋育新。埋育新之层又分上下，为上埋育新、下埋育新。今先论上埋育新诸层。"这部分应当是译者根据内容概括的，原文没有。

基于上述对比研究，推测该卷《地学浅释》的子标题是同时参考了 *Geology* 的关键词（句）、子标题以及正文中的内容而成。子标题的设置比较合理，但个别题目所表达的含义不够完整。

（3）《地学浅释》第 28 卷与 *Geology* 第 28 章目录分析

第 28 卷有其特殊性，主要讲述火山岩的命名、分类、构成及形态等，共计 22 个子标题；*Geology* 有 15 个关键词（句），没有子标题。也就是说《地学浅释》该卷的子标题比 *Geology* 相应的关键词（句）多 7 个，整理对应内容如表 3-1-8 所示。

表 3-1-8　*Geology* 第 28 章的关键词（句）与《地学浅释》第 28 卷的子标题对比

Geology 第 28 章关键词（句）	《地学浅释》第 28 卷子标题
1. Trap rocks	1. 脱拉泼
2. Name，whence derived	2. 识别脱拉泼之形
3. Their igneous origin at first doubted	3. 火山之形
4. Their general appearance and character 5. Volcanic cones and craters，how formed 6. Mineral composition and texture of volcanic rocks 7. Varieties of felspar	4. 火山石之质及石名
8. Hornblende and augite	5. 辨别火山石之法

续表

Geology 第 28 章关键词（句）	《地学浅释》第 28 卷子标题
9. Isomorphism	（删除未译）
10. Rocks，how to be studied 11. Basalt，Trachyte，greenstone，porphyry，scoria，amygdaloid，lava，tuff	6. 倍素尔脱 7. 塔克爱脱 11. 绿石 12. 论石中各质之多少及轻重 13. 巴弗里 14. 哀弥夺罗爱脱 15. 拉乏 16. 硬灰浮石 17. 拓发
	8. 塔克爱脱巴弗里 9. 安提斯爱脱 10. 响石 18. 沛里果奈脱拓发
12. Agglomerate	19. 哀葛郎牟来脱
13. Laterite	20. 拉底儿爱脱
14. Alphabetical list，and explanation of names and Synonyms，of volcanic rocks	21. 火山石名表
15. Table of the analyses of minerals most abundant in the volcanic and hypogene rocks	22. 造种火造化之金石表

从表 3–1–8 可以看出，从目录上来看《地学浅释》第 28 卷子目录中多了 7 个子标题，但是从实际内容并没有增加，具体情况如下。

第一，多出的子目录主要是因为 *Geology* 第 11 个关键词（句）讲述了八种岩石，《地学浅释》将这八种岩石分八节论述，同时还增加了关键词（句）中没有而正文中有所涉及的另外四种岩石（8，9，10，18）。笔者猜测这四种岩石可能不是赖尔提出的，所以没有在关键词（句）中出现。

第二，《地学浅释》该卷的子目录也有对 *Geology* 关键词索引的合并。如第四个子标题“火山石之质及石名”是合并了第 4—7 个关键词“Their general appearance and character—Volcanic cones and craters—how formed—Mineral composition and texture of volcanic rocks —Varieties of feldspar”（火山石的特征，火山锥和火山口如何形成，矿物的成分及火山石的纹理结构，各种长石）。这个标题同样只是涉及了部分相关内容，没有完整涵盖这部分内容。

第三，*Geology* 该章第 9 个关键词（句）“Isomorphism”讲述了鉴别火山石的同晶型理论，这在《地学浅释》的子目录中没有体现，正文中也没有翻译。

所以，《地学浅释》虽有比 *Geology* 关键词（句）还多的子目录，但经过对比研究，我们发现内容没有增补，而是拆分了关键词（句），同时还增加了关键词（句）中没有但内容中有的四类岩石。

从以上的分析可以看出,《地学浅释》与底本体例差异较大，主要是《地学浅释》的译者设置了子目录，这与当时其他译著的处理方式不同。

三、《开煤要法》及其底本的体例差异

《开煤要法》一书的翻译模式为“口译笔述”(亦有“西译中述”的说法),如上文所言，由傅兰雅口译，王德均笔述。这种翻译模式历史悠久，至晚清翻译《开煤要法》时，此类方法已经非常普遍。来华的传教士虽略通中文，但对于书面行文以及措辞润色缺乏基本的素养。他们译出的文字难以保证能够使当时社会的人们所接受。因此在翻译的时候需要寻找合适的合作者，这些合作者大多是精通中文文法，但由于西文能力的缺乏，无法独自翻译西方著作。由于双方都有合作的需求，也就自然而然地产生了运用“口译笔述”方法进行译书的翻译群体。傅兰雅在《江南制造总局翻译西书事略》当中对于此类翻译模式亦有说明:

> 至于馆内译书之法，必将所欲译者，西人先熟览于胸中而书理已明，则与华士同译，乃以西书之义，逐句读成华语，华士以笔述之；若有难言处，则与华士斟酌何法可明；若华士有不明之处，则讲明之。译后，华士将初稿改正润色，令合于中国文法。有数要书，临刊时华士与西人核对；而平常书多不必对，皆赖华士改正。因华士详慎郢断，其讹则少，而文法甚精。既脱稿，则付梓刻板。①

此种模式下的翻译工作，难免会因为种种原因而出错。例如，最初由于语言问题(更准确地说是合作者的地方口音问题),导致傅兰雅与徐建寅沟通不畅:“His name is Hsu-chung-hu or in Chinese 徐仲虎 . Perhaps I may be able to bring him to England when I return. At first I had great difficulty in understanding him because he came from a place where they speak a very peculiar dialect…” ②(他的名字叫徐仲虎，可能我回英国的时候会带他一起。刚开始，我很难理解他的话，因为他来自一个讲方言的地方。)还有译者自身对于近代自然科学知识并不完全熟悉，甚至有的传教士并没有系统地学习过自然科学的专业知识。因此，他们这种“口译笔述”的翻译模式确实难以精准地翻译解释西方科学技术的内容，难免有某些不到位的地方。

《开煤要法》在此翻译背景下，自然不会是逐字逐句地对译，在翻译过程中

---

① 傅兰雅．江南制造总局翻译西书事略［M］// 张静庐．中国近现代出版史料初编．上海：书店出版社，1954：18.

② 通过对《开煤要法》及 *A Treatise on Coal and Coal Mining* 进行对比，发现目录不完全一致。参考文献：戴吉礼．傅兰雅档案［M］．桂林：广西师范大学出版社，2010：415.

从大的方面看，会有增加或删减的情况。另外，中西方阅读习惯不同，译者对西方科学技术有自己的理解，翻译时也会做适当的调整。下面将从目录的合并与删减，来考察《开煤要法》与底本的体例差异。从整体上看,《开煤要法》一书并未翻译底本的前言、附录等内容，但核心章节的内容，如找煤、凿井、运输、提升、排水等相关内容翻译比较完整。从表 3–1–9 可以得知，*A Treatise on Coal and Coal Mining* 共 19 章内容,《开煤要法》有 12 卷。从进一步内容对比发现,《开煤要法》将底本内容进行了合并和删减，如第 1 卷将底本的第 1 章“用煤的历史”与第 2 章“产煤的历史”合并为一卷“用煤源流”；第 3 卷将底本的第 4 章“北方煤田”、第 5 章“英国中部煤田”、第 6 章“英国西部以南部及威尔士、爱尔兰煤田”、第 7 章“欧洲大陆煤田”、第 8 章“北美的煤田”、第 9 章“亚洲及南半球的煤田”合并为第 3 卷“论地球全周多产煤处”；删除底本的第 19 章“英国煤田的发展”。而且《开煤要法》在介绍“地球全周多产煤处”时，增加了中国产煤较为丰富的地方等内容。书中对此合并之处亦有说明：“昔尝考察地球全周，大约不产煤者少，即未经考察者，或亦有煤生焉，兹将考究地产，西士访察中土数产煤处，并节录西国数开煤处，以便参观。”① 此处依据外国人考察中国产煤的地区，来介绍中国各地的产煤情况，以更好地满足当时中国读者的需要。

表 3–1–9 《开煤要法》与 *A Treatise on Coal and Coal Mining*（1867 年版）目录的对比

《开煤要法》目录	卷号		*A Treatise on Coal and Coal Mining* 目录
无	前言		有
用煤源流	一	Ⅰ	The Use of Coal：Its Commencement and Extension
		Ⅱ	Mode of Occurrence of Coal
见煤内动植生物形迹可辨煤何由形成	二	Ⅲ	Organic Remains，and Origin of Coal
论地球全周多产煤处	三	Ⅳ	Coalfields of the North
		Ⅴ	Coalfields of Centralengland
		Ⅵ	Coalfields of the West of England，South Wales and Ireland
		Ⅶ	Continental European Coalfields
		Ⅷ	Coal of North America
		Ⅸ	Coal of Asia and of the Southern Hemisphere

① 士密德. 开煤要法［M］. 傅兰雅，口译. 王德均，笔述. 上海：江南机器制造总局，1871：1.

续表

《开煤要法》目录	卷号		*A Treatise on Coal and Coal Mining* 目录
辨地面形迹立凿孔凿井求煤法	四	X	Search for Coal；Boring；Sinking of Shafts
煤井下开平路取煤并作平路运煤各法	五	XI	Driving of Levels and Cutting the Coal
取煤时预防上面土石下压法	六	XII	Post and Stall and Long Work
运煤至井下各法	七	XIII	Conveyance Underg Round
起煤至井上各法	八	XIV	Raising the Mineral in the Shafts
引水至井下并取水升井上各法	九	XV	Drainage and Pumping
论井下各处得光法	十	XVI	Lighting of the Workings
论井下进新气去败气各法	十一	XVII	Ventilation
预防开煤各种危险	十二	XVIII	Colliery Accidents and Their Prevention
无		XIX	Duration of the British Coalfields
无	附录		有

《开煤要法》一书在目录方面的另一个突出特点是子目录丰富。笔者考证底本发现，底本没有子目录，而《开煤要法》中添加了子目录：对底本不同部分的内容进行了简要概括，并以一个短语冠于相应的内容之前。以《开煤要法》中关于煤井相关技术介绍方面具有代表性的第 4 卷和第 11 卷的子目录为例，卷四“辨地面形迹立凿孔凿井求煤法”的子目录包括：

察地面形迹略知地内各层土石；地面察煤不能确据论；凿孔察煤法；用空心铁杆凿孔法；用凿孔法凿煤井；煤井各等形式；多产煤处必作数井；作煤井略法；用砖石木料护煤井内周法；井内用压紧空气止水法；用木环木板护井周法；用生铁圈护井周法；用生铁板层层相接法；置铁皮圈入井法；护井周各法以坚固为本。

第八卷“论井下进新气去败气各法”中，子目录的设置亦极为简要，具体内容为：

通空气要论；开煤时遇各等败气；应进空气多寡论；自生风气法；燃火引空气法；进气各种器具；用吸气桶去败气法；转轮风扇吸气法；用极热水汽法；分新气至各处法；免燃气之害；量经过空气法。①

① 士密德. 开煤要法［M］. 傅兰雅，口译. 王德均，笔述. 上海：江南机器制造总局，1871：5.

这些子目录对凿煤方法、通风方法都进行了概括总结，使书中具体内容更加简明扼要、一目了然。

从上述目录对比及增设中文子目录的研究来看,《开煤要法》的翻译工作有助于中国读者更好地抓住其中所介绍的核心内容。这种方法并不独见于《开煤要法》，在前述《地学浅释》中也采用了增设子目录的翻译方式。

中文译本《开煤要法》在翻译过程中，对于难以令读者理解的相关信息补充了示意图。既然1900版本在修订的过程中增加了相关地层结构的示意图（图3–1–8至图3–1–11），那么在中文版本译述的过程中，对于示意图的增加有其必要性和合理性。

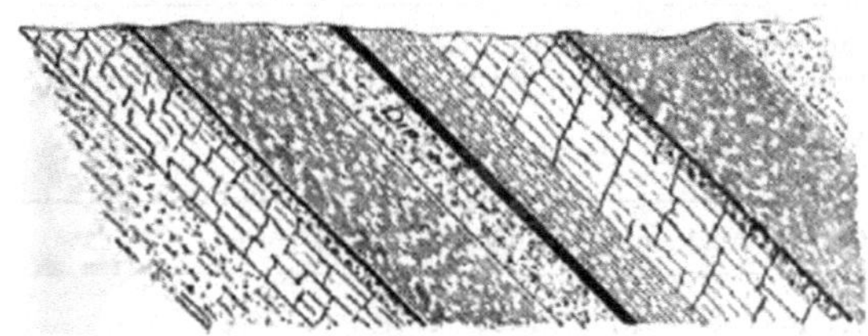

图3–1–8 《地学浅释》1900年英文版中的第一图（内容说明）

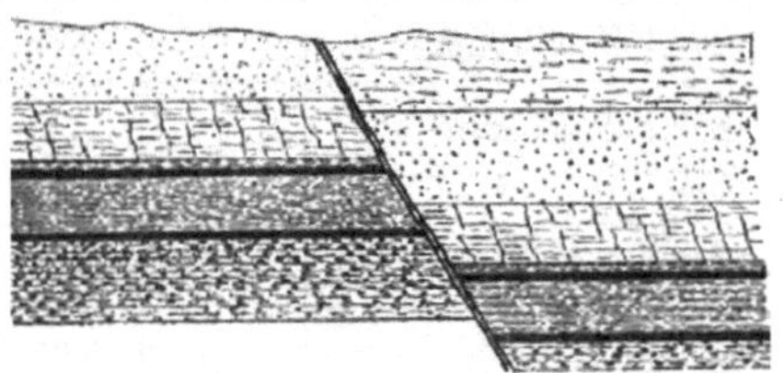

图3–1–9 《地学浅释》1900年英文版中的第二图

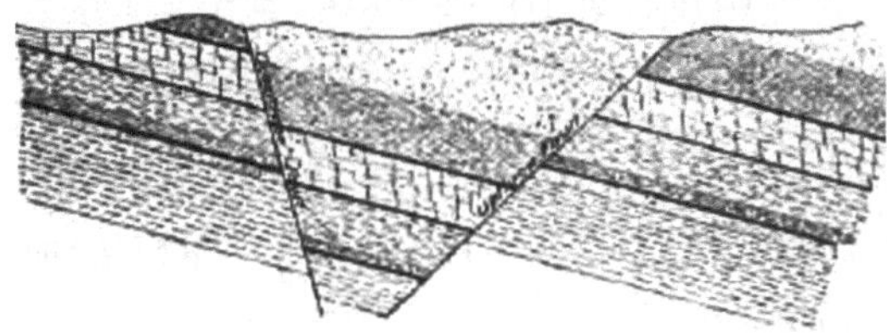

图3–1–10 《地学浅释》1900年英文版中的第三图

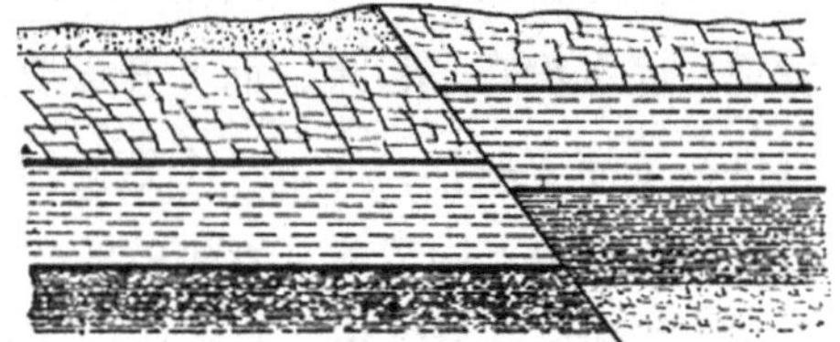

图3–1–11 《地学浅释》1900年英文版中的第四图

关于底本中所介绍的相关地质信息，译本的叙述基本忠实于底本的描述，并且添加了相关的图片说明。从图一到图五所体现的相关信息而言,《开煤要法》中添加图片的目的是直观地体现译述中所介绍的地质信息，使读者更为清晰明确。并且，对于底本中不易理解的知识点，在图中可以更为清晰地体现，例如，“关于水平位置上的断层问题，同一水平面上存在有不同的新老地层”这一地质现象，在译述中难以简短描述其原理，而在图3–1–8至图3–1–11所示的图片中，读者可以通过其中所绘的水平采煤巷道而清晰地观察到这一地质现象。这种加图进行直观说明的方法体现了《开煤要法》在译述的过程中对于实用性的重视。加入这一类图片之后，读者对于找煤这一问题，会更加明朗。有了示意图后，在实地勘测的过程中会更加方便。这同样对西方地质学知识的普及与传播能够起到积极的作用，同时也体现出当时人们在地质图绘制方面的进步。

第二节　译本知识结构的调整

除上述译著对原著体例、内容的部分调整，个别译著对原著的知识结构也有较大的调整。《化学鉴原》是我们研究的案例中表现最为突出的一部译著。除此之外,《几何原本》和《重学》等对底本的叙述结构也有不同程度的调整。

一、《化学鉴原》对底本结构的调整

1. 底本的知识结构

《化学鉴原》① 译自 1858 年版的 *Wells's Principles and Applications of Chemistry* ②（以下简称 *Chemistry*）（图 3–2–1）。*Chemistry* 共 25 章，分为三个部分。第一部分是自然哲学（1–4 章），介绍了与化学作用相关的热、光、电及各种相互作用力等基础知识。第二部分是无机化学（5–15 章），介绍了化学体系的总则、非金属元素、拉瓦锡燃烧理论、金属元素（碱金属、碱土金属、土金属等）、摄影术等。第三部分是有机化学（16–25 章），介绍了有机体的性质、有机化合物的分解、常见的动植物有机物等，如表 3–2–1 所示。

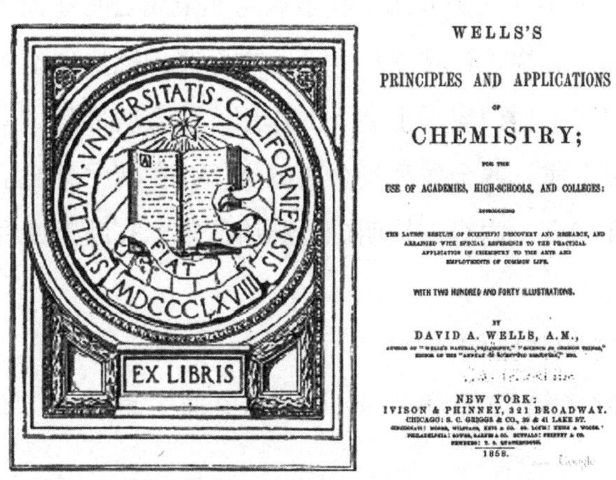

图 3–2–1　1858 年版 *Chemistry* 的封面、版权页

① 徐寿，傅兰雅．化学鉴原［M］．上海：上海日新社，1901.

② WELLS D A. Wells's Principles and Applications of Chemistry［M］．New York：Ivison & Phinney，1858.

表 3-2-1 *Chemistry*（1858 年版）目录

自然哲学	第 1 章　化学作用中重力、凝聚力、黏着力和毛吸引力的联系	第 2 章　热（热源、热传递、热影响）
	第 3 章　光（光的本质和来源、光的特性）	第 4 章　电
无机化学	第 5 章　化学哲学体系总则	第 6 章　非金属元素
	第 7 章　燃烧	第 8 章　金属元素
	第 9 章　碱金属	第 10 章　碱土金属
	第 11 章　土金属	第 12 章　玻璃和陶器
	第 13 章　普通金属或重金属	第 14 章　贵金属
	第 15 章　摄影术	
有机化学	第 16 章　有机体的性质	第 17 章　植物基本原理
	第 18 章　自然分解和有机化合物	第 19 章　酒精和它的衍生物
	第 20 章　植物酸	第 21 章　有机碱
	第 22 章　有机着色原理	第 23 章　油、脂肪和树脂
	第 24 章　植物的营养和生长	第 25 章　动物组织和产品

元素周期律是近代化学发展的基础，它最先揭示了化学元素之间的亲属关系，并进行分类。*Chemistry* 介绍了 62 种元素，其中 Il、Pe 两种是后来被证明不存在的元素，这样实际上介绍了 60 种元素。与现在的元素周期表对照可以发现，*Chemistry* 所介绍的化学元素已初步具备了十年后发现的元素周期律[①]的分类体系[②]，即按非金属、金属大类介绍，在金属与非金属之间穿插了非金属和金属的燃烧理论及其应用。燃烧理论独立成章，一方面突出燃烧理论的重要性，另一方面也能起到非金属与金属内容承上启下的作用。在金属部分，又将金属分为碱金属、碱土金属、土金属、贱金属和贵金属五类，并在其中穿插了最古老的应用化学内容——玻璃和陶瓷。内容结构明确，脉络清晰，有助于读者对各类元素及其理论的掌握。

2.《化学鉴原》整体结构

大体上说，除了第 15 章摄影术，《化学鉴原》翻译了 *Chemistry* 的无机化

① 元素周期律几乎同时并且完全独立地由德国的朱利亚 · 罗塔尔 · 迈耶尔（Julius Lothar Meyer）和俄国的门捷列夫（Dmitri Ivanovitch Mendeleyel）提出来。门捷列夫的周期律是 1869 年 4 月用俄文发表的，迈耶尔论文所注日期是 1869 年 12 月，1870 年用德文发表，但迈耶尔在 1868 年曾绘制过一张不完全的周期表，没有发表。

② 柏廷顿.《化学简史》[M]. 胡作玄，译. 桂林：广西师范大学出版社，2003：285-286.

学部分的全部内容，但没有完全按照原著的顺序与结构翻译。《化学鉴原》将 *Chemistry* 无机化学部分 10 章 411 小节译为 6 卷 410 节，其对应关系如图 3-2-2 所示，有章的合并、拆分，还有小节顺序的调整。

另外，*Chemistry* 各章均有题目如“化学哲学总则”（General Principles of Chemical Philosophy）、“非金属元素”（The Non-metallic Elements）、“燃烧”（Combustion）、“金属元素”（The Metallic Elements）等。也许是对原著章节内容调整的缘故，《化学鉴原》只有小节有标题，各卷没有标题。

从表 3-2-2 可以看出，《化学鉴原》在结构上对 *Chemistry* 进行了调整。

（1）合并：《化学鉴原》将 *Chemistry* 的 10 章内容合并为 6 卷，其中将第 6 章的 10 种非金属与第 7 章的燃烧理论合并为第 3 卷，将第 8、9、10、11 章的金属、

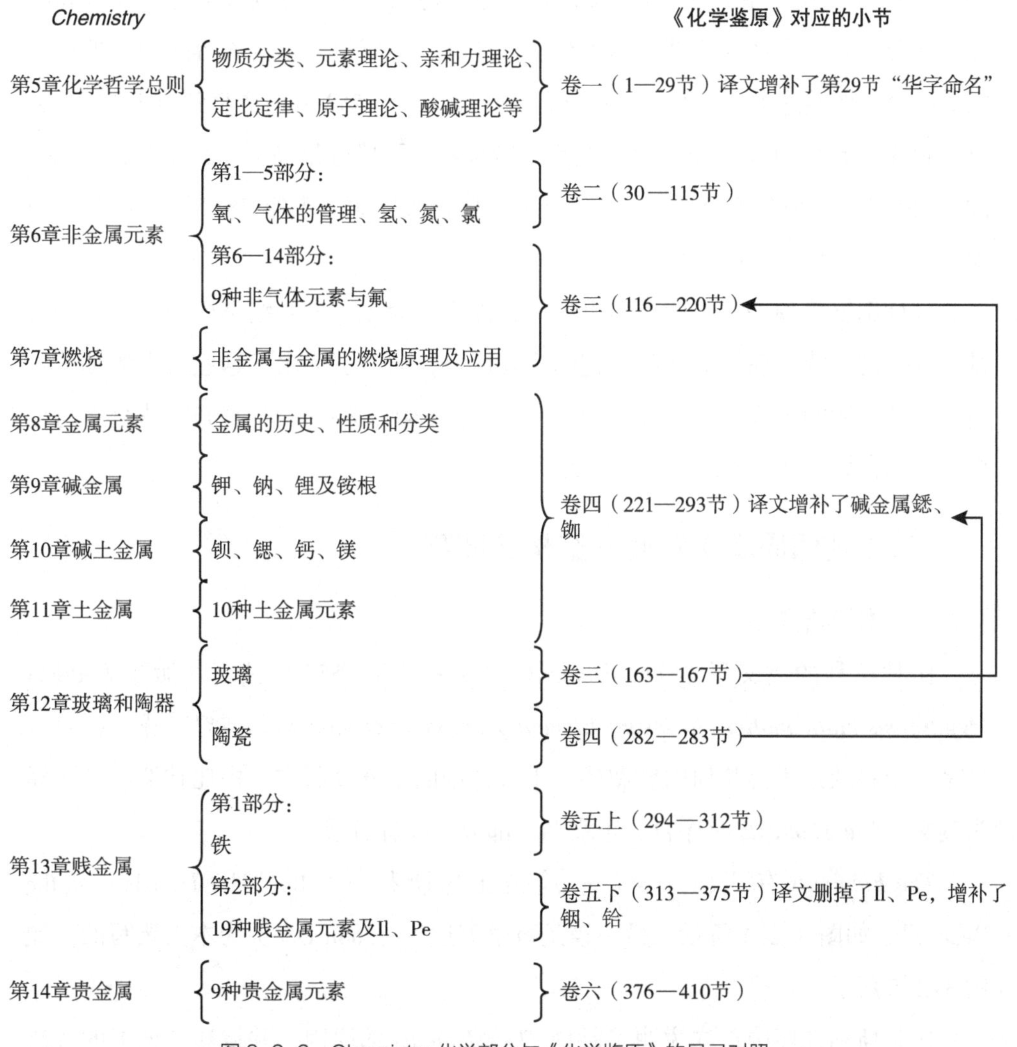

图 3-2-2 Chemistry 化学部分与《化学鉴原》的目录对照

碱金属、碱土金属、土金属合并为第4卷。

（2）拆分：将第12章玻璃与陶瓷一章内容拆分，分别穿插到第3卷（非金属）和第4卷（金属）之中；将第13章贱金属分拆分为“卷五上”“卷五下”。

调整之后的《化学鉴原》与底本 *Chemistry* 相比有几个特点。

（1）六卷内容容量不够均衡。除了第1卷、第6卷内容较少（30节左右），其他每卷内容都篇幅较多（80节左右）。

（2）*Chemistry* 中的燃烧理论包括金属与非金属的燃烧理论，《化学鉴原》把燃烧理论与非金属内容合并，某种程度上遮蔽了燃烧理论的突出地位。

（3）底本第12章介绍了玻璃和陶瓷的组成成分、种类及制作工艺，属于传统的应用化学知识。鉴于玻璃和陶瓷由几种物质混合而成，成分比较复杂，*Chemistry* 在结构上单列为一章。《化学鉴原》将底本这部分内容拆分为玻璃和陶瓷两部分，并分别将这两部分归入到非金属硅、金属铝元素的内容之中。玻璃的主要成分是硅酸盐类，因此译者将该部分（第557—562节）调整到第3卷第162节“矽养三形性”（即硅酸形性）之后；陶瓷的主要成分是黏土（氧化铝、二氧化硅），译者将该部分（第563—564节）整体调整到第4卷第281节“生泥”（即黏土）之后，归入铝元素的内容之中。

这种调整某种程度上使译本更加符合以元素为主线来介绍书中内容的结构安排，且有助于读者理解玻璃和陶瓷的主要成分，同时也突出了这些元素的基本应用。但从物质的组成上看，玻璃和陶瓷都是混合物，将它们分别归入非金属与金属元素化合物的介绍中，还是有些欠妥。

二、《几何原本》对底本结构的调整

1. 底本的结构

比林斯利的英文译本 *The Elements* 主要来源于1558年拉丁文版本 *Euclidis Megarensis mathematici clarissimi Elementorum geometricorum libriXV*（图3-2-3）。这是一个将欧几里得几何内容叙述得十分详细的十六卷版本，由比林斯利首次译为英文。*The Elements* 有序言、正文两个部分，没有目录。

The Elements 有两篇序言，一篇是比林斯利所写的“The Translator to the Reader”，如图3-2-4所示，另一篇是数学家迪伊（John Dee）为本书撰写的，如图3-2-5所示。

比林斯利在序中首先说明了翻译 *The Elements* 的原因，并概述了该书的大致

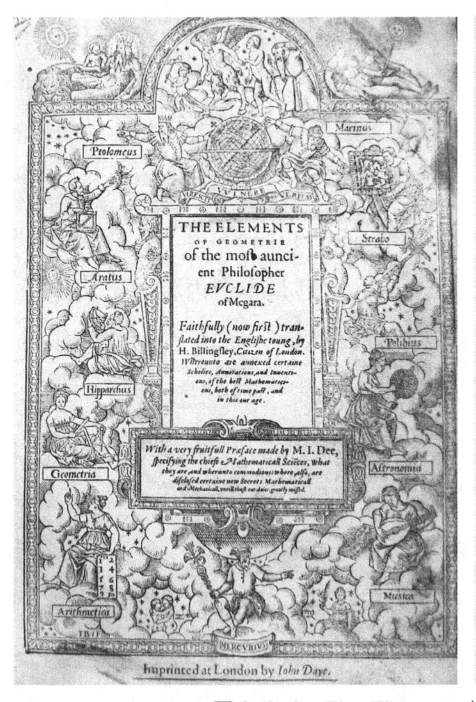

图 3-2-3 *The Elements* 封面和封底（迪伊的画像）

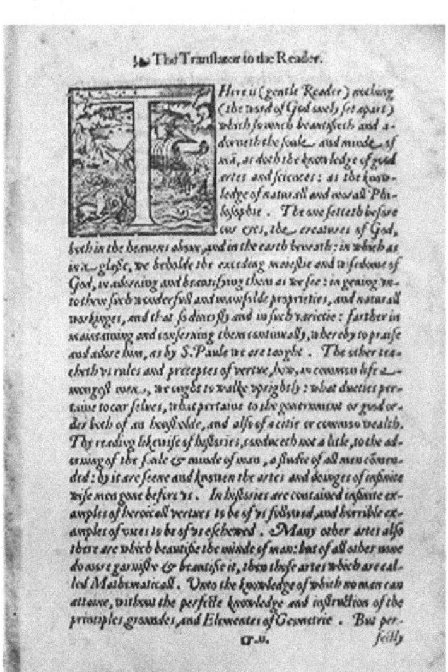

The Translator to the Reader.

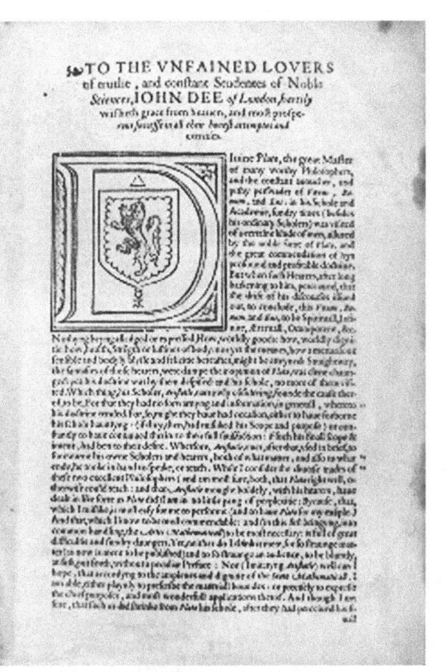
TO THE VNFAINED LOVERS of truthe, and constant Studentes of Noble Sciences, IOHN DEE of London, hartily wisheth grace from heauen, and most prosperous successe in all their honest attemptes and exercises.

图 3-2-4 比林斯利序言首页　　　　图 3-2-5 迪伊序言首页

内容。他特别指出在每卷内容开始前附加了导言，增加了一些批注、注释和新结论，阐述了附加这些内容的目的是想让读者更好地理解书中的内容。

迪伊的序言长达 24 页，首先从什么是数学科学谈起，然后阐述了数学的用途。

比林斯利的英文译本是十六卷本的 *The Elements*，包括三部分内容：一是欧几里得所撰写的第1—13卷，二是古代希腊数学家希普西克尔斯（Hypsicles of Alexandria）所撰写的第14—15卷，三是希腊文版的研究者和修订者附加的第16卷。

从形式上看，虽然该著作没有目录，但是为了能够让读者分清每一章节的内容，全书在每一卷的开头都设有标题，结尾都有说明。如第7卷的开头为“The Seventh book of Euclides Elements”，结尾为“The end of the Seventh book of Euclides Elements”[①] 每一卷标题后，是本卷内容的导言，之后是本卷内容的正文。

由于欧几里得建立的是一套公理化的逻辑演绎体系，所以 *The Elements* 的编排都遵循一定规律：导言——（定义）——命题。

“导言”存在于每一卷内容的开头，它是对该卷内容的简要说明，或是对于该卷内容的讨论，有助于把握本卷的主要内容；“定义”存在于第7、10、11卷，是这几卷内容的重要组成部分，也是接下来命题及其证明的基础。每个定义都有相应的解释，有的还配有图释。另外，每个定义下有相应的注释，这种现象在比林斯利的英译本中是一个非常明显的特征，这些注释可以帮助读者更好地理解定义的内容，使得抽象的定义更加直观、通俗易懂。对于一些介绍立体图形的内容，书中还有附加的立体折纸图形（图3-2-6），非常直观，使本书更加通俗易懂。

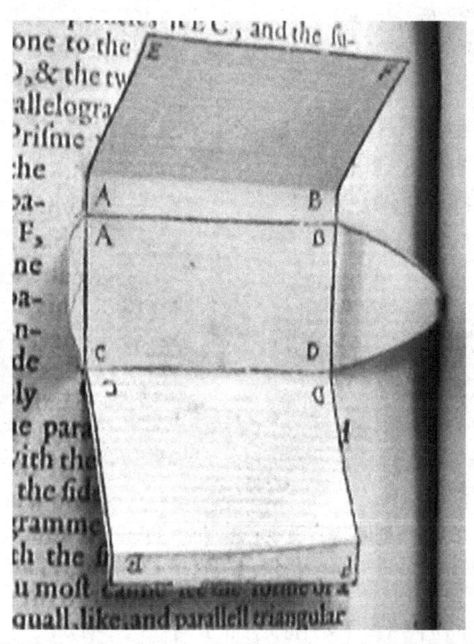

图3-2-6 *The Elements* 卷11第11个定义立体图释

① BILLINGSLEY H. The Elements of Geometrie of the Most Auncient Philosopher Euclide of Megara [M] London，1570.

“命题”存在于每一卷，由命题本身和命题证明两部分组成。每一个命题的题头都是两种说法，有的命题证明后还有推论或另外一种证明方法，许多学者，例如阿波罗尼乌斯（Apollonius）、坎帕努斯（Campanus）、迪伊、普罗克洛斯（Proclus）等人正确的推论、评述、讨论也在某些命题的证明过程中出现。有规律的是，只要是增加进去的内容，比林斯利的英译本中都加以说明。

2. 汉译《几何原本》后九卷结构

金陵书局出版的《几何原本》后九卷包括第 7 卷至第 15 卷，希腊文版的研究者和修订者附加的第十六卷没有翻译。《几何原本》第 7—15 卷内容可粗略划分为下：第 7—9 卷是对数论的研究，第 10 卷专门讨论可公度和不可公度的线和面，第 11 卷为前 6 卷在三维空间的扩展，第 12 卷用“穷竭法”求圆、棱锥、球、圆锥体积，第 13 卷构造并研究了五种正多面体，第 14—15 卷主要由正多面体间的相互比较组成。

其中第 7，10，11 卷的结构可分为“界说”（定义）和“题”（命题）两个部分，第 8，9，12，13，14，15 卷只有“题”。

“界说”部分是将每个数学名词的概念罗列出来，如偶数、奇数、素数、乘等，为接下来的推理打基础；“题”是每一卷的主要部分，每一条都相当于一条定理。“题”下有详细的证明过程。证明中包括解、法和论，论之后有时还附有案、例和系。例如，第 7 卷中第 4 个命题及其证明就符合这样的结构。

命题：

第四题 凡小数，或为大数之一分，或为几分。

证明：

解曰，两数，一为甲，一为乙丙，小于甲。题言乙丙或为甲之一分，或为甲之几分。

论曰，甲与乙丙或无等数，或非无等数。设为无等数，则分乙丙为若干一，一各为甲之一分，故乙丙内之全分，为甲之几分。（本卷界说一二）设甲与乙丙非无等，则乙丙或度甲，或不度甲。度甲，则乙丙为甲之一分。不度甲，则以丁为甲与乙丙之最大等数。（本卷二）分乙丙为乙戊之一分，惟丁等于乙戊、戊己、己丙各数，所以乙戊、戊己、己丙各数，俱为甲之一分，则乙丙为甲之几分。是以凡小数，或为大数之一分，或为几分。①

① 赫歇尔. 几何原本［M］. 伟烈亚力，口译. 李善兰，笔述. 南京：金陵书局，1866.

《几何原本》全书的主导思想是通过逻辑推理把整个内容贯穿起来，“基本上形成一个今天看起来不很严谨的逻辑演绎系统，也就是说其中的每一题都要通过逻辑论证，用以肯定推断的正确性。证明所用的论据就是‘界说’‘求作’‘公设’和已经证明过的题（定理），其排列层次是分明的。”①

3. *The Elements* 与《几何原本》后九卷的对比研究

通过以上对比林斯利的英文译本 *The Elements* 以及《几何原本》后九卷在结构和内容上的分析，可以看出虽然两版本叙述的数学内容基本相同，但在一些内容的选择、体例和编排方式上存有差异。

从两书的结构上来看，汉译本不仅省略了底本中的序言和第十六卷，对于底本中每卷首的概述、书中有关定义的大量注释和后人增补的内容都没有翻译。这种对底本卷首、注释内容、增补内容删减的处理方式在晚清科学译著中比较普遍。

第三节　译本对内容的删减与增补

在我们研究的几部译著中，除了上述对体例、篇章结构以及知识结构不同程度的调整，晚清科学译著还有一个显著的特征是翻译过程中的删述与增补。删述是大部分译著的翻译方式，如《几何原本》《重学》《地学浅释》等都有不同程度的删减。但就增补内容而言，《化学鉴原》与《谈天》增译本（1874 年版）的内容更新与增补最为突出。

一、《化学鉴原》翻译过程中知识的增补与删减②

19 世纪中后期，正值西方化学飞速发展，1868 年门捷列夫发现了元素周期律（63 种元素），根据元素周期律预言了尚未发现的新元素，修正了测量不准确的原子量。③

1869 年，傅兰雅和徐寿开始翻译《化学鉴原》，当时 *Chemistry*（1858 年版）

① 李迪.《九章数学》与《几何原本》之比较研究［M］// 莫德，朱恩宽．欧几里得几何原本研究论文集．呼伦贝尔：内蒙古文化出版社，1995：91–107.

② 黄麟凯，聂馥玲.《化学鉴原》增补内容来源考［J］．自然科学史研究，2014（2）：158–172. 此为本项目的成果之一。

③ 张家治．化学史教程［M］．太原：山西人民出版社，1987：194–197.

在内容上已显陈旧，因此两人在翻译过程中，不但为了传播的需要，独立增加了化学元素汉语命名的方法——“华字命名”，而且参照其他化学著作，对元素种类、元素符号、原子量等知识进行了更新，并增补了当时社会需求的冶铁内容等。

《化学鉴原》中知识的增补方式，有的是整小节的增补，有的是某一部分知识点的补充。如第一卷“华字命名”、第五卷（上）冶铁知识的增补，都属于整小节内容的增补。另外，如元素表中四种化学元素的增补，部分元素原子量的更新与增补，还有其他知识点的补充等，均属于后一种类型。《化学鉴原》删掉了 Il、Pe 两种已经证明不存在的元素，增补了鏭（今译铯）、铟、鉈（今译铊）、铷四种元素，此内容学界已有详细论述①②，不再赘述。下面就目前研究关注不够的几点给予分析。

1.《化学鉴原》更新与增补的知识

（1）元素及原子量（分剂数）的更新与增补

我国著名化学家傅鹰先生说过：“没有可靠的原子量，就不可能有可靠的分子式，也就不可能了解化学反应的意义。”③ 原子量基准是测定原子量的重要基础，而原子量基准的选定经历了漫长的演变过程。1803 年，英国化学家道尔顿（John Dalton）最早以氢原子量（H=1）为基准，先后测定了 37 种元素的原子量。1826 年，瑞典化学家贝采里乌斯（Jons J. Berzelius）改用氧原子量的 1/100 为基准，测定了多达 49 种元素的原子量，其中大部分已接近现在的数值。1860 年，比利时化学家斯达（Jean-Servais Stas）采用氧原子量的 1/16 为基准，其测定的原子量精度可达小数点后 4 位数字，与现在的原子量相当接近。我们现在使用的是 1960 年国际纯粹与应用物理联合会接受德国质谱学家马陶赫（Marttauch）的建议后确立的以 ^{12}C 的 1/12 作为原子量新基准的方法。

Chemistry 沿用的是道尔顿的基准。第 261 小节“Chemical Equivalents”提到与各元素相对的当量是根据氢元素的大小来计算的。书中除了不存在的 Il、Pe，Didymium（镝）、Erbium（铒）、Niobium（铌）、Terbium（铽）的分剂数也没有介绍，所以共介绍了 56 种分剂数④。《化学鉴原》则除了 1863 年刚发现的 Indium（铟），

① 汪广仁. 中国近代科学先驱徐寿父子研究［M］. 北京：清华大学出版社，1998：370.

② 徐振亚. 傅兰雅与中国近代化学［J］. 北京化工大学学报（社会科学版），2001（2）：55-64+26.

③ 张家治. 化学史教程［M］. 太原：山西人民出版社，1988：263.

④ 译者将 *Chemistry* 中的“Equivalents”译作“分剂”，系指当量，但不确切，和原子量概念相混淆。因原著是在1858年出版，在1860年卡尔斯鲁厄会议召开之前，当时原子量的概念尚未取得一致意见。

Terbium（铽）的分剂数也没有介绍，共介绍了62种。

通过对比二者的元素表发现，《化学鉴原》对*Chemistry*中的16种元素的分剂数进行了更新、增补，如表3-3-1所示。

表3-3-1 《化学鉴原》中更新与增补的分剂数

Chemistry		《化学鉴原》		元素周期表①
英文名称	分剂数	中文名称	分剂数	分剂数
*Antimony（Stibium）	129	锑	122	122
*Boron	10.9	（硼）硴	11	10.8
*Chromium	26.7	铬	26.3	26
*Copper	31.7	铜	31.8	32
*Gold（Aurum）	98	金	196.7	197
*Nickel	29.6	镍	29.5	29.5
*Platinum	98.7	铂	98.6	97.5
*Strontium	44	鍶（锶）	43.8	43.8
*Tungsten（wolfram）	94	钨	92	92
*Zinc	32.5	锌	32.8	32.5
Didymium	（无）	镝②	48	
Erbium	（无）	铒	122.6	167
Niobium	（无）	铌	98	92.91
（无）		鏒（铯）	133	133
（无）		铷	85.3	85.5
（无）		鉈（铊）	204	204.5

其中，镝、铒、铌、鏒、铷、鉈共6种为增补分剂数，其余10种（标有*号的元素）为更新分剂数，除硼、锌之外，更新后的分剂数比*Chemistry*在数值上更加接近于元素周期表。化学的定量化发展依赖于原子量的精确测定，在西方化学界新旧交替的大背景下，《化学鉴原》中元素分剂数的更新与增补对化学知识的传播和后续的学习具有十分重要的意义。

① 元素周期表中的铬、铜、镍、铂、锶、钨、锌的分剂数为原子量52、64、59、195、87.6、184、65除以2。

② "Didymium"，《化学鉴原》译称"镝"，后来被证明并不是元素。元素周期表中的"镝"指的是另一种稀土元素"Dysprosium"，故两者无可比性。

（2）内容的更新与增补

晚清科学译著中删述现象较多，译著不是逐字逐句翻译原著，而是存在对原著内容的省略或概述的现象，《化学鉴原》也存在类似的情况。但这里需要强调的是，译本《化学鉴原》正文中存在较多的增补内容，对于一部译著，而言这种情况是少有的。其中《化学鉴原》卷五（上）铁元素部分，增补内容最多，有整节的增补，也有某一知识点或某一段落的增补。

第一，整节内容的增补

Chemistry 第十三章第一部分“铁”共有 17 个小节，《化学鉴原》卷五（上）共有 19 个小节。其中有删减，也有增补，整节增补内容如表 3-3-2 所示。

表 3-3-2 《化学鉴原》卷五（上）与 *Chemistry* 第十三章的小节对应关系

《化学鉴原》卷五（上）的小节	*Chemistry* 第十三章第一部分“铁”对应的小节
*第 294 节“贱金”	没有对应小节
第 295 节“铁之根源”	第 565 小节“Natural History and Distribution”
*第 296 节“形性”	没有对应小节
第 297 节“铁与养化合之质”	第 566 小节“Compounds of Iron with Oxygen”
第 298 节“铁养”	第 567 小节“Protoxyd of Iron，FeO”
第 299 节“铁二养三”	第 568 小节“Sesquioxyd of Iron，Fe_2O_3”
第 300 节“铁养三”	第 570 小节“Ferric Acid，FeO_3”
第 301 节“铁三养四”	第 569 小节“Black，or Magnetic Oxyd of Iron，Fe_3O_4”
第 302 节“铁硫，即自然铜”	第 572 小节“Bi-Sulphuret of Iron，FeS_2”
*第 303 节“铁养炭养”	没有对应小节
第 304 节“铁养硫养”	第 573 小节“Protosulphate of Iron”
*第 305 节“铁与绿气之质”	没有对应小节
第 306 节“铁矿”	第 571 小节“Ores of Iron”
*第 307 节“铁之用”	没有对应小节
*第 308 节“英国炼泥铁矿法”	没有对应小节
*第 309 节“生铁”	没有对应小节
*第 310 节“熟铁”	没有对应小节
*第 311 节“钢”	没有对应小节
*第 312 节“熟铁之法”	没有对应小节
删减部分	第 574—581 小节

《化学鉴原》卷五（上）增补 10 小节（标有 * 号的部分），删减原文 8 小节。在 10 个增补小节中，第 294 节“贱金”对第五卷进行了概述，其余 9 个增补小节分别介绍了铁的性质与用途，介绍了碳酸铁、氯化亚铁和三氯化二铁，英国提炼泥铁矿的方法，以及生铁、熟铁和钢的冶炼过程。删减部分主要是原文中铁的应用、铸铁、钢、钢的化学组成、钢的特性等内容。除此之外，《化学鉴原》卷五（上）共有插图 15 幅，其中 13 幅为译者增补。

第二，部分内容的增补

《化学鉴原》卷五（上）第 306 节“铁矿”介绍了 8 种铁矿石，而底本中的对应部分第 571 节“Ores of Iron”只介绍了 3 种铁矿石（表 3-3-3）。

表 3-3-3 《化学鉴原》第 306 节与 *Chemistry* 第 571 节的内容对照

《化学鉴原》第 306 节“铁矿”	*Chemistry* 第 571 小节“Ores of Iron”对应的内容
1. 黑铁矿	1.The magnetic，or black oxyd
2. 红铁矿	2.The specular iron，or red iron ore
*3. 镜面铁矿	没有对应的内容
*4. 棕色铁矿	没有对应的内容
*5. 炭养$_{\text{二}}$铁矿	没有对应的内容
6. 泥铁矿	3. Clay-iron stone
*7. 黑层铁矿	没有对应的内容
*8. 硫铁矿	没有对应的内容

《化学鉴原》第 306 节“铁矿”所介绍的铁矿种类比英文原著多 5 种（表 3-3-3 中标有 * 号的部分），即便是相对应的 3 种铁矿石，译文中的内容也比英原文更加丰富。例如 *Chemistry* 第 571 小节中关于黑铁矿的部分，原文只介绍了黑铁矿的色泽、产地及铁矿的含铁量。译文不仅包括上述全部内容，还增补了“黑铁矿质内几全为铁$_{\text{三}}$养$_{\text{四}}$”的知识，说明黑铁矿的成分是四氧化三铁，结尾部分“铁砂亦属此等，惟多杂鐟养三”，补充说明铁砂也产于黑铁矿。

《化学鉴原》除了卷五（上）铁元素有整小节的增补，其他各卷也有整节增补的类似情况。例如，卷三增补了第 120 节“钾碘”以及第 125 节“弗气根源”。*Chemistry* 第 374 小节只提到碘化钾是碘元素最重要的化合物，《化学鉴原》增补第 120 节“钾碘”，专门介绍碘化钾的制取方法、反应物剂量、反应过程及反应方程式等；*Chemistry* 关于氟元素的部分（第 379 小节）主要介绍了自然界中的氟化钙和人工制得的氢氟酸，对氟发现的历史少有提及，译者为了使各个元素的介绍符合“根源—取法—形性—化合物”的结构安排，在译文中增补第 125 节“弗气根源”的内容，简单叙述了从氟的化合物被发现到 1789 年拉瓦锡预测可从氢氟酸中提取氟元素的历史过程。

再如，卷四增补了第 284—292 节共 9 个小节的内容。*Chemistry* 第十一章提到土金属元素共有 10 种，但原文只是主要介绍了铝元素及其化合物。为了更加全面地介绍各类元素，《化学鉴原》的译者增补了 9 小节内容来分别概述其他 9 种土金属（铍、锆、钍、钇、铒、铽、铈、镧、镝）的产地及特性。另外，由于《化学鉴原》元素表中增补了铯、铷、铟、铊 4 种元素，与之相对应，正文中也增补了 4 小节内容分别介绍这 4 种元素的发现过程、自然分布及化学性质。如卷四增补了的第 246 节“铯”、第 247 节的“铷”，卷五（下）增补了第 328 节“铟之根源”、第 335 节“铊之根源”，其中“铊之根源”还介绍了铊元素的制取方法。

这些增补小节大多是对原有知识的补充，如对某些重要化合物的介绍、元素发现的历史、个别元素的分布及特性等。通过添加这些内容，译本在知识介绍上显得更加全面和富有条理。

第三，增补知识点

《化学鉴原》中除了上述整小节的增补，还有某些知识点的增补。例如，卷三第 122 节“取法”，对应的 *Chemistry* 第 377 节“Preparation”只介绍了溴单质被氯气从海水母液中置换出来，其后溶于乙醚之中，并未说明如何从乙醚中得到溴单质。《化学鉴原》则增补了制取溴的完整过程，即增补了通过化学反应将溴单质提取出来的方法。卷三第 140 节“硫二养二”对应的 *Chemistry* 第 393 节“Hyposulphurous Acid，S_2O_2”只介绍了 S_2O_2 的制取方法及其用于溶解照片上的氯化银、碘化银，即定影液的作用，并未说明其中的反应过程。《化学鉴原》增补了显影、定影的全过程，说明了 S_2O_2 定影时所发生的化学反应，同时还介绍了利用硫化钙大量制备 S_2O_2 的方法。再如，卷四第 258 节“钡”，对应的 *Chemistry* 第 530 节“Barium”只提到大部分钡元素的化合物都通过碳酸钡来制取，却没有说明具体的制取方法。《化学鉴原》增补了氯化钡、硝酸钡、氯酸钡的具体制法及后两者的用途，完善了该部分内容。另外，卷五（上）第 306 节“铁矿”，对应的

Chemistry 第571节"Ores of Iron"只介绍了3种铁矿石（黑铁矿、红铁矿和泥铁矿）。《化学鉴原》在此基础上增补了一半以上的篇幅来介绍其他5种铁矿石（镜面铁矿、棕色铁矿、炭养$_2$铁矿、黑层铁矿、硫铁矿）。

上述增补的知识，弥补了 *Chemistry* 在某些细节上的不足，如单质的提取方法、反应过程、化合物的具体制法等。由于化学是一门以实验为基础的科学，这些内容的增补对实验操作及生产实践具有非常重要的作用。

2.《化学鉴原》删减的知识

从整体结构上看,《化学鉴原》删除了 *Chemistry* 的"自然哲学"和"摄影术"①②两部分内容以及大部分脚注内容③。从具体细节的翻译上看，一些化学概念和化学理论也有遗漏。本节仅讨论一些重要信息的遗漏。

Chemistry 第五章"化学哲学体系的总则"是全书的纲领性内容，涉及化学元素、化合物的分类、命名、书写方式等，蕴含着化学研究的理论、方法和原则。该章在全书中的重要性显而易见，同时也最难翻译，因为涉及将西文中的元素、化合物、化学反应式的命名首次用汉语表达。

《化学鉴原》卷一共有29节，对应 *Chemistry* 第五章28节，如表3-3-4。在《化学鉴原》第21小节之前（对应 *Chemistry* 的第266小节），翻译的内容、顺序基本上与 *Chemistry* 一致。④从第22小节之后,《化学鉴原》在顺序上有调整，也有内容的删减。《化学鉴原》将与命名法相关的内容集中在该卷的最后几节（24—29节），如表3-3-4所示，将 *Chemistry* 的最后两节"同分异构""同素异形"提前至该卷的第22、23节，然后从第24节开始介绍各种命名方法，并增补了第29节"华字命名"，删减了原文第270节"酸的分类"、第271节"盐的分类"，以及"化合物的命名"相关的大部分内容。

---

① 在《化学鉴原》翻译前已有摄影技术传入中国，这可能是译者删除这部分内容的原因之一，另外1877年傅兰雅与徐寿专门翻译了介绍摄影术的著作《色相留真》，于1877年由江南制造总局刊印，后又收入《西艺知新》，于1778年刊行。

② 戴念祖，张旭敏．光学史［M］．长沙：湖南教育出版，2001：438–446.

③ *Chemistry* 作为教材在美国曾被发行过十余版，具有很强的教科书特色。此特色之一体现在脚注中。该著作无机化学部分大约有90个脚注，一类是补充、说明正文的内容，另一类就是针对著作中的内容设计的思考题（questions）。译者在翻译时，将个别脚注放入了正文，其余大部分脚注直接删减，因此《化学鉴原》在结构上没有脚注这部分内容。

④《化学鉴原》增补了第17节"体积分剂与轻重分剂之用"。

表 3-3-4 *Chemistry* 第五章与《化学鉴原》卷一小节顺序的对应关系（部分）

Chemistry 第五章	《化学鉴原》卷一对应的小节
第 267 小节“化学命名的起源”	第 24 节“西国命名之始（译存备考）”
第 268 小节“元素的命名”	第 25 节“原质命名”
第 269 小节“化合物的命名” 第 272 小节“符号”	第 26 节“杂质命名”
第 270 小节“酸的分类” 第 271 小节“盐的分类”	删减部分
第 273 小节“元素符号”	第 27 节“原质立号”
第 274 小节“化合物的符号” 第 275 小节“反应与反应物”	第 28 节“杂质立方”
第 276 小节“同分异构”	第 22 节“同原异物”
第 277 小节“同素异形”	第 23 节“同质异性”
	第 29 节“华字命名”

（1）化合物命名的删减

Chemistry 该章内容言简意赅，每一小节的内容都比较简短，而第 269 节“化合物的命名”（Nomenclature of the Compounds）所占篇幅较长，其中介绍了下列内容。

第一，化合物的定义。包含了二元化合物（binary compounds，两种元素化合，生成的物质）、三元化合物（ternary，二元化合物彼此化合生成的物质，如水是氢和氧的化合物，硫酸是氧和硫的化合物……多数矿物质是三元化合物）、四元化合物（quaternary，盐与盐彼此化合生成的物质，如明矾是硫化钾和硫化铝的化合物）的概念及构成。

第二，氧化物和卤化物的概念。包含了二氧化物、三氧化物、过氧化物、三氧二某氧化物、低氧化物的概念及命名法。例如，氧化物可用“oxyd”表示；卤化物（即氯、溴、碘、氟以及其他几个元素的二元化合物）的名称是在这些词的词尾加“ide”构成，如“chlorine”（氯）加词尾“ide”，即以“chloride”表示氯化物，同样 iodides 表示碘化物，fluorides 表示氟化物，sulphides 表示硫化物。当氧以不同的氧原子与相同的元素化合时，生成不同的氧化物，不同的含氧量通过添加前缀来表示，如“protoxide”表示一氧化物，“deutoxyd”表示二氧化物，“tritoxyd”表示三氧化物，“peroxyd”表示过氧化物等。该章还介绍了倍半氧化物（sesquioxyd）等。

第三，酸、碱、盐的概念及命名法。介绍了含氧酸的定义及命名方法：当氧与不同的元素构成的化合物具有酸的性质时，我们就需要采用另外的方法来表明这种特性。酸，是某元素与氧的化合物，我们通过在这种元素词尾加“ic”，来表示这种酸，如硫（sulphur）与氧化合生成硫酸，即“sulphuric acid”；炭（cabon）与氧化合生成碳酸，即“carbonic acid”；磷（phosphorus）与氧化合生成磷酸，即“phosphoric acid”。然而，通常会有这种情况，一种元素与氧形成多种酸，这样酸的强弱不同，我们通过在元素名称的词尾加“ic”表示强酸，加“ous”表示弱酸，如“sulphuric acid”是强硫酸，“sulphurous acid”是弱硫酸，即亚硫酸。酸性的强弱通过在词尾加不同的后缀来表示。

盐的命名同样是以这种方式。酸和本质（base）[①] 化合生成盐，盐的命名方法是把与酸反应的本质作为盐的具体名称，将对应元素的酸的词尾的“ous”换作“ite”，“ic”换作“ate”，即成为相应的盐的名称。如硫酸“sulphuric”改词尾“ic”为“ate”，以“sulphate”表示硫酸盐；“sulphurous”改词尾“ous”为“ite”，以“sulphite”表示亚硫酸盐，“sulphite of soda”即“氧化钠的亚硫酸盐”。这种命名方法区分了酸和盐。最后该章还通过实例分析了酸和盐的命名法及其关系。

通过上述西文的分类、命名，不仅可以知道不同类型的化合物的物质组成，而且可以知道这种化合物的反应物的类型，对于掌握不同类型化合物的性质、规律有重要作用。

《化学鉴原》对这部分内容进行了大量的删减，只翻译了上述第一部分内容，即二合质（binary compounds）、三合质（ternary）、四合质（quaternary）。其他内容均被删减，仅用下列一段代替了原文上述的内容：

又于名内减一字母或加一字母以表明其原质之分剂数，若字母无更改，则为一分剂。此法虽能表明杂质内之原质与分剂数，然杂质往往有多种原质合成者，则字必甚多而不便记忆，所以又思以号易名之法。

相应地，关于为什么要介绍“二合质”“三合质”等概念，由于内容的删减也没有体现。

（2）盐的分类和酸的分类的删减

Chemistry 用两小节的篇幅介绍了盐和酸的分类方法。在盐的分类中，主要介绍了盐的分类方法的历史来源。盐是氯化钠，是氯和钠两种元素的化合物。碘、溴、氟和金属的化合物也具有很强的盐的特性，但此类化合物不是我们日常意义

① *Chemistry* 中，将能够与酸化合并中和其酸性的物质称为“本质”。本质主要指现在的碱类，如金属氧化物。

上的盐。为了避免这种说法引起的混乱，将盐分为如下两类。

第一类的盐包括所有直接由金属与其他物质（如氯、溴、氟等）化合形成的二元化合物，这一类盐叫作卤盐；第二类包括所有那些由酸与本质（主要是碱）化合而成的物质，把这类盐叫作氧盐或氧酸盐。许多硫与金属的化合物，如硫与钾的化合物，也有盐的特性，这种盐叫作硫酸盐。另外，*Chemistry* 还介绍了无氧酸（氢酸）的存在及命名方法，即添加前缀“hydro”为这类酸命名，例如“hydrochloric acid”（盐酸），并指出这是化学命名的一般原则，是法国学术委员会建立的。

化合物的分类及其命名，是近代西方化学发展的最重要的成果之一，反映了不同化合物的性质及其在化学反应中的规律性，然而非常可惜的是这些内容在《化学鉴原》中均被删减。虽然在卷一第 29 节增加了“华字命名”，也介绍了化合物的汉译命名方法——“原质连书”。“西国质名字多音繁，翻译华文，不能尽叶，今惟以一字为原质之名，原质连书即为杂质之名，非特各原质简明而各杂质亦不过数字该之，仍于字旁加指数以表分剂名而可兼号矣。”用元素译名把分子式简单叙述一遍，实际上就是用分子式表示化合物。但是这种化合物的命名方法不能像西文命名方法那样反映化合物类别及其相应的规律性。

总的来说，底本介绍的英文命名法在译本中被大量删减，虽是无奈之举，但造成了知识点的大量丢失。上述命名方法中，除了涉及前缀、词尾等一些用汉语无法表达的英文构词法，也包含了氧化物、卤化物、氧酸、无氧酸、氧酸盐、卤盐等重要的化合物概念及其分类，这些概念与分类在我们看来十分重要。遗憾的是这部分内容在《化学鉴原》中没有体现。

上述的分析主要集中在《化学鉴原》翻译过程中结构的调整，重要化学知识的增补以及个别重要化学理论的删减。事实上《化学鉴原》与其他晚清科学译著一样，整个译文对原文都有大量的删述。删述过程中，大部分内容简洁、凝练，能够准确传达底本的内容，也有的不可避免地有重要信息的遗漏。这种情况会对知识的传播产生一定的影响。鉴于篇幅，本文将不再展开探讨。

3.《化学鉴原》增补内容的来源

1869 年，徐寿与傅兰雅开始翻译 *Chemistry*，其后不久又以英国化学家蒲陆山所著的 *Chemistry*，*Inorganic and Organic*，with *Experiments and a Comparison of Equivalent and Molecular Formulae*[①]（以下简称 *Inorganic and Organic*）为底本，

① BLOXAM C L. Chemistry，Inorganic and Organic，with Experiments and a Comparison of Equivalent and Molecular Formulae［M］. London：John Churchill & Sons，1867.

翻译了《化学鉴原续编》(以下简称《续编》)和《化学鉴原补编》(以下简称《补编》)。[①]《续编》的主要内容为有机化学,《补编》为无机化学。

《化学鉴原》与《补编》翻译时间较为接近，译者又相同。而且王扬宗曾指出："1869 年底《鉴原》的《补编》或《续编》已译出六卷。"[②] 也就是说，在翻译《化学鉴原》时，译者已经了解 *Inorganic and Organic* 一书的内容。因此,《化学鉴原》增补内容的来源考证首先考虑的即是《补编》及其底本。下面分别将《化学鉴原》增补内容与 *Inorganic and Organic* 及《补编》进行对比研究，以厘清增补内容的来源。

《补编》的底本是 1867 年初版的 *Inorganic and Organic*。下面将首先对《化学鉴原》增补内容与 *Inorganic and Organic* 的相应内容进行对比，以考证增补内容的来源。

(1)《化学鉴原》元素表更新内容来源

参照上文提到的《化学鉴原》与 *Chemistry* 元素表的不同之处(表 3-3-1),本节从元素种类、英文名称、分剂数、元素符号四方面，将《化学鉴原》与 *Inorganic and Organic* 中的元素进行对照。

①元素种类

Inorganic and Organic 中的"非金属与金属元素表"(图 3-3-1)介绍了当时已知的 64 种元素的英文名称，其中包括了表 3-3-1 所示的《化学鉴原》比 *Chemistry* 多出的 4 种元素：鏭(Caesium)、铟(Indium)、鉈(Thallium)、铷(Rubidium)。

The *Non-Metallic Elements* are (15)

Oxygen. Hydrogen. Nitrogen. Carbon. Boron. Silicon.	Sulphur Selenium. Tellurium. Phosphorus. Arsenic.*	Fluorine. Chlorine. Bromine. Iodine.

The *Metals* are (49)

Cæsium. Rubidium. Potassium. Sodium. Lithium. Barium. Strontium. Calcium. Magnesium.	Aluminum. Glucinum. Zirconium. Thorinum. Yttrium. Erbium. Terbium. Cerium. Lanthanum. Didymium. Niobium.	Zinc. Nickel. Cobalt. Iron. Manganese. Chromium. Cadmium. Uranium. Indium.	Copper. Bismuth. Lead. Thallium. Tin. Titanium. Tantalum. Molybendum. Tungsten. Vanadium. Antimony.	Mercury. Silver. Gold. Platinum. Palladium. Rhodium. Ruthenium. Osmium. Iridium.

图 3-3-1 *Inorganic and Organic* 中的"非金属与金属元素表"

① BENNETT A A. John Fryer: The Introduction of Western Science and Technology into Nineteenth-Century China [M]. Massachusetts: The East Asian Research Center Harvard University, 1967: 86.

② 王扬宗. 晚清科学译著杂考 [J]. 中国科技史料, 1994, 15 (4): 32-40.

②英文名称

Inorganic and Organic 中"实用重要非金属与金属元素表"（图 3-3-2）介绍了 39 种实用重要元素的英文名称及元素符号，其中还包含有 11 种金属元素的英文传统名称。结合图 3-3-1 和图 3-3-2，这两个元素表中可以找到表 3-3-1 所列举的《化学鉴原》与底本英文名称不同的 5 种元素中的 4 种（Glucinum，Cuprum，Ferrum，Wolframium）。只有"Lanthanium"（鑭）在图 3-3-1 的"非金属与金属元素表"中对应的英文名称是 Lanthanum，与《化学鉴原》不同。进一步查看 *Inorganic and Organic* 第 204 节中 Lanthanum 的部分[①]，也没有发现"Lanthanium"一词。

***Non-Metallic Elements of practical importance* (13).**

Oxygen,	O	Sulphur,	S	Fluorine,	F
Hydrogen,	H	Phosphorus,	P	Chlorine,	Cl
Nitrogen,	N	Arsenic,	As	Bromine,	Br
Carbon,	C			Iodine,	I
Boron,	B				
Silicon,	Si				

***Metallic Elements of practical importance* (26).**

Potassium,	K	(*Kalium.*)	Cadmium,	Cd	
Sodium,	Na	(*Natrium.*)	Uranium,	U	
Barium,	Ba		Copper,	Cu	(*Cuprum.*)
Strontium,	Sr		Bismuth,	Bi	
Calcium,	Ca		Lead,	Pb	(*Plumbum.*)
Magnesium,	Mg		Tin,	Sn	(*Stannum.*)
Aluminum,	Al		Titanium,	Ti	
Zinc,	Zn		Tungsten,	W	(*Wolframium.*)
Nickel,	Ni		Antimony,	Sb	(*Stibium.*)
Cobalt,	Co		Mercury,	Hg	(*Hydrargyrum.*)
Iron,	Fe	(*Ferrum.*)	Silver,	Ag	(*Argentum.*)
Manganese,	Mn		Gold,	Au	(*Aurum.*)
Chromium,	Cr		Platinum,	Pt	

图 3-3-2　*Inorganic and Organic* 中的"实用重要非金属与金属元素表"

③分剂数

Inorganic and Organic 中"实用重要元素化合重量表"（图 3-3-3）介绍了 39 种实用重要元素的分剂数，表 3-3-1 所示《化学鉴原》与其底本分剂数不同的 13 种元素中有 10 种元素都可以在图 3-3-3 内找到（如图 3-3-3 中标记的部分）。另外 3 种（Didymium，Erbium，Niobium）没有包括在该图中，而且在 *Inorganic and Organic* 对应内容第 203、第 204、第 296 节[②]，也没有找到这 3 种元素的分剂数。

① WELLS D A. Wells's Natural Philosophy［M］. New York，Chicago：Ivison，Blakeman，Taylor & Co，1863：293.

② 同上：393-394.

*Combining Weights of the practically important Elements.**

Aluminum,	Al	13·7	Copper,	Cu	31·8	Phosphorus,	P	31·0
Antimony,	Sb	122·0	Fluorine,	F	19·0	Platinum,	Pt	98·6
Arsenic,	As	75·0	Gold,	Au	196·7	Potassium,	K	39·0
Barium,	Ba	68·5	Hydrogen,	H	1·0	Silicon,	Si	14·0
Bismuth,	Bi	210·0	Iodine,	I	127·0	Silver,	Ag	108·0
Boron,	B	11·0	Iron,	Fe	28·0	Sodium,	Na	23·0
Bromine,	Br	80·0	Lead,	Pb	103·5	Strontium,	Sr	43·8
Cadmium,	Cd	56·0	Magnesium,	Mg	12·2	Sulphur,	S	16·0
Calcium,	Ca	20·0	Manganese,	Mn	27·5	Tin,	Sn	59·0
Carbon,	C	6·0	Mercury,	Hg	100·0	Titanium,	Ti	25·0
Chlorine,	Cl	35·5	Nickel,	Ni	29·5	Tungsten,	W	92·0
Chromium,	Cr	26·3	Nitrogen,	N	14·0	Uranium,	U	60·0
Cobalt,	Co	29·5	Oxygen,	O	8·0	Zinc,	Zn	32·8

* The combining weights given in this list, though sufficiently correct for all practical purposes, are not in all cases absolutely exact. The small fractions have been omitted, in order that the numbers may be more easily retained in the memory.

图 3-3-3 *Inorganic and Organic* 中的“实用重要元素化合重量表”

此外，在《化学鉴原》增补的 4 种元素中，有 3 种元素（Caesium，Thallium，Rubidium）标明了分剂数（表 3-3-1）。这 3 种元素在图 3-3-3 的“实用重要元素化合重量表”中均无记载，但在 *Inorganic and Organic* 第 190 小节“General Review of the Group of Alkali-metals”① 中有 Caesium 和 Rubidium 的分剂数 133 和 85.3，在第 260 小节“Thallium”② 中有 Thallium 的分剂数 204，它们与《化学鉴原》中所列完全相同。

④元素符号

《化学鉴原》中有些元素的符号与其底本不同，如銠（Rhodium ），底本中的元素符号是 R，而在《化学鉴原》中是 Ro。在 *Inorganic and Organic* 第 301 节“Rhodium”③ 中发现 Rhodium 的元素符号是 Ro，与《化学鉴原》中的该元素的符号相同。同样，《化学鉴原》增补的 4 种元素也分别在 *Inorganic and Organic* 第 189、第 208、第 260 小节找到了对应的元素符号 Cs 和 Rb、In、Tl。

综上所述，通过元素的对照发现，《化学鉴原》与 *Inorganic and Organic* 介绍的元素种类相同。《化学鉴原》与其底本不同的 21 种元素（17 种内容上存在差异的元素和 4 种新元素），除了“Lanthanium”的英文名称不同④，以及 Didymium，

① WELLS D A. Wells' s Natural Philosophy［M］. New York，Chicago：Ivison，Blakeman，Taylor & Co，1863：274–275.

② 同上：360–361.

③ 同上：400.

④ 在 Charles Loudon Bloxam 和 Sir Frederick Augustus Abel 所著 1854 年出版的 *Handbook of Chemistry, Theoretical*，*Practical and Technical* 中找到了“Lanthanium”的英文书写格式，推测《化学鉴原》中“Lanthanium”的英文名称参照了其他化学书籍。

Erbium，Niobium[①] 的对应分剂数没有找到，其余都在 *Inorganic and Organic* 中找到了对应内容。由此推断，《化学鉴原》"中西名元素对照表"与底本的不同之处主要来源于 *Inorganic and Organic*。

这里应该特别说明的是，张澔指出："《化学鉴原》的元素表是来自于 1867 年在伦敦出版的 *Bloxam's Chemistry: Chemistry，Inorganic and Organic，with Experiments*。"[②] 通过对照发现，两者之间存在差异，如有些元素的分剂数不同（表 3–3–5），氟的元素符号也不同[③]，而 *Inorganic and Organic* 中的分剂数更接近于元素周期表。由此得出，《化学鉴原》元素表是在翻译 *Chemistry* 的基础上参照了 *Inorganic and Organic*，但不是照录。

表 3–3–5 《化学鉴原》与 *Inorganic and Organic* 分剂数差异表（部分）

元素名称	分剂数		
	《化学鉴原》中西名元素对照表	*Inorganic and Organic* 实用重要元素化合重量表	元素周期表 *
磷	32	31	31
矽（硅）	21.3	14	14
钾	39.2	39	39
锰	27.6	27.5	27.5
铋	212	210	209

* 元素周期表中硅、锰的分剂数分别为原子量 28、55 除以 2。

（2）《化学鉴原》增补内容的来源

既然《化学鉴原》元素表参照了 *Inorganic and Organic*，那么其正文中的增补部分可能也来源于此。因此，我们首先具体对照了增补内容最多的《化学鉴原》五卷（上）与 *Inorganic and Organic* 铁元素部分。[④]

① Didymium，Erbium 以及 Niobium 的分剂数，则可能是来源于其他化学书籍。

② 张澔. 在传统与创新之间十九世纪的中文化学元素名词［J］. Chemistry（The Chinese Chem. Soc. Taipei），2001，59（1）：51–59.

③ 《化学鉴原》"中西名元素对照表"中，氟的元素符号是"Fl"；"实用重要元素化合重量表"中，氟的元素符号是"F"。

④ WELLS D A. Wells' s Natural Philosophy［M］. New York，Chicago：Ivison，Blakeman，Taylor & Co，1863：300–325.

①增补插图的来源

《化学鉴原》五卷（上）共有15幅插图，比底本多13幅插图。具体情况如表3–3–6所示。

表3–3–6 《化学鉴原》五卷（上）增补插图表

《化学鉴原》卷五（上）中的小节	增补插图名称	增补插图数量
第308节“英国炼泥铁矿法”	第一百二十	1
第310节“熟铁”	第一百二十一至第一百二十九	9
第311节“钢”	第一百三十	1
第312节“熟铁又法”	第一百三十一至第一百三十二	2

增补的13幅插图中，有9幅插图在*Inorganic and Organic*找到了对应插图（表3–3–7）。

表3–3–7 《化学鉴原》增补插图与*Inorganic and Organic*插图对照表

《化学鉴原》增补插图	*Inorganic and Organic*	
	对应插图	所在小节
第一百二十	Fig. 229	第212小节
第一百二十一至第一百二十五	Fig. 230—234	第214小节
第一百二十六至第一百二十九	没有对应插图	
第一百三十	Fig. 235	第215小节
第一百三十一	Fig. 236	第216小节
第一百三十二	Fig. 237	第217小节

②增补正文的来源

首先,《化学鉴原》卷五（上）共有19小节，比底本多出10个小节。除了第294节“贱金”是译者概括的内容之外，其余9个增补小节中有8个小节都在*Inorganic and Organic*找到了对应内容（表3–3–8）。[①]

① 《化学鉴原》第303节“铁养炭养”在*Inorganic and Organic*中没有对应内容。

表 3-3-8 《化学鉴原》卷五（上）与 *Inorganic and Organic* 的内容对应表

《化学鉴原》卷五（上）中的小节	*Inorganic and Organic* 铁元素部分	
	对应小节	对应情况
296. 形性	218. Chemical Properties of Iron	缺少铁的物理特性介绍
303. 铁养炭养	没有对应小节	
305. 铁与绿气之质	221. Perchloride of Iron	内容一致
307. 铁之用	211. Metallurgy of Iron	内容一致
308. 英国炼泥铁矿法	212. English Process of Smelting Clay Iron-stone	内容一致
309. 生铁	213. Cast-Iron···	内容一致
310. 熟铁	214. In Order to Convert Cast-Iron into Bar–Iron···	内容一致
311. 钢	215. Steel···	表格 "Tempering of Steel" 中缺少 3 项内容 *
312. 熟铁之法	216. Direct Extraction of Wrought-Iron from the Ore 217. Extraction of Iron on the Small Scall	内容一致

* 缺少的三项内容是"锁镄""刺刀与细锯并针""锯"。

此外，我们发现《化学鉴原》增补内容中的个别物理常数前后不一致。如第 296 节"形性"的开篇部分，介绍了铁的物理特性，其中包括铁的比重是 7.8（增补自其他著作），然而在第 307 节"铁之用"中，又有"重率与水相较若一〇与七七"，即铁的比重为 7.7（与 *Inorganic and Organic* 一致）。一本书中铁的比重就有两种数值，由此也可佐证《化学鉴原》在翻译时参照了不同的化学书籍。

其次，《化学鉴原》第 306 节"铁矿"介绍的 8 种铁矿石（比底本多 5 种）与 *Inorganic and Organic* 第 210 小节介绍的 8 种铁矿石基本相同，具体对应情况如表 3-3-9 所示。

表 3-3-9 《化学鉴原》第 306 节"铁矿"与 *Chemistry* 与 *Inorganic and Organic* 相应小节对照表

《化学鉴原》第 306 节"铁矿"	*Chemistry* 第 571 节 "Ores of Iron"	*Inorganic and Organic* 第 210 节
黑铁矿	1. The Magnetic，or Black Oxyd	Magnetic Iron Ore（成分，铁砂的介绍）

续表

《化学鉴原》第306节"铁矿"	*Chemistry* 第571节 "Ores of Iron"	*Inorganic and Organic* 第210节
红铁矿	2. The Specular Iron，or Red Iron Ore	Red Haematite（镕炼，含铁量）
*镜面铁矿	没有对应的内容	Specular Iron Ore
*棕色铁矿	没有对应的内容	Brown Haematite
*炭养铁矿	没有对应的内容	Spathic Iron Ore
泥铁矿	3. Clay-Iron Stone	Clay Iron-Stone（产地，含铁量）
*黑层铁矿	没有对应的内容	Blackband
*硫铁矿	没有对应的内容	Iron Pyrites

从表3-3-9中可以看出，第306节增补的5种铁矿（表中有*标记部分），在 *Inorganic and Organic* 第210节都有对应内容。且另外3种铁矿（表中无*标记部分）中增补的知识点也能在 *Inorganic and Organic* 中找到对应内容（表中括号部分）。因此，《化学鉴原》第306节"铁矿"是译者在 *Chemistry* 基础上参照了 *Inorganic and Organic* 增补而成的。

综上所述，通过内容的对照发现，除了4幅增补插图以及1个增补小节等少量内容，《化学鉴原》卷五（上）增补内容大部分在 *Inorganic and Organic*（1867年版）中都有对应内容。*Inorganic and Organic* 的第2版是在1872年出版的，而《化学鉴原》的刊行时间是1871年，因此排除参照新版本的可能性。

（3）《化学鉴原》增补内容与《化学鉴原补编》

《补编》译自1867版 *Inorganic and Organic* 的无机化学部分（第1—415页）①，1882年江南制造局出版。② 全书共六卷，附录一卷。该书以介绍64种元素及其化合物为主，内容比《化学鉴原》更为详细，书中还增补了1875年发现的镓元素。

上述研究表明，《化学鉴原》的增补内容大部分在 *Inorganic and Organic*（1867）中有对应内容，但在《补编》中只能找到较少的对应部分。

①更新的元素对照

由于《化学鉴原》"中西名元素对照表"已经介绍了64种元素的英文名称及元素符号（包括增补的4种元素的英文名称及元素符号，铜、鍃、铁、钨的英文

① BENNETT A A. John Fryer：The Introduction of Western Science and Technology into Nineteenth-Century China［M］. Massachusetts：The East Asian Research Center Harvard University，1967：86.

② 王扬宗. 江南制造局翻译书目新考［J］. 中国科技史料，1995，16（2）：3-18.

名称以及錸的元素符号），《补编》只翻译了底本 *Inorganic and Organic* 中元素的分剂数，而元素的英文名称及元素符号没有再出现，说明《化学鉴原》增补的内容直接来自 *Inorganic and Organic*。

②正文增补内容对照

Inorganic and Organic 铁元素部分共有 13 个小节（第 210—222 节），《化学鉴原》翻译了其中的 9 个小节（表 3–3–8），《补编》翻译了 6 个小节（表 3–3–10），二者相重复的部分有 3 个小节，对应 *Inorganic and Organic* 的第 211、第 218、第 221 节，如表 3–3–11 所示。《化学鉴原》中翻译的另外 6 个小节（底本的 212—217 节），内容较为详尽，《补编》没有再次提及。而底本的第 210、第 219、第 220 小节，《化学鉴原》没有翻译，《补编》则完整翻译了这部分内容。这种内容上的互补体现了“补编”之意，也说明《化学鉴原》这部分增补内容直接来源于 *Inorganic and Organic*。

表 3–3–10 《补编》与 *Inorganic and Organic* 铁元素部分对应关系表

《补编》卷五中的小节	*Inorganic and Organic* 对应小节
铁	210. Iron
炼铁之理	211. Metallurgy of Iron
铁之形性	218. Chemical Properties of Iron
铁与氧合成之质	219. Oxides of Iron
铁$_{二}$氧$_{三}$	
二铁$_{二}$氧$_{三}$三轻养	
吸铁矿	
铁氧$_{三}$	
铁氧硫养$_{三}$	220. Protosulphate of Iron
铁$_{二}$氯$_{三}$	221. Perchloride of Iron

表 3–3–11 《化学鉴原》卷五（上）与《补编》重复小节对应表

《化学鉴原》卷五（上）	《补编》重复小节	*Inorganic and Organic* 对应小节
296. 形性*	铁之形性	218. Chemical Properties of Iron
305. 铁与绿气之质	铁$_{二}$氯$_{三}$	221. Perchloride of Iron
307. 铁之用	炼铁之理	211. Metallurgy of Iron

* 开篇铁的物理特性介绍在 *Inorganic and Organic* 中没有对应内容，对应部分从“遇燥空气不改变”开始。

c. 译文对照

上述对比研究表明,《化学鉴原》与《补编》有重复内容，而且重复部分应均源自 *Inorganic and Organic*。下面以《化学鉴原》和《补编》对应的同一段原文为例，说明二者的译文差异。

Inorganic and Organic 第 211 节“Metallurgy of iron”中的一段：

Although possessing nearly twice as great tenacity or strength as the strongest of the other metals commonly used in the metallic state，it is yet one of the lightest，its specific gravity being only 7.7，and is therefore particularly well adapted for the construction of bridges and large edifices，as well as for ships and carriages. It is the least yielding or malleable of the metals in common use，and can therefore be relied upon for affording a rigid support；and yet its ductility，when heated，is such that it admits of being rolled into the thinnest sheets and drawn into the finest wire，the strength of which is so great that a wire of 1/10th inch in diameter is able to sustain 705 pounds，while a similar wire of copper，which stands next in order of tenacity，will not support more than 385 pounds.

《补编》“炼铁之理”中的对应翻译：

能任之牵力极大，而重率则小，不过七 . 七，故造桥造船为最便质，既坚硬难令其变形，故以抵托重物为最稳，加热则易于引长，与扎薄又可抽成极细之丝。若论牵力，则丝径十分寸之一，能悬七百〇五磅之重而不断，铁丝之外铜丝亦牢，同径之丝能任三百八十五磅。

《化学鉴原》第 307 节“铁之用”中的对应翻译：

其重率以水相较，若一〇与七七，于重金内为略轻，而坚固则远胜别金焉，所以房屋车船桥梁之类皆宜之，其性足以任重也。热时可引长打薄，故作极薄之皮、极细之丝，别金之所不及。铜丝虽韧，然径十分寸之一者，任牵力之断界，止得三百八十五磅，而同径之铁丝，断界得七百〇五磅。

这段内容介绍了铁的比重、用途、韧性等，且其中的物理常数完全一致，两段译文虽然在行文上不尽相同，但应出自同一原文。相对而言,《补编》在翻译上更加贴近原文,《化学鉴原》则略有出入。同一英文段落的不同译文也说明《化学鉴原》增补的内容直接来自 *Inorganic and Organic*。

需要补充说明的是,《化学鉴原》与《补编》除了互补性，在内容上还具有一定的统一性。

首先，两书都以“分剂数”这一概念表示元素的相对质量。

Inorganic and Organic 铁元素部分共 13 小节，其中 12 小节或由《化学鉴原》增补，或由《补编》翻译，只有第 222 节“Equivalent and Atomic Weights of Iron”二部著作均没有翻译。该节主要介绍了铁元素的分剂数与原子量，以及采用原子量时原子式的书写形式等。也就是说这里已经引入了新的表示元素质量的方法——原子量。也许是为了与《化学鉴原》表示元素质量的方式保持一致，《补编》没有翻译这部分内容，而是沿用了“分剂数”这个概念。但是考虑到后续新知识的接受与传播，译者又在《补编》附卷中补充了分剂数与原子量之间的区别及换算。①

其次，两书中元素的分剂数数值尽可能保持统一。

《补编》中除了矽元素的分剂数与底本 *Inorganic and Organic* 不同，其余都完全相同。《补编》中矽元素的分剂数是 21，底本 *Inorganic and Organic* 中是 14，相差甚远，但与《化学鉴原》21.3 较为接近。由此推测，译者翻译《补编》时虽然大部分剂数采用了底本 *Inorganic and Organic* 的数值，但这些数值与《化学鉴原》的差异不大，如磷、钾、锰、铋（表 3-3-5）；而对于分剂数差异很大的矽元素而言，为了前后译著中元素分剂数尽可能统一，《补编》使用了与《化学鉴原》较接近的数值。

上述《化学鉴原》与《补编》在某些重要概念及化学常数上尽可能保持一致的思想也反应在后续编著的《化学材料中西名目表》② 中。该书序言指出：“后虽新法 ③ 盛行，而本局已刻化学诸书，均依旧法 ④。如今改用新法，则前后不应。恐误学者，故仍前分剂，以归一律。”

总之，1869 年傅兰雅和徐寿开始翻译《化学鉴原》时，正值化学界新旧交替之时，知识更新十分迅速，作为底本的 *Chemistry*（1858 年版）在内容上已显陈旧，因此两人在翻译过程中不得不参照 *Inorganic and Organic* 等化学书籍来补充新的知识。这也能很好地解释为什么在翻译有机化学部分时，译者没有选择 1858 年版 *Chemistry* 继续翻译，而是选择了 1867 年版的 *Inorganic and Organic* 作为新的底本。

---

① 《补编》附卷以“重分剂”指代前六卷中的分剂数，以“体分剂”指代原子量。

② 徐寿，傅兰雅．化学材料中西名目表［M］．上海：江南机器制造总局，1883：1.

③ 新法即“atomic weights”，原子量。

④ 旧法即“equivalents”，《化学鉴原》将其译作“分剂”，指当量，但不确切，和原子量概念相混淆。

由此可以看出译者传播西方化学知识时的良苦用心。

通过文本的对比研究，我们发现《化学鉴原》有较多内容的增补与更新，而且大多来源于《补编》的底本 *Inorganic and Organic*；同时也发现《化学鉴原》与《补编》在某些内容上有统一性和互补性。

最后，还有两点需要说明。

第一，相对 *Chemistry* 而言，*Inorganic and Organic* 中的分剂数更接近于元素周期表。译者先前翻译《化学鉴原》时，其分剂数虽然参照了 *Inorganic and Organic*，但是仍以 *Chemistry* 中的数据为主。为何只是部分参照？选择标准又是什么？这些问题有待进一步讨论。

第二，《化学鉴原》铁元素部分增补了 13 幅插图，尽管对应的正文增补内容主要来源于 *Inorganic and Organic*，但其中 4 幅插图并没有找到相应出处。对照增补内容与 *Inorganic and Organic* 可发现，表“Composition of Cast-Iron”标有“Compiled from *Percy on Iron and Steel*”的脚注[①]，即原英文表格汇编自 *Percy on Iron and Steel*。在傅兰雅 1868 年的订书单中[②]，查到了 *Percy's Metallurgy*（3 Vols.）的记录，据此推测此 4 幅插图或许来源于 *Percy's Metallurgy*。由于尚未找到原本进行对照，该观点有待进一步考证。

《化学鉴原》作为引进西方近代化学的早期译著，在翻译过程中面临着巨大的挑战。一方面，新知识以前从未接触过；另一方面，很多内容如元素、化合物、分子式、化学方程式等是第一次用中文表达。在这种情况下译书，难度可想而知。

众所周知，徐寿与傅兰雅在西学东渐过程中译述颇丰。据《清史稿》记载，“徐寿译述……刊行者凡十三种，《西艺知新》《化学鉴原》二书，尤称善本”[③]。13 部著作中化学著作占一半左右。而《化学鉴原》是徐寿的第一部化学译著。《化学鉴原》的原作者韦尔司是一位化学教育家，《化学鉴原》原本不是一部名著。除此之外，其他化学著作原本也都是久享盛誉、流传很广的名著，其原作者均系有相

---

① WELLS D A. Wells' s Natural Philosophy [M]. New York, Chicago: Ivison, Blakeman, Taylor & Co, 1863: 307.

② BENNETT A A. John Fryer: The Introduction of Western Science and Technology into Nineteenth-Century China [M]. Massechusetts: The East Asian Research Center Harvard University, 1967: 74.

③ 杨根. 徐寿和中国近代化学史 [M]. 北京：科学技术文献出版社，1986：358–359.

当成就的化学家。[①] 尽管与当时西方化学相比之下，*Chemistry* 中的知识略显陈旧，与当时国际上的化学水平相比还存在一定差距，但是，通过我们的对比研究发现，在徐寿和傅兰雅的努力下，《化学鉴原》在底本的基础上通过增补与更新，还是较大程度地译介了西方化学较为先进的化学知识。作为一部译著，《化学鉴原》更新、增补的内容之多是不多见的。

就元素命名而言，不少研究已有深入讨论。这里想强调的一点是，*Chemistry* 中元素的命名叙述得很简单，只有两句话，介绍了早期知道的一些元素的名称，如 Iron（Ferrum），Gold（Aurum），Copper（Cuprum），Mercury（Hydragyrum）等；另外，举例说明了当时研究发现的一些元素名称的希腊语来源。但是化学元素作为一种新知识，首次用汉语表达，“西国质名字多音繁，翻译华文，不能尽叶”，译者独创了以西文首音或次音译元素名的造字法，并根据当时的情况详细介绍了不同情况下的化学元素的定名方法，如“古昔已有者”，“古无今有者”，“昔人所译而合宜者”，等等。译著内容具体、丰富，尤其是译者首创的化学元素的造字法有很强的操作性，“64 种元素名称中，共确定了 44 种，占 69%；又有 10 种经改造而被采用，占 16%”[②]。这种定名方法对当时西方化学的翻译与传播，以及后期化学的发展，贡献是不言而喻的。

至于化合物（杂质）的命名以及酸、碱、盐的知识译介，国内学者也有一些讨论，如学者认为：“《鉴原》中称碱为本质之一种，酸为配质之一种，‘本与配化合之杂质，谓之盐类’。并说‘酸与碱可用石蕊试之’。”[③] 此文作者深感这部分内容的不足。又如：“‘杂质（化合物）之名，则连书原质（元素）之名。’这种译名实际上形同化学式或分子式，等于没译。对于缺乏化学知识的人来说，这种译名全然不知所云，与能反映化合物的大致类别、性质的西文原名有云泥之别。”[④] 本书的研究发现，*Chemistry* 中用大量的西文构词法对酸、碱、盐进行命名与分类，并指出了不同类别的化学性质及其规律。《化学鉴原》几乎没有翻译这部分内容，造成大量信息流失。这种删减一方面是翻译的无奈之举，另一方面也可以看到译者对这部分知识的重要性认识不足。

---

① 李亚东. 徐寿所译化学著作的原本［J］. 化学通报，1985（3）：52–55.

② 张青莲. 徐寿与《化学鉴原》［J］. 中国科技史料，1985（4）：54–56.

③ 张子高，杨根. 从《化学初阶》和《化学鉴原》看我国早期翻译的化学书籍和化学名词［J］. 自然科学史研究，1982（4）：349–355.

④ 王扬宗. 清末益智书会统一科技术语工作述评［J］. 中国科技史料，1991（2）：9–19.

《化学鉴原》在篇章、结构、知识分类及其内在联系上对 *Chemistry* 有较多的调整。调整后的《化学鉴原》某种程度上弱化了 *Chemistry* 中的知识分类体系，这一点对于西方化学知识体系的传播会产生影响。

删述是晚清科学译著的一种普遍的翻译方法，大部分删述语言精练、表达完整准确。但是在删述过程中不可避免地会损失一些重要信息。《化学鉴原》对 *Chemistry* 中关于酸、碱、盐等化合物的分类及命名方法的删减，对于理解西方化学知识体系及其原则、方法、规律性，会有影响。翻译中对概念的忽视也体现了这一点。

总之,《化学鉴原》在翻译原文的基础上增补了西方较新的化学知识，其内容简明易懂，能够适应当时国人的需要，并弥补了底本的某些不足，对于晚清时期西方化学的传播起到了重要作用。通过《化学鉴原》与底本的对照研究，我们看到了傅兰雅与徐寿译书时的用心良苦、精益求精，这些都是值得令人敬仰和学习的地方。但是从西方化学知识体系及其内在的逻辑联系、理论、方法等方面的译介来看，翻译略显不足。

二、《几何原本》的删减与增补①

汉译《几何原本》后九卷与底本的差异体现在各自的结构，以及定义、命题和证明的数目上。

1.《几何原本》后九卷翻译中的删减

从两书的结构上来看，汉译本不仅省略了底本中的序言和第十六卷，对于底本中每卷卷首的概述、书中有关定义的大量注释和后人增补的内容也都没有翻译；同时删除了底本中的注释、意思相近的内容、比林斯利增补的内容（底本中包含了比林斯利增加的导言，一些数学家如阿波罗尼乌斯、坎帕努斯、迪伊、普罗克洛斯正确的推论，评述、讨论，以及对命题的另外一种证明方法）、命题的题头的表述等。另外，两书虽然在定义、命题和证明的内容上基本相同，但也存有差异。这些差异可以直观地反映在两书的定义、命题及系论的数目上，详见表 3–3–12。

① 李民芬. 关于李善兰翻译《几何原本》的研究［D］. 呼和浩特：内蒙古师范大学，2013. 此文为本项目研究成果之一。

表 3-3-12 《几何原本》底本和汉译本后九卷每卷定义、命题及系论的数目对比

卷数	分类	*The Elements*	《几何原本》
第七卷	定义（Definition）	23	22
	公论（Common sentences）	7	0
	命题（Proposition）	41	41
	系论（Corollary）	6	3
第八卷	命题（Proposition）	27	27
	系论（Corollary）	5	1
第九卷	命题（Proposition）	51	36
	系论（Corollary）	3	0
第十卷	定义（Definition）	11+6+6	11+6+6
	命题（Proposition）	47+37+32	47+37+31
	系论（Corollary）	15+4+3	3+1+0
第十一卷	定义（Definition）	25	29
	命题（Proposition）	40	40
	系论（Corollary）	17	2
第十二卷	命题（Proposition）	17	18
	系论（Corollary）	25	5
第十三卷	命题（Proposition）	18	18
	系论（Corollary）	27	3
第十四卷	命题（Proposition）	4	7
	系论（Corollary）	1	1
第十五卷	定义（Definition）	2	0
	命题（Proposition）	21	7
	系论（Corollary）	20	0

从表 3-3-12 中可以看出，底本和汉译本在定义、命题或推论的数目上有较大差异。造成差别的原因是李善兰和伟烈亚力在翻译的过程中，对于相同内容只取其一，且底本中有关后人增补的内容全部删除，以至于汉译本中同一部分的定义、命题数目较少；而汉译本中定义、命题等数目比底本多的部分，则是译者根据该部分内容的难易程度将其拆分的结果。底本与汉译本的具体差异如下：

第一，注释。底本中关于定义的部分涉及了大量的注释内容，而这些注释在汉译本中都没有翻译。

例如，底本中第七卷的第五个命题及其注释：

命题：

5. Multiplex is a greater number in comparison of the lesser, when the lesser measured the greater.

注释：

As 9 compared to 3 is multiplex, the number 9 is greater then the number 3. And moreover 3 the lesser number measured 9 the greater number. For 3 taken certain times, namely, 3times made 9. Three times three is 9. For the more ample and full knowledge of definition, read what is said in the explanation of the second definition of the 5book, where multiplex is sufficiently entreated of with all his kindes. ①

这是关于倍数的定义及其注释。命题的意思是当小数能量尽大数时，大数为小数的倍数。注释是和这个定义相对应的一个例子，即通过 9 和 3 这一对数说明倍数的定义。这个定义在汉译本中只翻译成："第五界　若小数能度大数者，则大为小之几倍。" ② 汉译本对"注释"中的例子只字未提。

第二，意思相近的内容。底本中给出的有些定义是意思相近的，李善兰翻译时只取其一，省略其他。

例如底本中第七卷第九个定义为：

A number evenly odd (called in latine partier impar) is that which an even number measured by an odd number.（偶倍奇数是用一个奇数量尽它得偶数的数。）③

第十个定义：

A number oddly even (called in latine impartier par) is that which an odde number measured by an even number."（奇倍偶数是用一个偶数量尽它得奇数的数。）④

这两个定义意思相近，汉译本中翻译了第十个定义，省略了第九个。

第三，比林斯利增补的内容。底本中包含了比林斯利增加的导言、一些数学家如阿波罗尼乌斯、坎帕努斯、迪伊、普罗克洛斯正确的推论、评述、讨论，以及对命题的另外一种证明方法，这些内容在汉译本中全部省略掉了。

---

① BILLINGSLEY H. The Elements of Geometrie of the Most Auncient Philosopher Euclide of Megara［M］. London（Publisher unknown），1570.

② 欧几里得. 几何原本［M］. 伟烈亚力，口译. 李善兰，笔述. 南京：金陵书局，1866.

③ BILLINGSLEY H. The Elements of Geometrie of the Most Auncient Philosopher Euclide of Megara［M］.London（Publisher unknown），1570.

④ 同上。

例如，底本第七卷中第三十五个命题后附加了坎帕努斯的推论：

A Corollary

Hereby it is manifest that the greatest common measure to numbers how many soever: measured the said numbers by the numbers in the least proportion that the numbers geuen are.①

这是一个求最大公约数的方法，而在汉译本中却没有翻译。

又如，底本第七卷定义后有坎帕努斯和另外一位数学家得出的和数论知识相关的七条常识（common sentences），这些内容在英译本中给出了详细的介绍和注释，在汉译本中也没有翻译。例如，

第一个常识：

The lesse part is that which bath the greater denomination: and the greater part is that, which bath the lesse denomination.②

注释：

As the number 6 and 8 are either of them a part of the number 24: 6 is a fourth part, 4 times 6 is 24; and 8 is a third part , 3 times 8 is 24. Now forasmuch as 4 (which denominateth what part 6 is of 24) is greater then 3 (which denominateth what part 8 is of 24, therefore is 6 a lesse part of 24, then is 8 and so is 8 a greater part of 24 the 6 is. And so in others.③

这部分的主要内容是：分子相同，则分母大的数较小，分母小的数较大。注释中举了一个 6 和 8 的例子。当分子都为 24 时，分母为 4，得到 6；分母为 3，得到 8。4 大于 3，所以 6 较小，8 较大。这个我们现在看来简单易懂的常识，在汉译本中没有翻译。

第四，命题的题头表述。底本中每一个命题的题头都是两种说法，而汉译本中，只有一个题头，都是以“第 X 题”来叙述的。

例如，底本第七卷命题一的题头是“The first Proposition”和“The first Theorem”④，汉译本中命题一的题头是“第一题”，但是底本中不同的题头在汉译本的命题证明

① BILLINGSLEY H. The Elements of Geometrie of the Most Auncient Philosopher Euclide of Megara［M］. London（Publisher unknown），1570.

② 同上。

③ 同上。

④ 同上。

中有不同的体现。如果命题的题头带有“Theorem”，则汉译本以“解曰……论曰”展开；如果命题的题头带有“problem”，汉译本以“法曰”展开。从这一点上可以看出译者遵循了徐光启翻译《几何原本》前六卷时的体例。

第五，烦琐复杂的说法。底本中对于有些定义和命题的叙述，较为烦琐复杂。李善兰在翻译内容时，不是逐字翻译，而是通过自己的理解，适当删除重复的或解释性内容，使得定义、命题简洁明了。

例如：底本中第九卷第八个命题：

If from unit there be numbers in continual proportion how many soever: the third number from unit is a square number，and so are all forward leaving one between. And the fourth number is a cube number，and so are all forward leaving two between. And the seventh is both a cube number and also a square number，and so are all forward leaving five between. ①

直译为：

如果从单位开始任意给定成连比例的若干个数，那么由单位起的第三个数是平方数，且以后每隔一个就是平方数；第四个是立方数，以后每隔两个就是立方数；第七个既是立方数又是平方数，且以后每隔五个既是立方数又是平方数。②

李善兰在翻译过程中根据自己的理解，找出规律，将命题简述为：

从一起，有若干连比例率，则每间一率为平方数，每间二率为立方数，每间五率为平方数，亦为立方术。③

2.《几何原本》后九卷中增加的内容

（1）李善兰在翻译的过程中，对于一些需要说明的内容，会在卷首详述。

例如，在第十四卷卷首，李善兰增加了一些对本卷内容的说明，如图 3-3-4 所示。

此下两卷，乃后人所续，或言出亚力山太虚西格里手，卷首列书一通，有复以仆所撰者寄呈左右云云，而书不署名，究不知是虚西氏否也。④

① BILLINGSLEY H. The Elements of Geometrie of the Most Auncient Philosopher Euclide of Megara［M］. London（Publisher unknown），1570.

② 欧几里得. 几何原本［M］. 兰纪正，朱恩宽，译. 西安：陕西科学技术出版社，1990.

③ 欧几里得 . 几何原本［M］. 伟烈亚力，口译. 李善兰，笔述. 南京：金陵书局，1866.

④ 同上。

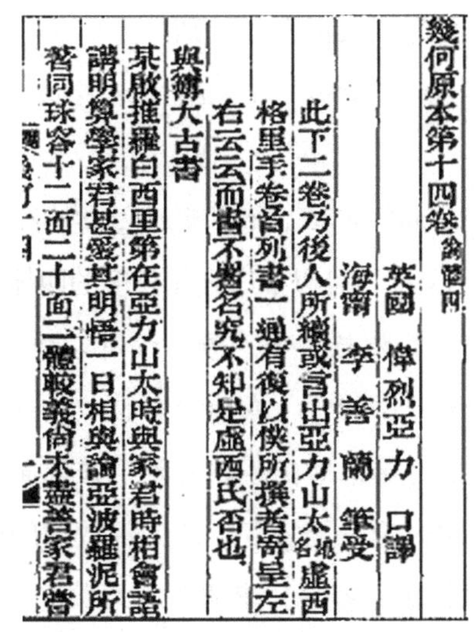

幾何原本第十四卷論體四

英國 偉烈亞力 口譯

海甯 李善蘭 筆受

此下二卷乃後人所續或言出亞力山太名埠虛西

格里手卷首列書一通有復以僕所撰者寄呈左

右云云而書不署名究不知是虛西氏否也

與薄大古書

某啟推羅白西里第在亞力山太時與家君時相會語

講明算學家君甚愛其明悟一日相與論亞波羅泥所

著同球容十二面二十面二體較幾何未盡善家君嘗

图 3-3-4 《几何原本》第十四卷卷首

（2）对于一些难以理解的命题证明，李善兰在翻译过程中增补了一些解释，以“善兰案”的形式出现。

例如：在第十二卷中，第 1 题的证明要用到第十卷第 1 题的结论，故李善兰将第十卷第 1 题放在第十二卷卷首，后面以“善兰案”的形式加以说明：

善兰案，此条即十卷一题，西国不足本或掣去七八九十四卷，而本卷中有引此条处，故改其题为例列于首，不知何时复阑入足本中，今姑仍其书。①

（3）李善兰在翻译命题的证明过程中，有时还会根据所翻译的内容即兴发挥，将此内容进行推广，由此可见他数学功底之深厚。

例如，李善兰在翻译第十卷第 117 题“凡正方形之边与对角线无等”及其证明后，将无公度的线段推广到无公度的面积，再由无公度的面积推广到无公度的两体积。

其中将无公度的线段推广到无公度的面积，李善兰案曰：

凡求得无等二线，如甲乙，必得其外无等诸面，如以丙线为甲乙连比例中率，则甲与乙比若甲丙线上二相似等势形比。形无论或方、或矩形、或以二线为径而作圆，凡二圆相比，如径上二正方相比。故求等无等二线，必可得无等诸面。②

这段话中的数学内容，用现在的数学语言可描述为：设 a 与 b 是无公度二线，c 为 a，b 的比例中项，则以 a 或 b 组成的平面和以 c 组成的相似平面，仍为无公

① 欧几里得．几何原本［M］．伟烈亚力，口译．李善兰，笔述．南京：金陵书局，1866.

② 同上。

度的平面。例如组成的平面为圆或正方形，则

$$\pi a^2 : \pi c^2 = a^2 : c^2 = a^2 : ab = a : b$$

或

$$\pi c^2 : \pi b^2 = c^2 : b^2 = a : b$$

因为 a 与 b 无公度，故 πa^2 与 πc^2，πc^2 与 πb^2，a^2 与 c^2，c^2 与 b^2 亦无公度。

同样，如已知两面积无公度，可以推广到无公度的两体积。因此，李善兰又案：

有两面，准前案，即知其相与有等无等。设有二体，欲知其相与或有等或无等，于甲乙二线上，作相似等高诸体，或为平行棱体，或为椎体，则其相与之比，如底面之比。其底面相与若有等，则其体亦有等；若无等，则其体亦无等。①

这在中国数学史上首次讨论了无公度，即无理数的问题。②

（4）为了使读者理解起来更容易，李善兰在翻译过程中将原文中比较长、难懂的定义分成了若干个小定义。

例如，第十一卷第十七个定义：

The axe of a cone is that line，which abideth fixed，about which the triangle is moved. And the base of the cone is the circle which is described by the right line which is moved about.③

这里包括“圆锥的轴”和“圆锥的底”两个概念：直角三角形绕成圆锥时，不动的那条直角边，称为圆锥的轴；三角形的另一边经旋转后所成的圆面，称为圆锥的底。英译本中放在一个定义中叙述（图 3–3–5），而汉译本则拆分成两个定义（图 3–3–6）：

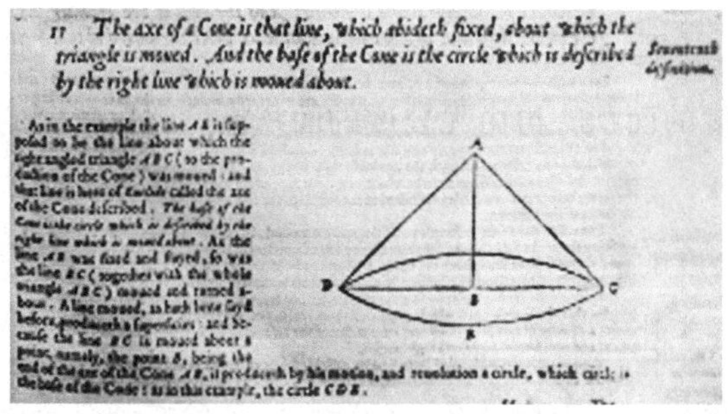
17 The axe of a Cone is that line, which abideth fixed, about which the triangle is moved. And the base of the Cone is the circle which is described by the right line which is moved about.

图 3-3-5 *The Elements* 第十一卷第十七个定义

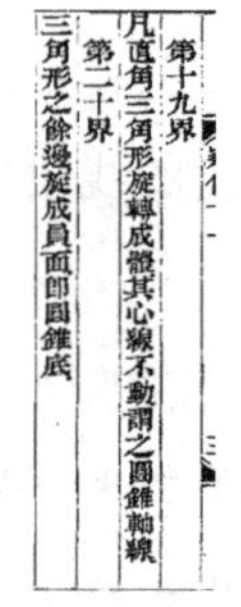
第十九界
凡直角三角形旋轉成體其心綫不動謂之圓錐軸綫
第二十界
三角形之餘邊旋成員面即圓錐底

图 3-3-6 《几何原本》第十一卷第十九、二十个定义

① 欧几里得. 几何原本［M］. 伟烈亚力，口译. 李善兰，笔述. 南京：金陵书局，1866.

② 王渝生. 几何原本题要［M］// 莫德，朱恩宽. 欧几里得几何原本研究论文集. 呼伦贝尔：内蒙古文化出版社，2006：200–208.

③ BILLINGSLEY H. The Elements of Geometrie of the Most Auncient Philosopher Euclide of Megara［M］. London（Publisher unknown），1570.

第十九界　凡直角三角形旋转成体，其心线不动，谓之圆锥轴线。

第二十界　三角形之余边，旋成圆面，即圆锥底。①

通过以上对 *The Elements* 与《几何原本》后九卷在结构和内容上的比较，我们发现这两个版本在定义、命题和证明的内容上基本相似，但也存在着一些差异，主要表现在：结构上，省略序言及第十六卷；具体内容上，翻译过程中省略了大量的注释和比林斯利增补的内容，同时还在命题中补充了一些相关的数学内容。在这些差异中，又以省略注释和比林斯利增补的内容表现最为明显。分析这些差异，不难看出，李善兰和伟烈亚力在翻译过程中是有一些翻译原则的：

第一，对于内容相近的，只取其一。

第二，对于比林斯利增补的内容一概不译。

第三，简化繁冗复杂的说法。

第四，遵循前六卷的体例，定义 = 界说，命题 = 题。

笔者猜测产生这些差异的原因有：

第一，由于比林斯利在英译本的序中提到，定义中的注释、一些其他数学家的结论、每卷内容前的概述，都是他在欧几里得《几何原本》内容的基础上附加上去的，所以李善兰和伟烈亚力在翻译的过程中省略这部分内容是想保持欧几里得《几何原本》的原貌。

第二，由于前六卷在翻译过程中，对于大量注释内容采取不予翻译的态度，所以后九卷省略注释也许也是为了和徐光启、利玛窦翻译的前六卷保持体例一致。

第三，英译本中定义和命题有大量的注释、图释，有的还配有纸制的立体模型，这和它作为教科书是密不可分的。由于该书的读者群体是学生，所以书中的这些内容有助于读者对定义和命题的理解。汉译本中将这些内容省略，也许是李善兰在翻译时没有考虑到《几何原本》后九卷日后的读者群体具有怎样的知识结构，而他本身又是知识渊博的大数学家，他觉得原著中的定义和命题对他而言都很简单、很容易理解，所以没必要加以注释、图释甚至立体模型来说明。

第四，英译本的内容非常丰富，篇幅宏大。全书共 463 页，后九卷的内容有 266 页，李善兰和伟烈亚力在翻译过程中限于篇幅，不得不删除一部分内容。

① 欧几里得．几何原本［M］．伟烈亚力，口译．李善兰，笔述．南京：金陵书局，1866.

三、《开煤要法》翻译中的删减与增补

《开煤要法》的内容与英文底本相比，除本章第一节所讨论的差异，也有不少其他方面的不同之处，接下来将着重从内容方面来考虑底本译本的翻译变化。

既然前述目录有增删合并的情况存在，那么在内容方面必然有所增减。本文通过对《开煤要法》及其英文底本的逐句对比研究，发现：①《开煤要法》在内容方面对中国产煤地的介绍与英文底本并不一致，增加了对中国很多产煤地的介绍，并删除了对南半球地区如巴西等地的介绍；②《开煤要法》中的插图相比于英文底本来说，大部分的图注内容有删减；③增加了前七幅插图，英文底本中并未出现这七幅插图。前述三种情况将在后文加以考察。除了上述三种情况，还有一种情况能够体现其特点，即是对于书中某些解释说明或者介绍其他人的研究成果的内容，《开煤要法》均未翻译。此处能体现出《开煤要法》的翻译过程重视技术而轻视理论介绍的特点。[①]

1. 增加的中国产煤地的情况及改动情况考察

《开煤要法》介绍中国产煤地，首先介绍了北京西山地区“京师西山素称产煤富有之地，今有西人前往考察，得所见闻随时记录，并寄至泰西各国，互相衡较，检曰甚佳。惟取煤各法未造精妙，恒费工多而得煤少。”[②]《开煤要法》指出，京师西山地区虽煤炭资源丰富，而且品质“甚佳”，但因采煤技术不先进，故费时费力但采得的煤炭较少。

然后该书介绍了沈阳、锦州到鸡鸣山一带，煤炭资源丰富，价格低廉。另外，山西、陕西两个省份，产煤最多，且有露天煤炭资源，这些地方的煤炭质量好，并且可将煤分为暗黑色煤和枯煤两种。山东地区的煤主要分为三大段，一段为长山孝妇河，一段为淄川、博山等处，还有一段位于沂州府。另外，该书介绍了南京、上海等地的产煤情况。值得注意的是，英文底本也记载了中国产煤地是浙江金华，且指出此处产煤质量较好，《开煤要法》也翻译了这一段内容。

在英文底本中的介绍如下：

In the prefecture of King-hua，W. S. W. of Ningpo，and near the town of E-u，coal-pits are described by the Rev. B. Cobbold，which have been opened upon seams of a

① 此处例证较为庞杂，如英文底本 *A Treatise On Coal and Coal Mining* 129 页的解释等，此处不再展开举例。

② 士密德. 开煤要法［M］. 傅兰雅，口译. 王德均，笔述. 上海：江南机器制造总局，1871：1.

bright non-bituminous coal. ①

另外，英文底本还介绍了扬子江地区产煤的情况

On the upper waters of the Yang-tse-kiang coal seams. crop out to the surface over a very large area, and are worked on a small scale by levels driven into the hills. ②

但《开煤要法》中对于扬子江地区产煤的情况如何，并未提及，仅提及南京地区的产煤状况与扬子江地区的产煤状况并不一致。此处的描述基本为长江中下游地区产煤情况的记载。

2.《开煤要法》插图与原著插图的对比

由于《开煤要法》的插图较多，且除前七图外基本能与英文底本的插图相对应，笔者通过研究发现，凡在英文底本原图中的名称和图注，在中文译本中均被删除，其中的英文字母用中国的天干地支表示法加以表示，此可为插图改动的证据。关于插图的改动问题，由于改动后的插图在《开煤要法》中出现时，所表示的关键信息均在正文部分可以体现，所以并不影响读图者的理解。但在研究《开煤要法》与英文底本的增删问题时，此插图图注的问题亦成为问题研究的一个方面。

3. 前七图的增加及其来源考订

《开煤要法》前七图在英文底本中并未发现。对于前七图来源的考证工作亦是重点。此处笔者的考证结果是，前七图为翻译时补画的部分。具体理由如下：

首先,《开煤要法》标注，前七幅图为芜湖人朱彝依内容所摹绘。其他插图的标注为某人“校字”等相关字样，在第一章节当中则标注为“芜湖朱彝摹绘”。此处的“摹绘”表示此图为当时《开煤要法》所用插图，并非原底本插图，或据底本或据其他内容进行绘制。

其次，根据中英文的文字内容提供的信息，足以做出示意图。笔者依据《开煤要法》及其英文底本的相关信息，针对其中的内容进行对比，发现根据中英文对照的文字信息，足以做出前七幅示意图。

最后,《开煤要法》的底本在后来的版本修订中补画了这七幅图，说明英文版本在修订过程中亦认为补画相关的示意图是必要的。

下面就相关内容与插图之间的关系做简要分析。《开煤要法》第一卷中，“土石内煤层如何布列论”中讲道：

---

① SMYTH W W. A Treatise On Coal and Coal Mining [M]. London: Strahan, 1867: 100.

② 同上。

凡产煤之地，无论地面平坦或凸或凹，其下各层煤平铺者少，或有一处稍平，相距未远，即不能平。又各层煤恒自下斜而向上，如第一图按角度而言，最小角度，自六度至八度，此寻常所遇者，或多自二十五度至三十度。亦有七十度至八十度者，然不常见。大约以下各层煤恒顺上层者平行。①

相关绘图如图 3-3-7 所示。

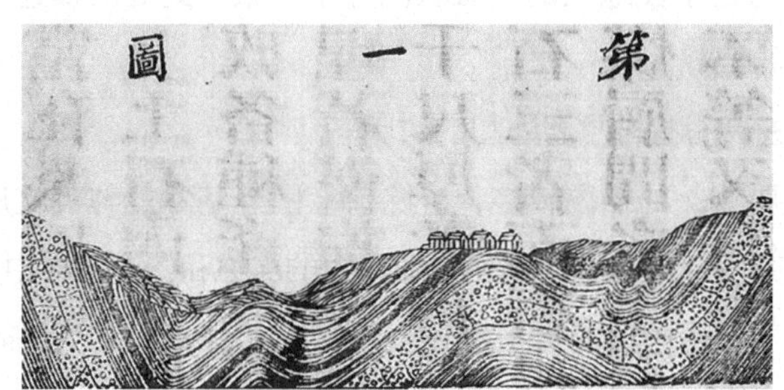

图 3-3-7 《开煤要法》第一图

而相关英文记载为：

Whatever may be the form of the surface of the ground, it rarely happens that the coal-measures under it, whether deep or shallow, lie in a flat position for more than a small distance. They are found to incline (dip or pitch) more or less regularly from the moderate angles of 6 or 8° to as much as 25 or 30°, a "sharp pitching," or even in exceptional cases to 70 or 80° (rearing or edge seams). Whatever happens in this way to one of the beds, the others are similarly affected, because the strata throughout this system or group are all conformable or parallel.②（无论何种地面形势，无论深浅，水平位置上的煤层分布都很少，它们一般会倾斜分布于 6~8 度到 25~30 度的地层之中。更为罕见的是角度更大的特殊情况下，煤层会分布在 70~80 度的断层边缘或接缝中。）

经比较原文和译文的描述，《开煤要法》第一图中所传达的地质信息亦可在底本的相关段落中体现，尤其是在倾斜角度方面和在对于平行地层的描述中，底本和译本所传递的信息完全一致。因此，《开煤要法》不仅准确翻译了底本中的对应内容，而且根据内容提供的信息补画了示意图（图 3-3-8 至图 3-3-11），补充了对示意图的说明，如“第一图按角度而言”。

① 士密德. 开煤要法［M］. 傅兰雅，口译. 王德均，笔述. 上海：江南机器制造总局. 1871：6-7.

② SMYTH W W. A Treatise On Coal and Coal Mining［M］. London：Strahan，1867：23.

接下来的第二至第六图中,《开煤要法》记载如下:

凡地内各层煤,既自下斜而向上,似可露出地面。缘年湮日久,积土深覆。遂至地面,不露煤迹。然则以何法察而知之。夫察煤必以地面形势为据。或河或溪,水性互循,煤层凹势而流,又如有极广产煤处,其外两界有亘古所生之石,则界内煤层,可易瞭然。设界内有多层新土石在煤层之上,而煤层向下甚斜,欲依煤层形势求之,作图最难。有煤层形势自上斜而向下,复由下斜而向上,曰仰月槽形,又自下斜而向上,复由上斜而向下,曰凸桥形,如第二图。有自四围向下,至中接成一片,曰碗形,如第三图。有层垒而向上,纹如衣褶,曰摺扇形,如第四图。其余各种异形,不可枚举,如第五图。大抵产煤之所。①

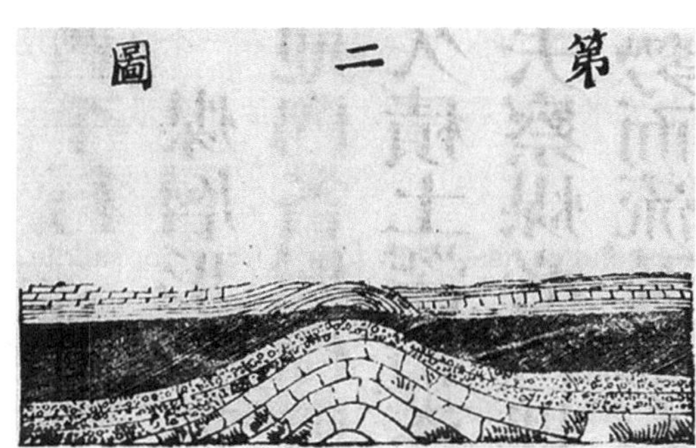

图 3-3-8 《开煤要法》第二图

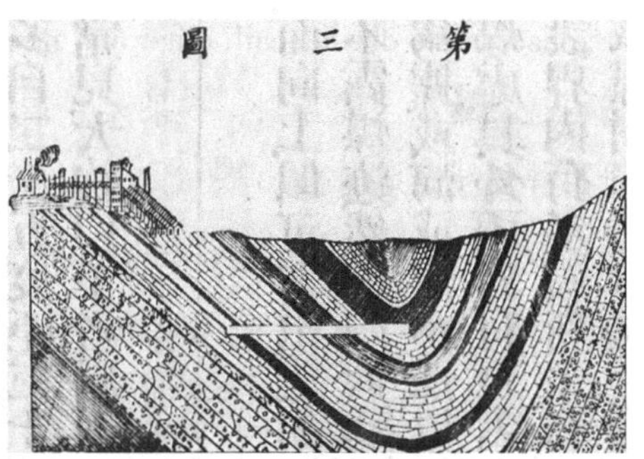

图 3-3-9 《开煤要法》第三图

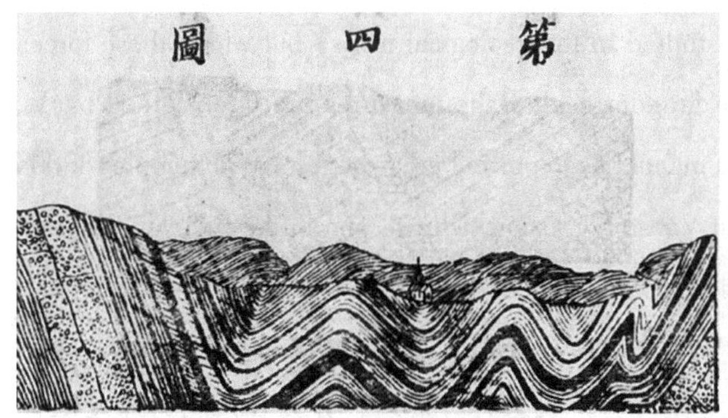

图 3-3-10 《开煤要法》第四图

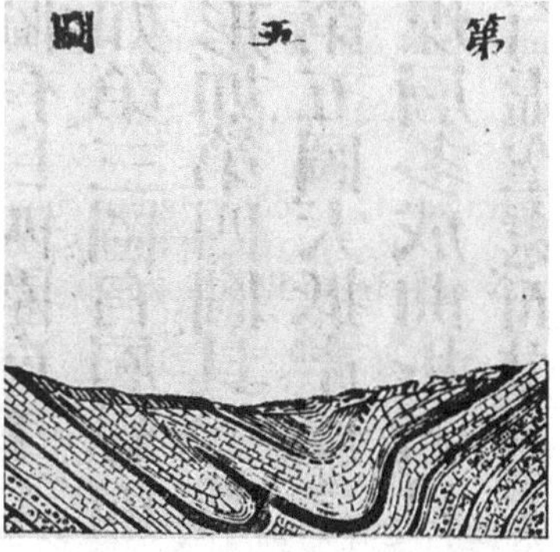

图 3-3-11 《开煤要法》第五图

在底本中,相关的介绍亦能从图片中体现,原文摘录分析如下:

The inclined position of the beds will necessarily bring them at some point or other to the surface, unless they are overlaid by some newer formation deposited unconformably

① 士密德. 开煤要法[M]. 傅兰雅,口译. 王德均,笔述. 上海:江南机器制造总局. 1871:7-8.

upon the ends of the upturned strata. Hence it is that a great insight into the character of a coal district may be obtained by a careful study of the surface, especially in brook-courses, which run more or less in the direction of the dip and rise of the seams.（ 地层的倾斜位置必然会使它们在某一点上显露于地面，除非有一些较新的地层沉积不均衡后被两端上翘的地层覆盖。因此，通过仔细研究地表，可以得到对煤区性质的深刻洞察，特别是在有河道的地方，或多或少会沿着流向倾斜和上升断裂。）①

If we follow out the subject over a larger area, we shall find many variations to take place, and the coalfield assuming a form which may be traced as on a map if the tract be surrounded by older formations, but about which there will be uncertainty if the measures are observed to dip beneath other and newer groups of rock.（如果我们在一个更大的范围内遵循这个主题原则，如果大片土地被古老的地层包围，煤田估计会沿着某一种形势反映在地图上。）②

When the beds dip for a while and then ascend or rise, they form a trough or saddle, and when they rise on all sides towards the surface, as in the Forest of Dean, they constitute a basin.（当地层下降了一段时间之后，它就会持续上升。当它们接近于露出地面后，会形成一个槽或鞍，在迪安森林，它们构成了盆地。）③

The outline of the shapes into which the coalfields have been brought by the forces of elevation and depression may be studied in the geological maps; but where these forces have exercised their powers on a grander scale, the measures are often folded back, corrugated, or contorted in such a manner as to present great complexity. Examples of this may be seen in Pembrokeshire, at Vobster, Somersetshire, and in the Belgian coalfield.（根据轮廓形状，可以从地质图中研究煤田被抬升还是下陷的情况。但是这些力已经可以在更大的范围内使得煤田产生往折、波纹或扭曲等状态，呈现出很大的复杂性。这样的例子可以在彭布鲁克郡、萨默塞特郡看到，并且在比利时等处煤田也可以看到。）④

In addition to this general disturbance from the original — more or less horizontal —

---

① SMYTH. A Treatise On Coal and Coal Mining［M］. London: Strahan, 1867: 23.

② 同上。

③ 同上。

④ 同上：24.

position in which the beds must have been deposited, they have been cut through by inclined planes of fissure, and so dislocated that they are now lower on the one side of the line of fault than on the other.（另外，从原来的水平位置上来看，其中的地层必然会受到或多或少的干扰。它们已经被裂缝倾斜的平面切割过，所以错位，现在，在断层线的一侧比另一侧低。）①

英文底本作者士密德（W. W. Smyth）1890年去世后，修订的第8版*A Rudimentary Treatise on Coal and Coal Mining*于1900年出版。根据本书1900年第8版的用图，笔者分析前四幅图所用图片也是根据相关内容进行补画的。在对比《开煤要法》中的图片与第8版的图片后，笔者发现，尽管《开煤要法》与1900年版底本所用图片画风不一，但从中体现的主要信息依然是一致的。

从上述对比研究可以看出，《开煤要法》的译者是在充分理解了书中内容的情况下，从读者理解的角度上增补了7幅插图。无独有偶，英文本修订的第8版也增补了同样内容的7幅图，这足以说明译者和插图作者的专业素养。

上述分析可以证明中文译本《开煤要法》在翻译过程中，对于难以令读者理解的相关信息补充了示意图。

通过对以上底本和译本的对比分析发现，译本的叙述基本忠实于底本对相关地质信息的描述，并且添加了相关的图片说明。《开煤要法》中添加图片的目的是直观地体现译著中所介绍的地质信息，使读者的理解更为清晰明确。并且，对于底本中不易理解的知识点，在图中可以更为清晰地体现，例如，“关于水平位置上的断层问题，同一水平面上存在有不同的新老地层”，这一地质现象在译述中难以简短描述其原理，而在图3-3-9所示的《开煤要法》第三图中，可以通过水平采煤巷道而清晰地呈现这一地质现象。这种加图进行直观说明的方法体现了《开煤要法》在译述的过程中对实用性的重视。加入前七图这一类图片之后，读者对于“找煤”这一问题，会更加明朗；有了示意图后，实地勘测会更加方便。这对于西方地质学知识的普及与传播应当能够起到积极的作用，同时也体现出当时人在地质图绘制方面的进步。

① SMYTH W W. A Treatise On Coal and Coal Mining［M］. London：Strahan，1867：24.

第四章

晚清科学翻译中的术语与符号

对于一门学科来说，概念和术语是它的基石。晚清翻译的西方近代科学著作，大多数是第一次用汉语表达，困难可想而知，当时有人甚至认为用汉语无法表达西方科学概念和术语。另外就是符号的翻译难度大，这一点在自然科学中表现得尤为突出。从最基本的代数到物理学中的运算再到化学中的分子式、化学反应方程式等都涉及西文中的符号表达问题。不论是概念、术语还是符号，在晚清的科学翻译中都具探索性质，而这种探索无一例外地都在与中国传统科学对话，也在与有着传统知识背景和思维习惯的读者对话，同时也在与陌生的西方科学对话。在这种对话中译者在不同的科学传统、科学文化中选择，并再创造。本章将厘清在术语、符号翻译中，西方科学及其文化在移植过程中的种种情况：①科学译著中符号的创译及其演变；②术语的创译、原则、方法及其特点？③在翻译过程中，有哪些术语是沿用我国传统术语？又有哪些是对传统术语进行了改造，被赋予新的含义？④有哪些术语今天仍在使用，哪些已经被淘汰，其原因何在？近代科学术语的翻译对于西方科学及其文化逐步被理解和被接受产生了什么样的影响？

第一节　晚清代数术语的翻译①

傅兰雅在《江南制造总局翻译西书事略》一文中曾指出，译西书第一要事为名目，对于首次用汉语表达的科学内容而言更是如此。本书将对首次用汉语表达的数学、力学、天文学术语的翻译进行分析。

① 赵栓林. 对《代数学》和《代数术》术语翻译的研究［D］. 呼和浩特：内蒙古师范大学，2006. 此文为本项目的重要研究基础之一。

一、西方符号代数学的传入及其术语的翻译

以“代数”作为algebra这一数学学科的译名最早出现在1853年。之后，李善兰和伟烈亚力合译的《代数学》第一次将西方符号代数学系统地引入中国，填补了符号代数学在中国的空白，开启了19世纪后期西方代数学在中国的传播。

第一部传入中国的符号代数的译著是《代数学》，伟烈亚力口译，李善兰笔述，1859年由墨海书馆刊行。该译著的底本为*Elements of Algebra*第一版（1835）①，英国棣么甘著，1835年初版，1837年再版。汉译本《代数学》共13卷，主要论述初等代数，包括一次方程和二次方程，指数函数、对数函数的幂级数展开式，二项式定理等。在该书中李善兰和伟烈亚力二人创译了一批代数术语和数学符号。这批术语和符号为以后数学翻译以及其他自然科学的形式化表达奠定了基础。

《代数学》刊行后的十几年，符号代数在中国的传播并不顺利。在此期间，甚至没有几本以“代数”为名的著作出版。正如洪万生先生所言，《代数学》在当时并不流行。② 直到华蘅芳和傅兰雅合译的《代数术》刊行，西方符号代数才开始流行和传播，到20世纪初期符号代数才进入了普及阶段。由此可见，开创性的工作不但难做，而且要被正确理解和得到恰当评价也需要一个过程。

《代数术》，傅兰雅口译，华蘅芳笔述，1873年由美华书馆刊行。该译著的底本为*Algebra*，英国人华里司著。全书25卷，共281款，内容包括初等代数、方程论，还有无穷级数、对数、指数、利息、连分数和不定方程等。《代数术》较之《代数学》在内容上更加系统化，条理更为清晰。这与西方当时的数学发展和原著作者个人的写作风格有直接关系。

“代数”一词首先为李善兰和伟烈亚力所创译。以“代数”二字译英文algebra，可以从中译本《代数学》卷首“代数之各种记号”中看出其所取含义，原文如下：

西国之算学，各数均以〇一二三四等十个数目字为本，无论何数，均可以此记之。用此十个数目字，虽无论何数皆可算，惟于数理之深者，则演算甚繁；用

---

① 按照洪万生先生的说法，中译本《代数学》是根据棣么甘的第一版《代数学》译成的。

② “additional evidence also helps to explain the limited spread of De Morgan’s algebra in the late 19th century.” ARBOR, MICHIGAN. Li shanlan, the Impact of Western Mathematics in China during the late 19th Century［D］. New York: City University of New York, 1991: 328.

代数，乃其简法也。代数之法，无论何数，皆可任以何记号代之。今西国所常用者，每以二十六个字母代各种几何，因题中之几何有已知之数，已有未知之数。其代之之例，恒以起首之字母代已知之数，以最后之字母代未知之数。今译至中国，则以甲乙丙丁等元代已知数，以天地人等代未知数。

这段文字说明了李善兰当时对“代数”的理解。用“代数”二字来翻译英文词 algebra，正是取意“以字代数”。“代数”一词反映了代数学所包含的基本方法，代替了原来的音译“阿尔热八达”“阿尔朱巴尔”“阿尔热巴拉”等名称，也取代了《数理精蕴》中用“借根方”表示代数方法之名。“代数”一词能够反映这一学科当时以字母代替数的研究方法。这较之音译和其他译名，如“借根方”更生动贴切。①

“sign”一词译作“号”，表示名称和记法，在数学中更强调“记法”的含义。自笛卡儿和韦达创立和发展符号代数学以来，“代数”与“记号”的关系更趋密切。符号成为代数的一大特征和标志。中国传统数学中引入符号是在宋元时期，然而宋元代数学也只能被称为“半符号代数学”。清康熙年间《数理精蕴·借根方比例》中已引进正负号的记法，这是经过改变了的西方数学符号。加号用“⊥”表示，减号用“—”表示，分别称为“多”“少”。在《代数学》中“sign”一词单独出现译为“号”。“号”这一译名的意义更多地放在关于运算符号和关系符号以及表达式的层面上。但 same sign、different sign 这样的复合词则译作“同名数”“异名数”。这显然是取自传统数学著作《九章算术》中的术语。在《九章算术》中记载着有理数和正负数的各种运算法则。正负数的概念在中国传统数学中历史悠久，因此李善兰直接借用古代数学术语也是自然而然的事，这正是他们在翻译术语中贯穿的原则之一——“直接使用传统术语”的体现。

中国传统垛积术包含有级数的内容。“级”“积”同音，“级”有逐级而上。梯级等含义，用“级数”译 series，使人易联想到传统垛积术，类比它们而使中国学者对西方数学产生更好的认同效果。有关级数部分的内容，《代数术》较之《代数学》更为详尽，这当然与译本所依据的原著是有很大关系的。

在《代数术》中，华蘅芳除沿袭李善兰的一些代数学术语译名外，还新创了一些词汇。如将 rational 译作“有理（数、式）”，irrational 译作“无理（数、式）”，还有“移项”（trasfer term）、“无穷级数”（infinite series）、“循环级数”“迭代法”

① 沈康身. 中算导论［M］. 上海：上海教育出版社，1986：365.

“解”等词。沈康身先生曾指出，“解”这个词是《代数备旨》中新创[①]，这一点是值得商榷的。另外，关于“移项”这个词，《代数学》中虽然未形成专用词，但已具雏形。[②]

李善兰译书时创造了许多数学名词，包括几何学名词、解析几何名词和代数学名词 120 余个[③]（以笔者的统计要更多一些，见附表 1）。其中《代微积拾级》和《代数学》中的代数学名词有：代数、方程式、函数、常数、变数、系数、未知数、已知数、虚数、项、以项式、二项式（合名数）、多项式、次、级数、二名法、同数、灭数、真数（对数中）、对数之根、代数函数、越函数、阴函数、阳函数、有比例式、无比例式、指数、敛级数、发级数等。

二、《代数学》与《代数术》的术语翻译

《代数学》《代数术》同为代数著作，有很多共同的术语，华蘅芳在翻译《代数术》时有的沿用了《代数学》的术语，也有新创的词汇。本小节我们将在对比 *Elements of Algebra*、《代数学》及《代数术》的基础上，对术语进行统计和归纳后，整理出《代数术》和《代数学》中译名基本相同的术语，如表 4–1–1 所示，另外也整理出《代数术》中没有完全沿用《代数学》的有变化的术语，如表 4–1–2 所示。

表 4–1–1 《代数术》沿用的《代数学》中的术语

英文名	现译名	《代数学》译名	《代数术》译名
abbreviated expression, abbreviation	简式	简式	简式
algebra	代数学	代数学	代数学
algebraic expression	代数式	代数式	代数式
algebraic theorem	代数定理	代数术	代数术
arithmatic	算术	数学	数学
base of logarithm	对数的底	对数之底	对数之底，底数
constant	常数	常数	常数

① 沈康身．中算导论［M］．上海：上海教育出版社，1986：365.

② “诸项移位，正负俱变”，见伟烈亚力口译、李善兰笔述的《代数学》卷二。

③ 笔者所做的代数学术语统计，包含了合成词，例如“分指数”“负方数”等。

续表

英文名	现译名	《代数学》译名	《代数术》译名
convergent series	收敛级数	敛级数	敛级数
cube root	立方根	立方根	立方根
decimal logarithm, Briggs's logarithm, ordinary logarithm, tabular logarithm, common logarithm	十进对数，表对数，常对数	十进对数，表对数，巴理加对数，常对数	常对数，十进对数，布里格斯对数
degree of an expression	次	次	次
divergent series	发散级数	发级数	发级数
elimination	消去	消去	消元
equal	等于，相等	等	相等
equation	方程式	方程式	方程式
equation of the first degree	一次方程	一次方程	一次方程式，一次式
equation of the fourth degree	四次方程式	四次方程式	四次方程式，四次式
equation of the first degree with more than one unknown quantity	多元一次方程	多元一次方程	多元一次方程
evolution	开方	开方	开方
expansion	展开式	详式	详式
exponent, exponent of power	指数	指数，方指数	指数，方指数
expression	式	式	式
expression of sign, purely symbolical		号式	号式
factor	因数，因式	乘数	乘数
fifth root	五次根	五方根	五方根
finite expression		有穷之式	有穷之式
formula	公式	公式	公式
fourth root	四次根	四方根	四方根
fractional exponent	分数指数	分指数	分指数
fractional expression	分数式	分数式，分式	分数式
function	函数	函数	函数
general term	通项	公级	公级

续表

英文名	现译名	《代数学》译名	《代数术》译名
hyperbolic logarithm，natural logarithm，Naperian system of logarithm	双曲线对数，自然对数，纳皮尔对数	双曲线对数，自然对数，讷底对数	双曲线对数，自然对数，讷白尔对数
incompatible equation		不合理式	不合理式
index of root	根指数	根指数	根指数
infinite	无穷，无限	无穷	无穷
infinite series	无穷级数	无穷级式，无穷级数	无穷级数，无穷级数式
known	已知	已知	已知
limit	极限	限	限，界
logarithm	对数	对数	对数
negative	负	负	负
negative exponent	负指数	负指数	负指数
negative fractional exponent	负分指数	负分指数	负分指数
negative number，negative quantity	负数	负数	负数
negative power	负次方	负方数	负方数
negative term	负项	负项	负项
nomb	对数真数	真数	真数
notation，Sign	记号，记法	记号，号	记号
number	数	真数	真数
order of root	根指数	根指数	根指数
positive	正	正	正
positive term	正项	正项	正项
power	方，幂	方，方数	方，方数
prime number	素数，质数	数根	数根
radical sign	根号	根号	根号
real root	实根	实根	实根
series	级数	级数	级数
square	平方	平方	平方

续表

英文名	现译名	《代数学》译名	《代数术》译名
square root	平方根	平方根	平方根
the higher power	最高次	最大方	最大方
the lowest term	最低次项	最小级	最小级
unknown	未知	未知	未知
whole and positive power	整正方数	整正方数	整正方数
whole exponent	整数指数	整指数	整指数

表 4-1-2 《代数术》相对于《代数学》的术语变化

英文名	今用名	《代数学》译名	《代数术》译名
approximation	近似值	密率	略近数
binomial theorem	二项式定理	合名法，二名法	二项乘方例，二项例
coefficient	系数	系数	倍数
commensurable	可公度，可通约	有等数	可度数
common measure	公约数	等数，约法数	公约数，公度数
equivalent form	等价式	互代式	相当数，相当式
impossible expression	不可能方程式	不能之式，无解之式	无解法之题
incommensurable	不可公度，不可通约	无等之数	不可度
indefinite equation，Interminate	不定方程	不定之题	无一定解法之题，未定之式，未定方程式
independent equation	独立方程	不相因之式	自主方程式
irrational	无理数	无比例	无尽之数
irrational expression	无理式	无比例式	无理之根式，无理式
modulus	对数的根	根率	对数之根
monomial	单项式	一项函数	独项式，单项式
multinomial，Polynomial	多项式	诸项函数，诸项式，诸项数	多项式
negative root	负根	负灭数	负根
positive root	正根	正灭数	正根

续表

英文名	今用名	《代数学》译名	《代数术》译名
quadrinomial	四项式	四项函数	四项式
rational	有理数	显数	有理数
rational polynomial	有理多项式	有比例诸项式	有理式
rational root	有理根	合理灭数	实根
relation	关系	连属之理	相关之理
root	根	根，根数	方根
root of equation，Root of expression	方程根	灭数	方程根，解
symbol of impossible substraction	负数	记号数，无理式	负数
the first term	首项，第一项	首级	第一项，首数，首项
trinomial	三项式	三项数，三项函数	三项式

通过图 4-1-1 对《代数学》和《代数术》中代数术语作比较，发现两书中由于所涉及内容有所改变,《代数术》与《代数学》相比，有些术语未涉及，主要是函数和无穷级数方面的。其中未涉及词占所统计词汇的 27%，沿用词占 40%，类同词占 11%，改变词占 15%，新增词占 7%。因此，粗略地讲,《代数术》中几乎 50% 的代数术语沿袭了《代数学》的译名。《代数术》中所增词汇主要是等差级数

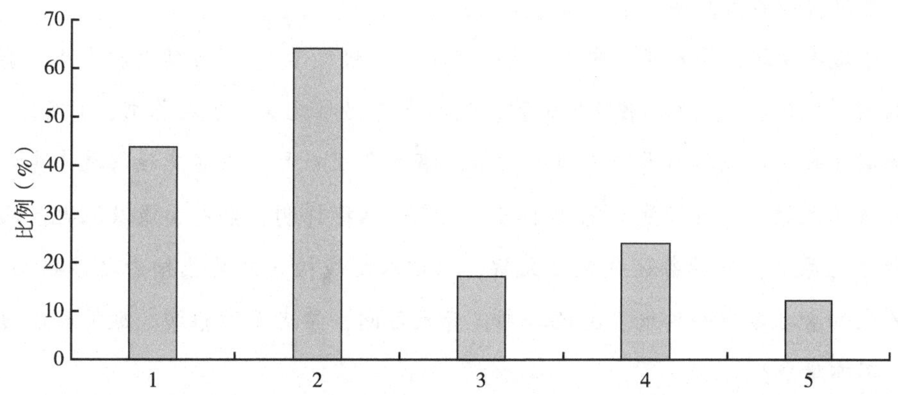

1—未涉及词，指《代数术》中未出现相关内容，因而没有相关的术语名称；2—沿用词，指该词沿用自《代数学》；3—类同词，指该词在《代数学》基础上稍有改变；4—改变词，指译名完全改变；5—新增词，指由于新内容而增加的新词。

图 4-1-1 《代数学》《代数术》术语译名的变化

和等比级数的几个术语，这些术语虽然在《代数学》中未出现，但在更早的中国学者的著述中已经通用。如“连比例”一词在《数理精蕴》和明安图《割圆密率捷法》中已频繁使用。

从表 4–1–1、表 4–1–2 可以看到，今天所用的很多代数术语的译名在当时已经形成。李善兰、华蘅芳、伟烈亚力、傅兰雅四位译著家对于中国的近代数学术语的功绩由此可见一斑。在《代数学》和《代数术》中术语译名的专业性、科学性均有所体现。

三、清末符号代数学术语的流传

《代数学》和《代数术》所翻译的大量代数术语对清末（19 世纪末 20 世纪初）数学术语的传播和普及产生了重要影响，而且影响了同期日文术语的翻译。

自李善兰和伟烈亚力汉译《代数学》始，经过 40 多年的漫长历程，中国学者在探索中终于认识和接受了当时已流行于西方世界的符号代数，并且开始主动吸收和传播，这其中自然也包括对西方数学文化的认知和接受。

1.《代数学》和《代数术》中代数术语在清末的影响

清末的中国数学已开始走上近代化的道路，这一时期总的趋势是传播和普及西方数学。《代数学》和《代数术》中的术语在清末的数学著作和教科书中多数被沿用。

（1）清末学人对《代数学》和《代数术》的评价

对于译著《代数学》和《代数术》，时人的评价显示出对数学普及化的要求提高。在《代数备旨》序言中，狄考文云：

于咸丰年间，伟烈亚力先生，有一译本名《代数学》。近年傅兰雅先生，有一译本名《代数术》。此二书虽甚工雅，然而学者仍难就绪。盖人作书，意各不同。有为阐发数理，以备好算家考查而作者。有为务求新异，以显其独得之奇者。观伟公所译之原本，特欲显其艺能小巧，故未能始终详明，令人由浅及深也。而傅公所译之原本，乃欲备述代数之大旨，以供人之查检。是为已知者之涉猎而作，非为未知者之习学而作也。况此二书，皆无习问，学者无所推演。欲凭此以习代数，不亦难乎？

华蘅芳之弟华世芳在光绪丁酉年为冯征《代数启蒙》所作序中，也指出代数普及读本的紧缺：

近代畴人除勿庵梅征君外，若项戴徐李诸君子，穷高极深，著作宏富，皆不屑为浅学计。同光以来，作者林立，类能出新意造难题，属稾演草，家有著述，然求其能举代数之次第，经途之曲折，由浅而深，详著一书，为初学入门之助者，卒不可多得。①

丁福保在《算学书目提要》中对当时的几种代数译本作了概括评论。对于《代数学》，他指出，此书“佶屈难读，其算式之行款，亦不甚清楚，远不如代数术之醒目。自二次式以上，已无解法。于代数一术，亦未为完书也”。而给《代数术》的评语则推崇备至：“是书为代数学之丛书，视《代数学》,《代数备旨》较详备，编辑既精，译笔尤善。为算家必读之书。”② 可见丁福保是比较推崇《代数术》的。

（2）《代数学》和《代数术》中的代数术语在清末的影响

《代数学》在清末的影响首先体现在从对“代数”这个学科译名的使用上。“代数”之名，伟烈亚力和李善兰的“创译”之功在前，傅兰雅和华蘅芳推进其使用在后。当李善兰、华蘅芳这两位在当时数学界举足轻重的人物使用“代数”二字后，这一名称便流传开来，代数的传统名称“借根方”与“天元术”遂被“代数”取代。

笔者对《清史稿艺文志及补编》③ 和《清史稿艺文志拾遗》的代数著作进行统计发现,《清史稿艺文志》中“天文算法类”算书之属中没有书名含“代数”二字的著作，而在其补编中“天文算法类”算书之属中共有五部书书名是含“代数”二字的，摘录如下:《代数通艺录》十六卷，方恺撰;《学一斋勾股代数》草二卷，徐绍桢撰;《代数阐微衍草》一卷，张鼎祜撰;《读代数术记》一卷，崔朝庆撰;《代数简易录》十卷，董恩新撰。以上补编中只记书名、卷数和撰者，而没有刊行年代的记述和说明。

《清史稿艺文志拾遗》子部天文算法类中书名含“代数”二字的数学著作明显增多，经笔者统计，共有 32 部数学著作书名含“代数”。摘录如表 4-1-3 所示。

---

① 华世芳，代数启蒙序［M］// 冯澂．代数启蒙．南京：江苏书局，1897.

② 松村勇夫．关于代数及几何的字源［J］．中国数学杂志，1951（1）：18-20.

③ 章钰，武作成．清史稿艺文志及补编［M］．北京：中华书局，1982：185-193，535-539，1277-1301.

表 4-1-3　清末部分代数著作

序号	书名	卷数	著者	版本	版本补充
1	代数初学	1	华蘅芳	金匮华氏行素轩算稿全书本	从综，重修清艺
2	代数勾股术	4	张茂晃	中西算学丛书初编本	从综，重修清艺，算法编
3	借根代数会通	5	陈菘	东溪算学八种本	从综，重修清艺
4	天元代数勾股草	2	张鼎佑	光绪十八年种竹书屋刻本	贩记，算法编
5	代数盈朒细草	1	张东烈	光绪二十年江阴学署刻南菁札记本	算法编
6	代数九章细草	9	黄伯瑛	留有余斋算学丛书本	从综补，算法编
7	勾股代数式	1	陈京华	光绪二十三年桂林刻本	算法编
8	代数启蒙	4	冯征	强自力斋西算丛书本	算法编
9	代数钥	7	黄庆澄	光绪二十四年刻本	算法编
10	天元代数几何浅释	20	吴传绮	续经籍	
11	代数术详解	1	吴诚	光绪二十四年江苏书局刻本	贩续，算法编，算学书录
12	代数一隅	1	吴诚	算学一隅本	算法编
13	益古演段代数解	3	周以南	光绪二十五年自序刻本	算法编
14	代数备旨题问细草	6	袁纲维	石印本，光绪二十五年四明冯淇源近知书屋校刻本	算法编
15	代数备旨补草	13	彭致君	光绪二十九年刻本	算法编
16	代数备旨全草			光绪二十九年特别书局编印本	算法编
17	代数浅释	4	何毓华	广州麟书阁刻本	算法编
18	代数解法之极意		苗庆华译，蔡以观解题	光绪三十三年石印本	算法编
19	代数因	12	杨正	刻本	算法编
20	代数照变释略		吴砺珉	湘鞧丛刻本（二册）	算法编
21	西法代数勾股明镜录	5	王韬等编译	光绪二十三年石印本	算法编
22	溥通新代数	6	徐虎臣选译	江楚编译局木刻本	上海石印本，译书
23	新代数学		周道章译	光绪三十二年普及书局印本	算法编
24	代数备旨	6	狄考文（美）撰，邹立文等译	美华书局铅印本	西学，算学书录，通学，算法编

续表

序号	书名	卷数	著者	版本	版本补充
25	代数学	13	李善兰等译	江南制造局刻本	通学，算法编
26	代数几何		华蘅芳等译	原刻本	西学大成小字本，通学
27	代数术	25	华蘅芳等译	测海山房中西算学丛刻初编本	从综等
28	代数难题解法	16	华蘅芳等译	测海山房中西算学丛刻初编本	从综等
29	初等代数学新书		范迪吉等译	光绪二十九年上海会文学社普通百科全书本	中译
30	代数因子分解全章二编		顾澄译，李方溁演草	光绪三十二年石印本	算法编
31	代数学问题详解		秦同培译	光绪三十三年上海文明书局石印本	算法编
32	算术代数二样之解法		听秋子译	宣统三年东京同文印刷社排印本	中译

注：最后 4 种译自日文，第三列空格表示无卷数。

上述统计的著作仅包括书名中含“代数”字样的。实际上 19 世纪末 20 世纪初的数学著作，无论是译著还是编撰作品，代数内容的著作都占有很大的比例。从表 4-1-3 可看出当时数学发展的一种趋势，前期著作带有明显的“会通”性质，而后期著作则以普及传播为主要特征。另据李迪先生、查永平副研究员所编《中国数学史大系 · 中国算学书目汇编》，① “代数”条收录了含“代数”二字的数学著作达 80 种，时间跨度比较长，从 1859 年《代数学》刊行后直到 1940 年左右，但主要集中在 19 世纪末 20 世纪初。有一些代数著作是前期的翻版和重编。

上述统计表明，清末数学的普及化要求加强。从 19 世纪 50 年代的被动接受到 19 世纪末的开始主动选择和编译代数著作，“代数”之名显然已深入人心。

另外，我们可以通过与《代数备旨》等清末流行的代数著作的比较，看到《代数学》和《代数术》中其他术语的沿用情况，如图 4-1-2 所示。

① 李迪. 中国算学书目汇编［M］. 北京：北京师范大学出版社，2000.

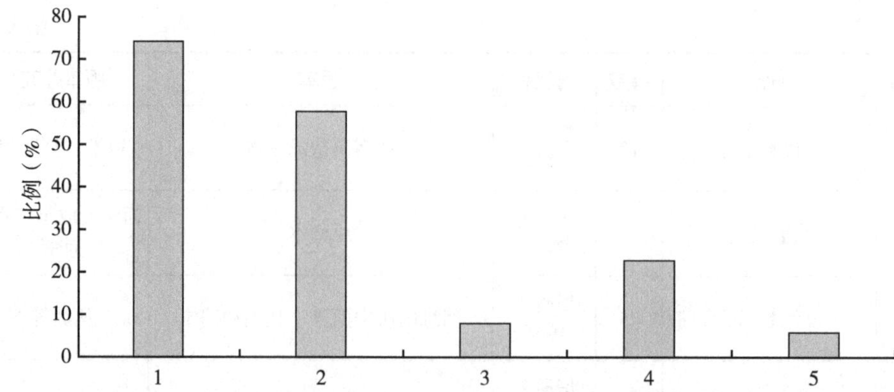

1—未涉及词，指《代数备旨》中未出现相关内容，因而没有相关的术语名称；2—沿用词，指该词沿用自《代数学》或《代数术》；3—类同词，指该词在《代数学》或《代数术》基础上稍有改变；4—改变词，指译名完全改变；5—新增词，指由于新内容而增加的新词。

图 4-1-2 《代数备旨》中术语的变化

以上未涉及词占所统计词汇的 43%，沿用词占 34%，类同词占 5%，改变词占 14%，新增词占 4%。

《代数备旨》主要包括多项式的代数运算，一次、二次方程的解法等内容。与《代数学》和《代数术》相比，《代数备旨》没有涉及函数、级数和对数等。它的数学内容比较浅显，特点在于习问（习题）多，注重进行强化训练，尤其值得注意的是使用了阿拉伯数字。作为清末比较流行的代数读本，《代数备旨》在普及传播阿拉伯数字方面的作用是不可低估的。然而它没有引进字母取代天干地支。《代数备旨》第一章开端 32 款中分款说明了书中所涉及的术语和符号。其中有 20 款谈名词性术语，分别为几何（1）、几何学（2）、代数学（3）、代数几何（4）、已知之几何（5）、未知之几何（6）、元字（7）、同数（8）、方数（14）（其中有根数、方根）、指数（16）、系数（22）、项（23）、代数式（24）（其中有独项式、二项式、多项式）、项分正负（25）（其中有正号、负号、正项、负项）、项分似与不似（26）（相似之项、不相似之项）、次数（27）、同次式（28）、倒数（29）、自理（30）（现名公理）、式之同数（32）。另外，第 1 款为演代数式，即列代数式。第 9 款代数号分等说明代数号分为变换号与贯通号。后有 10 款分别说明这些符号的记法、用法和意义，如加号（10）、减号（11）、乘号（12）、除号（13）、根号（15）、等号（17）、不等号（18）、比例号（19）、括号（20）和变号（21）。

《代数备旨》中对一些术语的原译名作了修改。不过一个明显的现象是，它的这种尝试并没有被认可。通过观察表 4-1-4 可以看出，现在所用的译名大多沿用自《代数学》和《代数术》，而《代数备旨》中出现的几个新译名被放弃了。

表 4-1-4 《代数备旨》中的术语变化

今用名	《代数学》译名	《代数术》译名	《备旨》译名
二项式定理	合名法，二名法	二项乘方例，二项例	
	代数常式		规式
公约数	等数，约法数	公约数，公度数	公生
常数	常数	常数	太数（太项）
消去	消去	消元	革法
展开式	详式	详式	展式
因数，因式	乘数	乘数	生数
分数式	分数式，分式	分数式	命分
最大公约数	最大约法数，最大公约法，最大等数	最大公约数	大公生，大公度数
同类项		同类之式	相似之项
恒等式	恒式		自方程
虚根	虚 / 虚号	无理之根 虚式之根虚根	幻几何，幻根
独立方程	不相因之式	自主方程式	独立方程
无理数	无比例	无尽之数	无绝根（专指二次）
	无比例式	无理之根式 无理式	无绝几何
对数真数	真数	真数	
数	真数	真数	确数
完全平方式	平方式，方式	平方式	
素数，质数	数根	数根	质数
有理式	有比例式，有理式	有理式	有绝几何
实根	实根	实根	确根，确几何
移项	移项，易项	移项	迁项
不等式			偏程
方程组		数个方程式	同局方程
中间变量		泛数	辅元，助元

续表

今用名	《代数学》译名	《代数术》译名	《备旨》译名
无理方程			根号方程
			（二项式之）主元，陪元
			解方程，开方程

笔者在下文对表 4–1–4 中几个有趣的特例进行分析，从中也可以显示出译者在术语翻译上所做的努力。《代数学》的“常数”一词在《代数备旨》中被改称“太数”。传统天元术中用“太”字来表示常数项，所以可以说李善兰等所采用的一套翻译原则在这里也得到了体现，这就是“寻找华文中已有之名”。那么，《代数备旨》中为何又将“实数”“实根”改译为“确数”“确根”呢？据笔者的理解，可能是基于如下的考虑：在代数式运算中，传统数学将被除数和被乘数称为“实”，除数和乘数称为“法”,《代数学》和《代数术》中沿袭了这一对传统术语。而《代数备旨》译者发现，这样极易造成混淆和误解，因此选用“确数”“确根”以示与传统数学中将被除数和被乘数称为“实”的区别。

如表 4–1–4 所列,《代数备旨》中出现了一批新创的名词，如称消元为“革法”、方程组为“同局方程”、移项为“迁项”、有理数为“有绝几何”、无理数为“无绝几何”等。从这里也可以看到，清末出现的数学名词翻译和使用的混乱局面迫切要求对名词术语进行审查和统一。

在 19 世纪末普及性的代数著作还有徐虎臣编译的《溥通新代数》、冯征的《代数启蒙》、范迪吉选译的《初等代数学新书》等，总之这一时期的普及性代数著作层出不穷，对代数术语的使用也见仁见智，但很明显《代数学》《代数术》中的大量术语流传了下来。而且就传播普及的作用而言，相比之下,《代数术》较之《代数学》更胜一筹。

2. 清末符号代数术语的传播普及

与 19 世纪中期不同的是，19 世纪末期中国人对西学的翻译从被动接受转向主动选择。从数学著作来看，这一时期所编著的大量著作以初等代数学知识为主，删减了前期译著中的高等代数，如级数、对数等内容，这些著作多用作中小学教材。这种情形有利于术语的普及，但对于数学科学本身的发展和中国近代数学的形成是远远不够的。

关于当时数学的普及化倾向，狄考文在《〈代数备旨〉序》中有所体现：

今译《代数备旨》一书，实有与此不相侔者。一则卷中次序，系依浅深相关之理，递次而进；二则所立诸法，不分难易，俱各详为证明；三则每法必加习问，使学者有所习演；四则特选其有用者，笔之于书，无用者概已去之；五则辞意浅显，非为炫异同而作，乃欲习之者，洞察其精微而作。由此五者，庶可以宏代数之量，致使学者，大得其裨益焉。缘代数之功用，与形学同，不第有用于天文格物等学，更能练习人之心才而推之于万事也。

19 世纪末 20 世纪初的代数著作中，代数术语大多采用前期已形成的译名，但也有部分术语名称有所改变。我们以徐虎臣所译的《溥通新代数》为例来说明这种情形。

《溥通新代数》中，沿用的术语占多数。如系数、指数、项、式、独项式、多项式等。该书中未有单项式之名出现，只用独项式。"乘幂"较之"乘方"应用更为普遍，使用了"同类项"之名。"虚根""幻根"之名混合使用，这与《代数备旨》相同。无理数在这里称为"无理之根"，如"凡不能求得正整数之根为无理之根"。该书中正比例用"变数"之名，与《代数备旨》同名，如"变数者为两数互相关系之时，此数消长，彼数亦以同比例而消长，则云此数从彼数而消长。或云此数从彼数而变"。二项式定理用的仍是《代数术》译名"二项例"，如"二项例为求二项式乘幂之详式，或将二项式之根数改为级数之法也。以代数详此法为级数时，云二项例之级数。"

《溥通新代数》中，用"因数"之名取代了"乘数"和"生数"。"因数"之"因"取自最古老的数学专著《九章算术》。① 分解因式称为"劈生数"，这沿用了《代数备旨》中的名称，"凡代数式或独项式或多项式，如为任二式相乘而得者或任多式连乘而得者，必将原乘之二根或多根求出，谓之劈生数。"方程组称为"方边"，"所谓方边者，即方程式之数。前云，凡方程式之未知数有几，必有几个方程式。故将方程式之各项与各方程式纵横列之即成正方形也。"

虽然术语译名在 19 世纪末期有所变化，但《代数学》和《代数术》术语译名在这一时期还是普遍流行的。这要归功于此前传教士所做的术语译名的审定统一工作。伟烈亚力 1872 年为卢公明《英华萃林韵府》编写数学与天文学术

---

① 在《九章算术》中"因之"表示乘法运算，同时表示乘法运算的术语还有乘、倍、展、散、自乘、互乘、相乘、互相乘、维乘、偏乘、一乘、再乘等。在《代数学》中用的是"偏乘（multiply）""偏约（divide）"等术语。参见文献：王荣彬.《九章算术》专门术语研究与校勘［J］. 自然辩证法通讯，1998（1）：48-53.

语[①]。1877年在华新教传教士在上海举行全国大会，成立了学校教科书委员会（School and Textbooks Series Committee，该机构对外的称呼为“益智书会”）。该委员会决定，其成员在编译教科书的同时应收集各科术语译名，以备编制术语总表，并且为此作了分工，其中，傅兰雅负责编集科技与工艺制造方面的译名，伟烈亚力则负责编集数学、天文学与力学方面的译名。学校教科书委员会还通知各著译者，请他们将名词术语列表送交该委员会审查。1880年学校教科书委员会在上海开会，决定该委员会出版的教科书中的数学、天文学和力学名词，采用伟烈亚力编译的译名。[②] 这些译名正是伟烈亚力于20世纪50年代在上海墨海书馆及20世纪60年代在江南制造局翻译馆译书时所用的。

总的来看，清末流传的代数术语，多数是李善兰、华蘅芳时期已形成的，有一部分是19世纪末出现的，如“因数”“幂”等。还有的词所表达的数学内容发生了变化，如“变数”一词。代数学术语和符号的普及传播无疑是与数学教育的普及同步的。经过洋务运动，19世纪末20世纪初中国人学习和传播西方先进科技文化已蔚然成风，数学自然也在其列。虽然当时所传播的代数学内容不是最前沿的，但从历史的角度来看，清末对代数学的普及传播是中国数学近代化的一个重要组成部分。

第二节　晚清几何学、煤矿工程技术等术语的翻译

译书的最困难之处，在于确切表达科学概念和名词术语。关于名词术语的翻译，在明末清初西学传播时期，由于翻译图书的数量较少，问题不是很突出，也没有引起足够的重视。鸦片战争之后，随着时间的推移和译著数量的增多，译名之间出现混乱，对知识的传播与理解产生了严重的影响。

1877年，学校教科书委员会在编译教科书的同时，提出科技术语的翻译必须注意的事项。[③] 1880年，上海江南机器制造总局翻译馆鉴于译书的中外

---

① 《英华萃林韵府》复印本由郭世荣教授提供，全书共两册，分三部分。第三部分汇集在华外国人所提供的专门译名表，集中反映了到1872年为止科技术语的翻译情况。笔者摘录其中代数学术语见附录2。

② 王扬宗．清末益智书会统一科技术语工作述评［J］．中国科技史料，1991（2）：9–19.

③ 狄考文曾撰文在讨论教科书时指出，科技术语的翻译定名必须注意术语应简短，不必要求从字面上准确反映其定义或说明其含义；术语应能便于使用并适用于各种场合；同类术语应能相互协调一致；术语应准确界定，新译名词应赋予确切定义。

学者深知译名的困难和重要性，在反复商议之后大致确定了三项规则。[①]1890年，在华新教传教士再次举行大会，专门就名词术语问题进行了讨论。中国科技术语的翻译方法与定名原则，在19世纪下半叶逐渐基本确定。[②]这些科技术语的翻译方法和定名原则是在几代人的共同努力下，在翻译实践中总结出来的，尤其是最早创译的一些术语词汇，尽管现在有的已经退出历史舞台，但是这些科技术语的译者对现在科技术语翻译方法的探索所做出的贡献是不容忽视的，而且从当时首创的一些术语的研究中可以看到当时人们对这一学科的理解。

一、《几何原本》前六卷和后九卷术语分析[③]

1.《几何原本》[④]前六卷的术语名词

《几何原本》前六卷以平面几何内容为主，所涉及的术语名词非常之多。郭静霞在《明译〈几何原本〉确定数学术语的方法与原则初探》一文中，将前六卷的术语表分为三部分：第一部分是《几何原本》中沿用传统中算的术语；第二部分是《几何原本》中的新术语；第三部分是《几何原本》中沿用至今的术语。[⑤]安国风著、纪志刚翻译的《欧几里得在中国》中也给出了前六卷术语表。美中不足的是，这两份术语表都收录得不完整。本小节在这两份术语表的基础上，对前六卷的术语又进行了整理与补充。

我们先以《欧几里得在中国》中的术语表作为基础，通过和金陵书局版《几何原本》前六卷内容中的术语对比，发现有一些术语没有收录在该术语表中。我们按照《几何原本》前六卷的内容将《欧几里得在中国》术语表中缺失的术语进行补充并分类，列表如表4–2–1所示。

---

① 傅兰雅．江南制造总局翻译西书事略［M］// 张静庐．中国近现代出版史料．上海：上海书店出版社，2011：9–28.

② 王冰．我国早期物理学名词的翻译及演变［J］．自然科学史研究，1995（3）：215–226.

③ 李民芬．关于李善兰翻译《几何原本》的研究［D］．呼和浩特：内蒙古师范大学，2013. 此文为该项目的重要成果之一。

④ 欧几里德．几何原本［M］．李善兰，伟烈亚力，译．南京：金陵书局，1866.

⑤ 郭静霞．明译《几何原本》确定数学术语的方法与原则初探［D］．呼和浩特：内蒙古师范大学．2008.

表 4-2-1 《欧几里得在中国》术语表中缺失的术语

序号	类别	术语
1	基本几何术语	长、阔、厚、广、纵、横、直线、曲线、直界形、曲界形、曲面、等底、等高、元线，矩线、矩形
2	与圆相关的术语	切圆、负圆角、分圆角、圆内切形、圆外切形，形内切圆、形外切圆、合圆线
3	与角相关的术语	对角、内相对两角、同方两内角、外角、同方相对之内角
4	与几何关系相关的术语	垂直、平分、切界、内相切、外相切、相交、相切
5	一般术语	度、几何、大于、小于、不等、无穷、旋转
6	数学表达方式方面的术语	界说、公论、题、解、论、法、系、驳论、求作、注、若、如、则、谓、为、必、故、皆、全、凡、俱、彼此、辨

接下来，将郭静霞在《明译〈几何原本〉确定数学术语的方法与原则初探》中的术语表作为研究对象，来和金陵书局版《几何原本》前六卷内容中的术语对比，分析其术语表中的疏漏，从而对疏漏的术语进行补充并分类列表。其结果详见表 4-2-2。

表 4-2-2 论文《明译〈几何原本〉确定数学术语的方法与原则初探》术语表中缺失的术语

序号	类别	术语
1	基本几何术语	广、元线、矩线、长斜方形、无法四边形、磬折形
2	与圆相关的术语	立圆、分圆形、圆界、径、合圆线
3	与角相关的术语	对直角边、函、内相对两角、同方两内角、同方相对之内角、分圆角
4	与几何关系相关的术语	垂直、外相切
5	与比例相关的术语	相称之几何、小合、大合、有平理之错、互相视、理分中末线、连比例之中率、体势等、相结之比例、再加之比例、三加之比例、有属理、有反理、有合理、有分理、有转理、前率、后率
6	数学表达方式方面的术语	若干

从表 4-2-1 和表 4-2-2 可以看出,《欧几里得在中国》和《明译〈几何原本〉确定数学术语的方法与原则初探》中的术语表缺失的术语还是很多的。鉴于这种情况，笔者对这些遗漏的术语和前人所整理的术语表进行整合，形成了《几何原本》前六卷较为完整的的术语表，如附表 3 所示。

2.《几何原本》后九卷的术语名词

笔者还将《几何原本》后九卷中出现的数学名词术语进行了整理，如附表 4 所示。将附表 3 与附表 4 比较，可以看出《几何原本》后九卷中的术语中有一部分沿用了前六卷的术语。现将后九卷中沿用前六卷的术语，以及前六卷没有的只在后九卷中出现的术语进行整理，如表 4–2–3 所示。

表 4–2–3 《几何原本》后九卷中沿用前六卷的数学名词术语表

《几何原本》(前六卷)	*The Elements*	《几何原本》(后九卷)
点	point	点
体	solid	体
面	surface	面
线	line	线
垂线	perpendicular	垂线
直角	right angle	直角
有属理	alternately	更比
前率	the greater	前项
后率	the lesser	后项
连比例	continual prop.	连比例
连比例率	mean proportional number	比例中项
相结比例	compound proportion	复比
立方体	cube	立方体
理分中末线	a right line be devided by an extreme and mean proportion	分为中外比
等高	same altitude	等高
立方体	cube	立方体
平行线	a parallel line	平行线
立方体	cube	立方体
平行线	a parallel line	平行线
倍	multiplex	倍数
数	number	数

从表 4–2–3 可以看出，李善兰在翻译《几何原本》后九卷时将前六卷的部分术语继承了下来。还有一部分术语由于没有现成的译词可借鉴，李善兰只能够将

传统数学思想和术语的含义相结合来创造，如：中矩形、合名线、比中方线等。现在看来,《几何原本》后九卷中的这些术语，多数已经不再使用了，但在当时却是一个从无到有的艰辛的创造过程，是以一种中国人能够理解的方式将陌生的知识传达出来的过程，也是“中西会通”产生的结果。

二、《几何原本》前六卷与后九卷的术语比较

从上述对《几何原本》前六卷和后九卷中术语的分析，可以看出两部分术语具有一定的联系，前六卷中的有些术语也出现在了后九卷当中，有一些术语意思相同但在前六卷和后九卷中采用了不同的表达形式，还有一些术语只在后九卷出现。这些情况的产生说明了《几何原本》后九卷中的部分术语是从前六卷术语中继承或发展来的，还有部分术语是创译出来的。

1.《几何原本》后九卷对前六卷术语的继承与采用

由于在《几何原本》后九卷翻译之前，已经有了前六卷的汉译本和对《几何原本》相关知识有所介绍的《数理精蕴》，这里面的术语经过了百年的演变，有些已经成为数学家相当熟悉的词汇。李善兰在翻译时有徐光启与利玛窦所译的术语和《数理精蕴》中的术语做参考，本着让读者易懂的翻译思想采用了一些前六卷和《数理精蕴》中的术语，继承了一批现成的译词。从表 4–2–3 中不难看出，主要是和平面几何、比例相关的一些基本概念沿用了前六卷的术语。可能是李善兰认为上述术语翻译得较好，也较成熟，所以继承了下来。这些术语在当时的其他著作中也同样被广泛使用，成为当时流行的数学术语。还有一部分前六卷中有关数学表达方式方面的术语，如：界说、公论、题、解、论、法、系、驳论、求作、注、若、如、则、谓、为、必、故、皆、全、凡、俱、彼此、辨等，也被李善兰沿用下来，这样做是为了统一后九卷与前六卷的体例。

李善兰在翻译《几何原本》后九卷的过程中，不仅沿用了一些徐光启与利玛窦的译词，还沿用了《数理精蕴》中的译词。例如第七卷定义 11“数根者，惟一能度，而他数不能度”中表示素数的“数根”就是沿用《数理精蕴》中对“素数”的说法。

2.《几何原本》后九卷术语的发展与创新

从《几何原本》前六卷译出到后九卷的翻译，历经二百多年的时间。这期间，数学家们对前六卷的术语已经做了不少修改，有的选用了新词，有的做了改进。

李善兰和伟烈亚力在后九卷的翻译过程中吸收了前人在术语方面的工作，有些术语没有选择前六卷创译的术语，而是选择了后来人们修改后的术语；有一些术语是在已有术语的基础上发展而来的；还有一些术语以前没有出现过，在翻译时没有现成的术语可供参考，所以只能够创新。

（1）《几何原本》后九卷术语的发展

《几何原本》后九卷中有一部分术语与前六卷中的术语意思相同，但采用了不同表达方式，下面将这些术语分类介绍。

第一，有关数学表达方式方面的术语。在《几何原本》前六卷命题证明的过程中，徐光启采用了大量的有关数学表达方式方面的术语，例如：界说、公论、题、解、论、法、系、驳论、求作、注、若、如、则，等等。在《几何原本》后九卷的翻译中，李善兰为了使后九卷的体例与前六卷相同，把这些术语都继承了下来。只是对"注"这个术语的使用有了一些变化。前六卷中徐光启在自己增加进去的内容前，都会以"注曰"的形式加以说明。而在后九卷中，李善兰将前六卷中"注"的内容作了分类，如果该内容是对上述内容的解释、注释时，李善兰会以"注"的形式说明；如果该内容是对上述内容的说明、提示或考证，就会以"案"的形式表达。这种分别使用"注"和"案"的表达形式，大大提高了读者对这部分内容的认识和理解。

第二，关于四边形方面的术语。《几何原本》前六卷中将"平行四边形"称为"长斜方形"；《数理精蕴》把斜方形作为一个基础图形，改称为"两边等斜方形"；而后九卷在卷十一 40 题"两筒等高三平行棱体，一以平行边形为底面，一以三角形为底面，平行"① 中将"平行四边形"称为"平行边形"。对比这三个术语，可以看出后者更接近于现在"平行四边形"的说法。

第三，关于比例方面的术语。《几何原本》前六卷中的第五卷详细介绍了有关比例的知识。徐光启在翻译这部分内容时创造了大量术语。其中现在称为"反比例"的术语，在前六卷中称为"有反理"，而在后九卷中进行了改进，称为"反比例"。这种说法一直沿用到了现在。

第四，关于立体几何方面的术语。《几何原本》后九卷中包括大量立体几何知识。一部分立体几何相关的术语是从平面几何术语中发展而来的。例如：图形的中心线，在前六卷中都称为"心线"，后九卷定义 19 "凡直角三角形旋转成体，

① 欧几里德．几何原本［M］．李善兰，伟烈亚力，译．南京：金陵书局，1866．

其心线不动，谓之圆锥轴线”[①] 中将立体图形的中心线改为“轴”，后者是现在使用的术语。通过比较这两个术语，可以发现：虽然二者都表示的是图形的中心线，但“轴”比“中心线”更具有动感，可以体现出它作为立体图形中心线的价值——只有绕轴旋转才能产生立体图形。

（2）术语的创新

《几何原本》后九卷的内容相比前六卷更加深奥难懂，一些知识在当时可以说是闻所未闻，所以这部分知识的翻译没有现成的词语可借鉴，这种情况下对原有的一些术语进行创新势在必行。例如《几何原本》第十卷主要讨论无理数，这些内容的提及在当时尚属首次，因此李善兰在翻译其中的一些术语时没有可参考的词语，只能根据伟烈亚力所叙述的内容进行创新。《几何原本》后九卷术语表如附表4所示。其中，中线（中项线）、太线（主线）、比中方线（中项面有理面和的边）、合名线（二项线）、合中线（双中项线）、断线（余线）、合中中方线（两中项面差的边）、合比中方线（中项面有理面差的边）、两中面之线（两中项面和的边）等术语虽已不再使用，但当时要创译这些术语无疑需要付出很大的努力。

三、《开煤要法》的主要技术术语的翻译研究

关键技术是相对于通用技术而言的。“在古代煤炭工程技术体系中，找煤技术、凿井技术、采煤技术、支护技术、运输技术、提升技术、排水技术、通风技术及煤炭加工技术的变革，都对系统的发展产生或大或小的影响，而其中对系统整体影响最为显著的是找煤技术、凿井技术、提升技术、通风技术、排水技术和炼焦技术。这几个技术环节，影响到古代煤炭工程技术体系的完善和突破，尤其是提升、通风、排水技术的根本性变革，成了区别古代煤炭技术与近代煤炭技术的主要标志。”[②] 因此，在煤矿工程所关注的关键技术当中，笔者也将考察的重点放在《开煤要法》一书所介绍的煤井开凿、提煤运输、煤井通风等核心技术的译述情况，并对这部分的术语翻译进行研究。

在翻译的选择过程中，《开煤要法》并未完全忠实于底本进行对译。例如，关于煤井开凿方法及支护方法内容，译本虽遵循底本的写作线索，但对于具体实用工具的介绍与英文底本的介绍有很大的不同，下面摘录与煤井开凿工具相关的原

---

① 欧几里德. 几何原本［M］. 李善兰，伟烈亚力，译. 南京：金陵书局，1866.

② 李进尧，吴晓煜，卢本珊. 中国古代金属矿和煤矿开采工程技术史［M］. 太原：山西教育出版社，2007：338-339.

文及其配图（图 4–2–1），来分析对于实用性工具的介绍《开煤要法》一书相对于原本是如何改编的。具体摘录对比如下：

The handle（shaft，or hilt）is from 27 to 33 inches long，and the double-pointed head from 18 to 20 inches. sometimes straight or nearly so as in central England，and in some varieties of the Belgian rivelaine，frequently a little curved，and sometimes in the North mucn "anchored." The points are steeled and sharpened four-square，with a very narrow cutting edge.①

［此段大意：手柄（轴或刀柄）为 27 到 33 英寸长，双尖头为 18 到 20 英寸，直的接近英国中部使用的工具。在比利时的一些工具，经常有点弯曲，像北部地区的"锚"。削尖的地方，具有非常窄的切削刃。］

此处译本的介绍如下：

凿煤器具各处所用不同。即一煤井内所用同类器具亦有分别，大约常用者为两头扁锋钢镬，柄长二十七寸至三十三寸，钢镬长十八寸至二十寸，式样亦各不等。取便于上下左右用者为定式。如第二十三图（图 4–2–2），有自中至两扁锋微圆而曲者如甲如丙，有自中至两扁锋向内微垂而其式直削者，如乙。有自安柄处，仅一边曲至扁锋者如一号二号。有自长柄作管顺上稍曲而下垂者，如三号。凡扁锋处用至坚之钢作扁方形。四面磨成方棱，是为最利。②

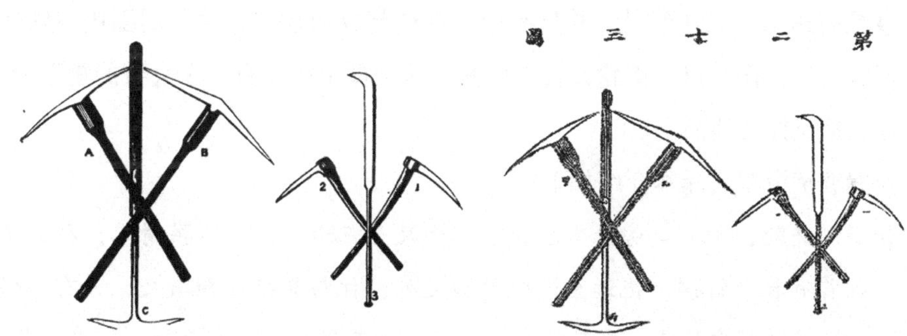

图 4–2–1　英文底本 FIG 17 凿煤工具　　图 4–2–2 《开煤要法》二十三图钢镬

从上述对比中可得知，在关于各类手工开凿工具的译述中，对于尺寸大小的介绍在技术细节方面有明显的区别，译本《开煤要法》一书重视对于工具本身的介绍，力求按照插图中的工具样式进行分析，而英文底本中则重视对于工具常用

① SMYTH W W. A Rudimentary Treatise On Coal and Coal Mining［M］. London: Crosby Lockwood，1867：168.

② 士密德. 开煤要法［M］. 傅兰雅，译. 王德均，述. 上海：江南机器制造总局，1871.

地区和工具来源的介绍。可见译本在翻译过程中对于技术本土化和实用性方面的关注较为明显。

在提煤运输方面，笔者选取关于“辘轳滑车法”的介绍，来具体分析译本所介绍的煤井提升系统的实用性问题。具体摘录对比如下：

The pulley-frames, or head-stocks, intended for the working of a single band down a pit, and thus often placed one on each side of the engine, as commonly arranged in the midland districts, are a comparatively simple framing in a triangular form, composed of two uprights and two back-legs, supporting a sheave or pulley of cast iron, 6 to 9 feet diameter, at the height of from 20 to 30 feet above the ground. When intended for rapid winding, these latter are generally replaced by pulleys of greater diameter, from 10 to as much as 20 feet, and having the spokes made of light wroughtiron rod and only the socket and rim of cast iron. When two bands are to be worked, the pair of pulleys reset upon a framing of greater breadth, which often has a general rectangular form, steadied by back-legs strutted either against the ground or against the engine-house.①

（此段大意：井架上的滑轮是单一向下的，因此经常把它安放在发动机的一侧，如在米德兰地区，是一个比较简单的三角框架，由两立柱支撑滑轮，滑轮直径 6 至 9 英尺。距离地面 20 至 30 英尺以上的时候，这些一般都是用大直径的滑轮，直径高达 10 至 20 英尺，并具有用熟铁杆制成的辐条，轮子周围用铸铁作材料。若有两个工作井口，滑轮设置在两侧，这种框架往往有一个大致的矩形形式，能够稳定地支撑在地面上。）

安置辘轳滑车法译本介绍如下：

如小煤井处，于井口旁立木柱，长二十尺至三十尺，用生铁滑车，径六尺至九尺，柱首有长木斜撑，拖迤至汽机转力之处，柱与斜撑相距数尺，又有小斜撑撑三角形。若欲起重甚速，有用滑车十尺至二十尺径者，滑车之辐，炼熟铁为之，毂与轮周，加铸生铁，两煤井相距稍远，置汽机于两井之间，共一辘轳，左右起重，互相上下。两煤井相距甚近，旁置汽机，共一辘轳，亦係起重互相上下。②

在煤井提升技术方面，“古代煤炭工程技术体系中，技术环节变革最为明显、

① SMYTH W W. A Rudimentary Treatise On Coal and Coal Mining［M］. London: Crosby Lockwood, 1867: 170–171.

② 士密德. 开煤要法［M］. 傅兰雅，译. 王德均，述. 上海：江南机器制造总局，1871.

变革力度最大的是提升技术”。[①] 提煤运输过程中所介绍的各类提升技术，包括提升工具、提升动力和提升程序三方面，中国古代的煤炭提升技术在动力方面与同时期近代煤炭工程技术的差距相当明显，“古代煤炭提升技术始终未能在动力上突破人力与畜力的禁锢，因而古代煤炭技术只能停留在手工操作阶段”。[②] 而《开煤要法》一书针对当时现状，着重介绍汽机在提煤运输方面的运用，这对于晚清时期煤井提升技术是一种很大的革新。此类介绍就中国煤炭史而言，在动力的应用上是一大突破。就各类提升工具及保护措施的介绍而言，《开煤要法》所译煤井提升技术能够应用于各类规格的煤，具有明显的实用性。

关于技术改进方面的内容，在通风系统的翻译引入中显得尤为明显。传统中国煤井通风技术多数以自然通风为主体，辅助伴有简单人力机械通风方法，鲜有运用其他动力机械进行煤井通风的记载。此类观点在《中国古代金属矿和煤矿开采工程技术史》当中亦有所论及。“传统的煤窑通风方法，多数是自然通风，在通风口与出风口高差很小时，则用手工制造的人力扇风机（风车、风扇）通风。”[③]“……直到19世纪末才有极少数煤矿引进西方的通风机通风。”[④]《开煤要法》一书从自然通风开始介绍，然后是利用改良的“鞲鞴”一类的往复运动的通风机械，还介绍了转轮风扇吸气法等通风机械。从自然通风到往复式机械通风，再到离心式转轮吸气通风机械，最后到改进离心式吸气法，这样的一个过程体现了技术的发展和改进的过程。

关于煤井通风技术，《开煤要法》在开始部分介绍了自然通风的方法：

冬夏二候，井内皆有自生之风气，大约自地面深入六十尺各土石即较地面加热一度。如不甚深之煤井下，夏则冷于地面，冬则热于地面。又空气加热则涨大而淡。上有冷气自压热气上升，人居其下。依此理择地势一高一低者，凿一深一浅二井。下通一煤洞，即能自生风气。[⑤]

译文中提及的自生风气法即利用煤井内外气压差用自然通风的方法进行通风。

① 李进尧，吴晓煜，卢本珊．中国古代金属矿和煤矿开采工程技术史［M］．太原：山西教育出版社，2007：339–340.

② 李进尧，吴晓煜，卢本珊．中国古代金属矿和煤矿开采工程技术史［M］．太原：山西教育出版社，2007：340.

③ 李进尧，吴晓煜，卢本珊．中国古代金属矿和煤矿开采工程技术史［M］．太原：山西教育出版社，2007：397.

④ 李进尧，吴晓煜，卢本珊．中国古代金属矿和煤矿开采工程技术史［M］．太原：山西教育出版社，2007：404.

⑤ 士密德．开煤要法［M］．傅兰雅，译．王德均，述．上海：江南机器制造总局，1871.

这种方法的运用需要认识到自地面深入六十尺井下较地面加热一度的规律性问题以及夏季与冬季气压方面的差异，并掌握空气的流动方向等问题，这与中国传统自生风气的双井法相比有了更深层次的认识。

然后介绍了利用"鞲鞴"进行煤井内的空气交换。"鞲鞴"作为"piston"的译名很快为当时的翻译界、工程技术界的人员所接受并广泛应用。《开煤要法》中介绍了"吸气筒法（图 4-2-3）"，即往复式机械通风法：

一吸气筒法，或平置或竖置，筒内以鞲鞴进退，吸败气出外，其进气井自补空气入内，此法繁重，究非利用。因为改作，如第五十一图，于出气井口旁，置夹层木桶……而鞲鞴一升以降，俱吸败气以出。①

此类技术在介绍之初就已明确说明这项方法复杂，不能广泛使用。《开煤要法》将此类技术进行了改进，将以前密封不严之处加置夹层木桶，并在夹层木桶内注水，使得鞲鞴在上下往复时不泄气。此类大型机械运用于大型煤井内，以蒸汽机为主要动力来源。这在晚清而言属于传入较早的以蒸汽机作为动力的煤井通风机械。

除"鞲鞴"外，还有介绍了转轮风扇吸气法（图 4-2-4）：

又有作风扇吸风气出外者，昔日尔曼于三百年前，已用此法。作轮辐，周置风扇，初时之制尚小，嗣改作甚大，其径自八尺至二十二尺，有数处侧立直转者，亦有卧置平转者，但所转不能过速，风气又易漏泄。法未尽善，故不为利用之器。②

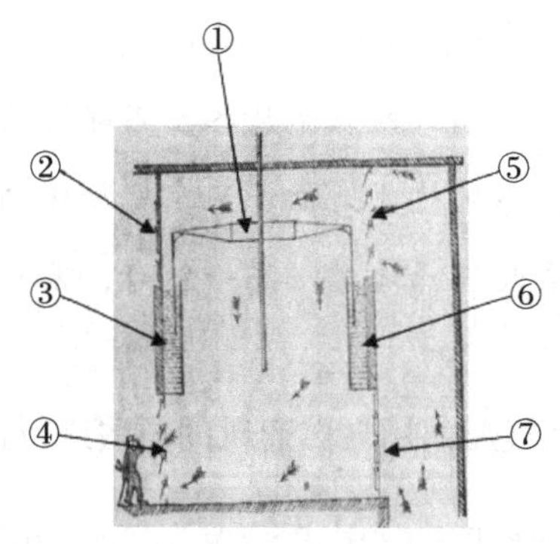

1—鞲鞴；2、4、5、7—铰链门；3、6—夹层木桶。
图 4-2-3 《开煤要法》51 图吸气筒法

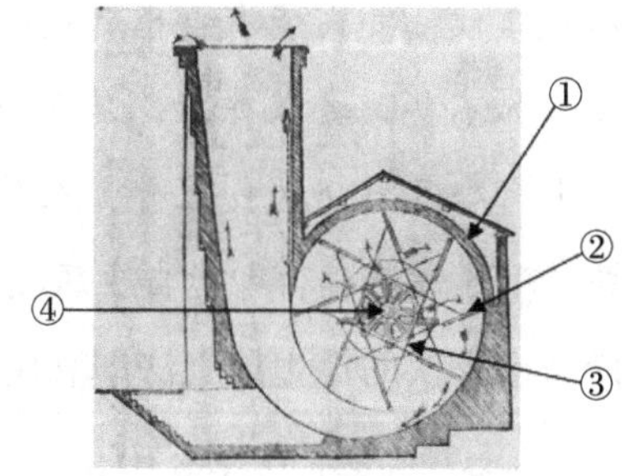

1—聚气圆箱；2—风扇；3—轮辐；4—中心轴
图 4-2-4 《开煤要法》53 图转轮风扇

上述通风机械以蒸汽机作为主要动力来源，此项技术与中国早期机械通风技

① 士密德．开煤要法［M］．傅兰雅，译．王德均，述．上海：江南机器制造总局，1871.
② 士密德．开煤要法［M］．傅兰雅，译．王德均，述．上海：江南机器制造总局，1871.

术相比有很大的进步。转轮风扇吸气法可以提供持续动力，而中国早期机械通风技术则缺乏持续性。这在当时的通风技术上是一次重要的改进，即通风机由往复式转变为离心式。

接下来书中介绍了一种较为新式的通风机械，在法国、英国、比利时等国已经运用多年，使用较为广泛。摘录如下：

Mr. Lemielle has devised a very ingenious ventilator, now at work in many Belgian and French pits, and at Ashton Vale, near Bristol, where it has acted satisfactorily for above ten years with very little necessity for repairs. Within a large cylinder of brick, wood, or sheet-iron, a smaller drum is placed excentrically, and made to revolve.On the surface of this drum are two or more valves or shutters, which, by means of iron rods moving freely round an elbowed axis in the centre of the large cylinder, lie close to the drum in one part of the revolution, and open out in another.The section shows by the arrows how the air will thus be expelled by the shutters as they approach the point of outlet.①

［此段大意：M. Lemielle 设计了一个非常巧妙的通风机械（图 4-2-5），应用在许多比利时人和法国人位于艾什顿谷布里斯托尔附近的矿井中。这种通风机构十年以上的时间都不必维修，它是在一个砖、木或铁皮材质的大汽筒中，安装偏心小滚筒，使其旋转。在滚筒表面有两个或两个以上的阀门或百叶窗，其中，由铁杆自由移动，在汽筒中心绕出弧形轨迹，旋转的一部分靠近汽筒壁，开放了另一端。该节由箭头显示在扇叶驱动下的空气方向，表明气体的排出方向。］

此处译本介绍如下：

又有西人名利美利者，新立一法，现法兰西英国卑里经等处，仿照其法有用至十年，无须修治者，如第五十四图（图 4-2-6），或以砖木铁板等料作一圆箱，内有三角圆轮，轮辐六数距三角轮中心稍远，再取一心为圆箱中心。又活门一端如铰链联于三角轮，一端联铁杆。杆有三而活门亦三。三杆相交之中为环，另有轴贯于圆箱中心，一边而不连三角轮。故三角轮转而活门。互相启闭焉。圆箱两旁有洞门，一通出气井。一通空气，视矢首所向，即知气之所以外出也。②

① SMYTH W W. A Rudimentary Treatise On Coal and Coal Mining［M］. London: Crosby Lockwood, 1867: 213.

② 士密德. 开煤要法［M］. 傅兰雅，译. 王德均，述. 上海：江南机器制造总局，1871.

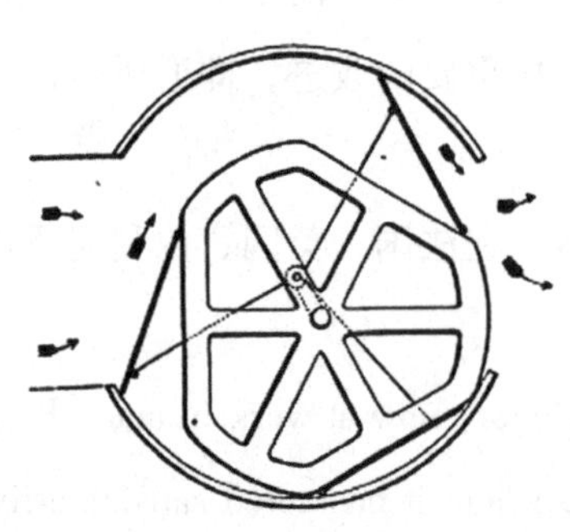
图 4-2-5　底本第 45 图 M.Lemielle 通风机械

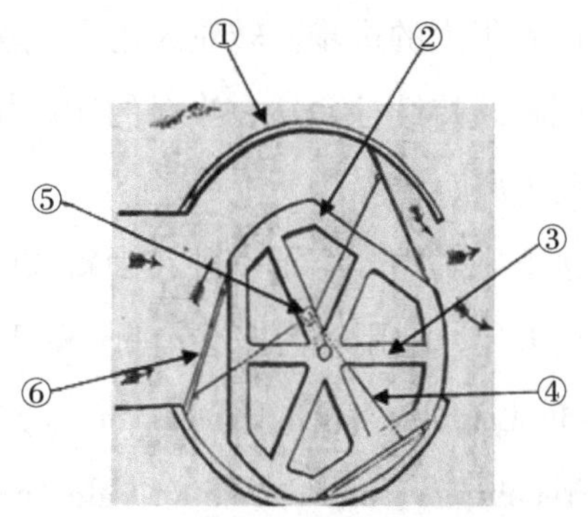

1—圆箱；2—三角圆轮；3—轮辐；4—铁杆；5—中心环；6—活门。
图 4-2-6 《开煤要法》54 图利美利通风机械

此类机器又较风扇吸气类机械在通风效率方面更进一步。而且此项技术在法国、英国、比利时等国家也获得应用，并且可以较长时间运行而不须修治。在当时此类通风机械也属于较为先进的通风机械，也是通过蒸汽机作为动力来源。其改进之处在于：转轮的密闭程度更加严密，使得通风效率提高。

关于煤井通风技术的介绍，译者在翻译过程中重视对于机械改良、增强机械安全性和使用效率等工作的介绍，满足了当时社会对于改良机械、重视效率及安全等方面的需求。译者在翻译过程中注重结合中国的实际，并非"生搬硬套"，这是技术与社会需求所结合的一项重要表现。

煤矿开采技术术语在晚清时期并未形成"名目表"，即煤矿开采术语的统一翻译规范。因此在研究当时技术术语的翻译问题时，笔者依据《开煤要法》及其英文底本来探析当时对于煤炭开采技术术语的翻译问题，并对其中流传较广的一些技术术语举例分析。详细术语介绍如表 4-2-4 所示。

表 4-2-4 《开煤要法》关键技术术语分析

关键技术	《开煤要法》技术术语	*A treatise on coal and coalmining* 技术术语	现代煤矿科技术语
煤的分类	①煤层；②棕色煤；③硬煤；④烟煤；⑤枯煤	① coal seam；② brown coal；③ anthracite；④ bituminous coal；⑤ crytallised coal	①煤层；②褐煤；③无烟煤；④烟煤；⑤结晶煤
运输技术	①铁板；②煤车；③轴	① iron rails；② tram；③ axle	①铁轨；②矿车、煤车；③轮轴
采煤技术	①煤柱；②煤田；③钢镬；④留煤作柱法；⑤逐段取煤法	① shaft-pillar；② coalfield；③ pick；④ post-and-stall；⑤ long work	①井筒保安矿柱；②煤田；③镐；④房柱式采煤法；⑤长壁式采煤法

续表

关键技术	《开煤要法》技术术语	*A treatise on coal and coalmining* 技术术语	现代煤矿科技术语
提升技术	①辘轳；②筐箱	① pulley；② cages；	①绞车；②罐笼
通风技术	①通风圆箱；②活门；③鞴鞴	① cylinder；② valves；③ piston	①汽筒；②阀门；③活塞

表 4-2-4 为《开煤要法》所述的各类核心技术所涉及的技术术语统计表。尽管此术语表并未能完整地反映出《开煤要法》所译的技术术语，但从中能够看出，《开煤要法》的翻译工作借鉴了当时同时期著作的翻译成果，例如“鞴鞴”一词本来的义项是活塞，最终发展为中国人常用的词汇之一，直到现在某些工程学领域依旧能够沿用。关于“鞴鞴”译名来源的考订工作，详见李文、戴吾三《“鞴鞴”译名考源》一文[①]，最早“鞴鞴”一词出现在 1868 年徐寿翻译的《汽机发轫》一书中。

第三节　晚清力学术语的翻译[②]

与几何学术语不同的是，西方经典力学对于中国人而言是全新的知识。很多知识是由《重学》首次传入，因此，很多力学术语是《重学》首次用汉语表达。通过对《重学》中力学术语的翻译方式的研究，可以看到当时传统知识及其文化在其中所产生的作用。更重要的是，第一次用汉语表达经典力学的专业术语及其内容的是数学家李善兰，因此在翻译过程中有很多有趣的现象，为了保证本书的完整性以及分析的针对性，现将晚清力学术语的翻译及其传承的大致脉络呈现于下文。

一、《重学》术语的翻译

明末清初，部分静力学知识已经传入。《重学》中的静力学术语和机械类术语

① 李文，戴吾三．“鞴鞴”译名考源［J］．哈尔滨工业大学学报（社会科学版），2004（4）：36–39.

② 聂馥玲．《重学》的力学术语翻译［J］．中国科技史杂志，2012（1）：22–33．该文是本项目的研究成果之一。

大部分沿用了明清时期已有的术语，如重学、力、能力、人力、马力、水力、风力等静力学术语，以及柱、梁、架、轴、轮、杠杆、齿轮、平轮、水轮、风轮、辘轳、滑车、索等机械类术语。其中一些术语虽然字面上使用了上述名词，如重学、能力、力等，但在《重学》中其含义已经发生了变化，具体情况将在后面加以阐述。

另外，也有一些明清时期的术语在《重学》中被淘汰，如藤线（螺旋线）、揭杠、挑杠、提杠[①]、垂线球仪（单摆）等。

除沿用已有的力学术语外,《重学》的术语翻译、表达方法基本是选择能够揭示原词含义的字组成新的中文术语。一种是选择相应的单词直译组成新的复合词，如直杆（straight lever）、曲杆（bent lever）、力点（point of power）、重点（point of weight）、平速动（uniform motions）、纯光（perfectly smooth）、渐加力（accelerating force）、重速积（mv，动量）、质距积、重距积（moment，力矩）、质点（material particle）、质面（material surface）、动力（moving force）、长加力（constant pressure）、朒凸力（imperfectly elastic，非完全弹性）、实力［effective（moving）force，主动力］、加力［impressed（moving）force，约束力］等。另一种就是用几个字组成，解释概念成为新译名，如静重学（statics）、动重学（dynamics）、定距线、离心直角线（arm）、渐加力率（acceleration）、工作之能率（efficiency）、阻滞力（resistance）、面阻力、磨力（friction）、不肯动性、质阻力（inertia）、凸力（the force of restitution，elasticity）、作工、程功（perform work）等。

需要强调的是,《重学》术语在翻译过程中有一个明显的特征是利用了中国传统数学中的一些词，如“朒”“率”等。朒，是不足的意思，在中国传统数学中有“盈朒法”；率是一定的标准和比率，中国古代指数量之间的一定关系。刘徽《九章算术·方田》经分术注云:“凡数相与者谓之率。”分数的分母与分子、圆的周长与直径等，以及线性方程的行，都是率关系。刘徽视之为“算之纲纪”。《重学》在翻译力学概念时大量使用了“率”，如地心渐加力率（重力加速度）、凸力定率（弹性系数）、面阻力定率（摩擦系数）等，以此表示一些物理学常数。还有一些表示单位时间的物理量也使用了率，如：渐加力率（加速度）表示单位时间速度的变化量，动力率（冲力）表示单位时间动量的变化量,“作工之能率”表示单位时间的功。

① 揭杠、挑杠、提杠为三种杠杆，支点分别在中点和两侧。

由此可以看出,《重学》的翻译方法和特点基本是：沿用已有的力学术语；选择能够揭示原词含义的字直译组成新的力学术语；用几个字解释新概念成为新的力学术语。这种翻译方法是翻译实践中最可行的一种方法，与明末清初的翻译方法[①]相似，后期江南制造局的定名规则也基本在此基础上形成。《重学》在力学概念翻译中的最大特点是选择了中国传统数学中“率”的概念，以此表达力学中与某些物理量有某种比率关系的概念。

《重学》涉及的力学术语中，机械类术语明末清初已有，基本上采用旧译，而摩擦力和力的合成、分解等词，以及动力学名词则完全是新译。在1867年重刊的《重学》中附有专业术语表（Vocabulary of Technical Terms），如图4-3-1所示。

VOCABULARY OF TECHNICAL TERMS.

Accelerating force 漸加力 *Tsëen këa lëth.*
Acceleration 漸加速 *Tsëen kea sŭh.*
Acting perpendicularly 直加 *Ch'ih këa.*
Air 風氣 *Fung k'é.*
Air gun 風鎗 *Fung ts'ëang.*
Angle of incidence 原角 *Yuên këŏ.*
Angle of reflexion 回角 *Hwûy këŏ.*
Arch of a bridge 橋環 *K'eaou kwan.*
Atmospheric engine 風抵力火輪 *Fung té lëth hò lûn.*
Axis of suspension 懸軸 *Heuen ch'ŭh.*
Boiler 鍋 *Ko.*
Canal 水路 *Shwùy loó.*
Centre of oscillation 擺心 *Paé sin.*
Centre of suspension 懸點 *Heuen tëen.*
Cohesion 膠固力 *Keaou koó lëth.*
Collision 相擊 *Sëang këth.*
Combination of wheels and axles 聯輪軸 *Lëen lûn ch'ŭh.*
Compel 强 *Këâng.*
Composition of forces 并力 *Ping lëth.*
Condense, Condensation 縮 *Sŭh.*
Condensing engine 冷化器 *Làng hwá k'é.*
Continuous force 長加力 *Ch'âng këa lëth.*
Crank 曲柄 *Keŭh ping.*
Crown of arch 環心 *Kwan sin.*
Cylindrical box 空圓柱 *K'ung yuen ch'oó.*
Direct action 正加 *Chin këa.*
Duty (of a machine) 能率 *Năng sŭh.*
Dynamics 動重學 *T'ung chúng hëŏ.*
Effective force 實力 *Shih lëth.*
Effective pressure 實抵力 *Shih té lëth.*
Efficiency 功用 *Kung yung.*
Elasticity 凸力 *Tŭh lëth.*
Elasticity of fluids 流質漲力 *Lëw chih cháng lëth.*
Eliminate 消去 *Seaou k'eú.*
Expansion (of substance) 漲 *Cháng.*
Extrados 劈行上面 *P'ëih hâng sháng mëen.*
Female screw 陰螺旋 *Yin lo seuen.*
Fixed pulley 靜滑車 *Tsing hwă keu.*
Fluid 流質 *Lëw chih.*
Fly-wheel 外輪 *Waé lûn.*
Friction 面阻力 *Mëen tsoò lëth.*
Friction wheel 減阻力之輪 *Këen tsoò lëth che lûn.*
Fulcrum 定點 *Ting tëen.*
Gravity 地心力 *T'é sin lëth.* 互相牽引 *Hoó sëang k'ëen yìn.*
Haunch of arch 環旁劈 *Kwan pang p'ëih.*
Head of water 水得速當過路 *Shwùy tih sŭh tang kó loó.*
High-pressure engine 大抵力火輪 *Tá té lëth hò lûn.*
Impact 擊力 *Këth lëth.*
Imperfect elasticity 不全凸力 *Pŭh tseuên t'ŭh lëth.*
Impinge 擊 *Këth.*
Impressed force 加力 *Këa lëth.*
Impulse of fluids 流質流力 *Lëw chih lëw lëth.*
Inclined plane 斜面 *Sëay mëen.*
Inelastic 無凸力 *Woô t'ŭh lëth.*
Inertia 不肯動之性 *Puh k'ang túng che sing.*
Instant 霎 *Shă.*
Intrados 劈行下面 *P'ëih hâng hëá mëen.*
Joint 樞紐 *Ch'oo new.*
Lever 桿 *Kan.*

2

Locomotive steam engine 火輪車 *Hò lûn chay.*
Lubricate 膏 *Kaóu.*
Magnet 磁石 *Tsze shih.*
Male screw 陽螺旋 *Yâng lo seuen.*
Material particle 質點 *Chih tëen.*
Mean pressure 平抵力 *Ping té lëth.*
Mechanics 重學 *Chúng hëŏ.*
Modulus of elasticity 凸力率 *T'ŭh lëth sŭh.*
Moment of inertia 質阻率 *Chih tsoò sŭh.*
Momentum 重速積 *Chúng sŭh tseih.*
Motion of rotation 輥動 *Kwǎn t'ung.*
Motion of translation 過面動 *Kó mëen t'ung.*
Moveable pulley 動滑車 *T'ung hwă keu.*
Moving force 動力率 *T'ung lëth sŭh.*
Overshot water-wheel 水激上半輪 *Shwùy këth sháng pwán lûn.*
Parallel force 平行力 *Ping hing lëth.*
Particle 點 *Tëen.*
Perfect elasticity 全凸力 *Tseuên t'ŭh lëth.*
Perform work 程功 *Ch'ing kung.*
Pile driver 打樁器 *Tà chwang k'é.*
Piston 推機 *T'uy ke.*
Plane of oscillation 擺面 *Paé mëen.*
Plane of rotation 輥面 *Kwǎn mëen.*
Point of power 力點 *Lëth tëen.*
Point of weight 重點 *Chúng tëen.*
Power (of a machine) 利用 *Lé yung.*
Power of traction 牽力 *K'ëen lëth.*
Practical duty 實程之功 *Shih ch'ing che kung.*
Pressure 抵力 *Té lëth.*
Project (*verb active*) 拋 *P'aou.*
Pulley 滑車 *Hwă keu.*
Pulley block 滑車架 *Hwă keu këá.*
Pump 運水器 *Yún shwùy k'é.*
Radius of gyration 環軸半徑 *Kwan ch'ŭh pwán king.*
Railroad 鐵軌路 *T'ëë kwei loó.*
Recoil 退行 *T'uy hing.*
Rectilinear motion 直動 *Ch'ih t'ung.*
Resolution of forces 分力 *Fun lëth.*
Rigid rod 堅線 *Këen sëen.*
Rigid system of material points 諸質點合體 *Choo chih tëen hŏ t'è.*
Road 陸路 *Lŭh loó.*
Roll 輥 *Kwǎn.*
Rotatory motion 輥動 *Kwǎn t'ung.* 旋轉 *Seuen chuén.*
Screw 螺旋 *Lo seuen.*
Self-acting plane 自行車路 *Tsze hing chay loó.*
Slope 斜面 *Sëay mëen.*
Solid body 定質 *Ting chih.*
Space 路 *Loó.*
Spring (of a carriage) 鋼墊 *Kang tëen.*
Spring (of a watch) 發條 *Fă t'eaou.*
Statics 靜重學 *Tsing chúng hëŏ.*
Steam 水氣 *Shwùy k'é.*
Steam engine 火輪機 *Hò lûn ke.*
Surface of contact 切面 *Tsëë mëen.*
System of connected points 合質體 *Hŏ chih t'è.*
Tension 索力 *Sŏ lëth.*
Theoretical duty 當程之功 *Tang ch'ing che kung.*
Toothed wheels 齒輪 *Ch'è lûn.*
Undershot water wheel 水激下半輪 *Shwùy këth hëá pwán lûn.*
Uniform motion 平速行 *Ping sŭh hing.* 平動 *Ping t'ung.*
Uniformly accelerated motion 平加速 *Ping këa sŭh.*
Unroll 卸 *Sëáy.*
Vacuum 空 *Kung.*
Valve 舌 *Shih.*
Vis viva 全動能 *Tseuên t'ung nâng.*
Voussoir 劈 *P'ëih.*
Voussoir course 劈行 *P'ëih hâng.*
Wedge 劈 *P'ëih.*
Weight (of a clock) 錘 *Ch'uy.*
Wheel and axle 輪軸 *Lûn ch'ŭh.*
Windmill 風車 *Fung chay.*

图4-3-1 《重学》（上海美华书馆版）专业术语表

该专业术语表共有130个术语，涵盖了《重学》中大部分主要术语名词，其中包括了一些非力学术语名词，如锅（boiler）、原角（angle of incidence）、回角（angle of reflection）、水路（canal）、强（compel）、缩（condense，condensation）、冷化器（condensing engine）、曲柄（crank）、环心（crown of arch）、空圆柱

① 《奇器图说》中对术语的处理方法：机械及其零件名称多来自中国的传统技术。对于比较理论化的术语，邓玉函与王征以四种方式来处理：一是选择能够揭示原词含义的字组成新的中文术语（如杠杆、飞轮）；二是采用含义相同或相似的来自中国传统知识中的术语（如力）；三是选取传教士的中文翻译著作中已给出的术语；四是对于人名等特殊名词采取音译的方式。参见文献：张柏春，田森．传播与会通：《奇器图说》[M]．南京：江苏科学技术出版社，2008：279.

（cylindrical box）、运水器（pump）、打椿器（pile driver）等。也有一些典型的力学术语没有包括进来，如力（能力）、直杆、曲杆，以及表示作用力、反作用力和平衡力的术语，如本力、对力、抵力，还有一些表示物理学常数的术语，如地心渐加力率或地力（重力加速度）、凸力定率（弹性系数）、面阻力定率（摩擦系数）等也未涉及。

"专业术语表"是 1867 年重刊《重学》时由伟烈亚力所加，该表没有完整反映《重学》和《机械学》（*Mechanics*）的术语情况，这里我们重新梳理了《重学》与 *Mechanics* 中涉及的名词术语，形成附表 7 并作为"专业术语表"的补充。附表 7 重点整理了表达力学概念的术语，其中未加 * 号的为"专业术语表"中已有的术语，加 * 号的为分别从《重学》和 *Mechanics* 中摘出的译名。

另外，与原著对比发现，《重学》的"专业术语表"中个别术语与原著和译著有出入。主要有两种情况：

一是，《重学》中汉译名有两个或两个以上者，"专业术语表"中只列出一个，如"加速度"一词在《重学》中译作"渐加力"，也作"渐加力率"，但表中只列出了前者，而没有列出后者。又如"约束力"只列出"实抵力"，而未列出"加力"；"惯性"只列出了"不肯动性"，未列出"质阻力"等。还有对非完全弹性碰撞的翻译，《重学》使用了中国传统数学中的"朒"字，将非完全弹性的力译为"朒凸力"，而对照表中只有"不全凸力"，见附表 7 第一列。

二是，英文原著也有一个概念多种表达的情况，"专业术语表"中也只列出一个。如列出了表示加速度的 acceleration 而没有列出 accelerating force。又如，列出了表示约束力的 effective pressure，而没有列 impressed（moving）force，见附表 7 第二列。

从理解原文的角度看，《重学》中翻译的一些术语对原文的理解非常准确。19 世纪初期，力学作为一种"混合数学"，一些概念、术语还没有达到现在所使用的概念、术语的成熟程度。这一点在 *Mechanics* 中也有体现。例如加速度、冲力等概念并没有像现在教科书中那样清晰、严格。但是，《重学》在翻译中没有根据原文直译这些概念，而是在理解的基础上进行翻译。其中特别普遍的是，利用中国传统数学中"率"的含义对力学概念加以解释，突出了力学概念在计算或者说在概念应用上的准确性。

从现在的知识背景来看，《重学》中翻译的术语似乎比原文在概念表达上更清晰、准确。比如，加速度、冲力等。

1. 加速度的翻译

在 *Mechanics* 中，加速度的概念由 accelerating force 和 acceleration 两个词表达，且前者使用的频率远远超过后者，原著只在该章最后总结中才有了 acceleration 一词。① 而且在 *Mechanics* 中力和加速度的概念没有严格区分。"accelerating force" 有时表示力，有时表示加速度。"accelerating force" 从字面上直译为"加速力"，这样容易被理解为是一个力的概念，而不是加速度。《重学》在翻译该词时，有些地方将之译为"加速力"，但译为"加速力率"或"力率"之处更多，这里加了"率"字，包含了速度增量与时间的关系，从而将"力"和"加速度"区别开来。例如，原文 113：Accelerating force is force measured by the velocity，in a given time，it would produce in a body.（accelerating force 是力，这个力是由给定时间产生的物体的速度来衡量。）这里明确定义了 accelerating force 是力。

If an accelerating force，acting upon a body in direction of its motion，add equal velocities in each equal time，the force is called uniform or contant. [如果一个 accelerating force 作用于物体的运动方向上，在相同的时间内，产生相同的速度，这个力叫作恒定的或不变的（力）。]《重学》中相应的译文：所知时中以所生速为率之力。若渐加力依动物方向加于动物，令速随时平加，名曰平渐加力。

以上内容说明，在 *Mechanics* 中，accelerating force 是一种力。而《重学》也将该词译为一种力——渐加力。但是在下面的表达中，《重学》没有沿用上面的译名——渐加力，而是使用了"渐加力率"一词。例如，原文 113b 节：Uniform accelerating force is measured by the velocity added(or subtracted) in a given time，as for instance，one second. [恒定的加速力是由给定时间（如一秒）内增加或减少的速度来衡量的。]《重学》中相应的译文：

平渐加力之率为所知时中或加或减之速。

这一小节给出了匀变速运动的加速度的概念。《重学》将原文中的"Uniform accelerating force"译为"平渐加力之率"。

原文 114 节：With uniform accelerating force，the velocity generated in any time is equal to the product of the force and the time. $v=tf$，$f=\frac{v}{t}$.（在恒定加速力作用下，在某一时间内产生的速度，等于力乘以时间。）

从 114 节所表达的内容来看，accelerating force 应当是指"加速度"，相当于

① 这与 *Mechanics* 写作的时代背景以及当时力学术语的规范化及其传播有关。

现在的$a=\frac{\Delta v}{\Delta t}$，$v_t=at$。这里，$a$ 为加速度，v 为速度，t 为时间。

《重学》中相应的译文：

平渐加力若干秒中所产生之速等于力率乘秒。速 = 力率 × 时，故速为实，时为法，得数为平渐加力率。

在英文原著中，accelerating force 可以是力，也可以理解为加速度。《重学》用“渐加力”和“渐加力率”区别了力与加速度。这种区分是必要的，因为根据牛顿第二定律，力是产生加速度的原因，力与加速度不论是在概念上还是数值上都是有差别的。与此相对应，《重学》中将“重力加速度”译为“地心渐加力率”，同时还给出了“地心渐加力率”的值，为二十七尺六寸。

2. 冲力的翻译

在 *Mechanics* 中，moving force 表示使物体发生动量变化的力。原文先是给出了 momentum 和 moving force 的定义。

原文 122 节：

Def. The momentum of a body is the product of the numbers which represent its quantity of matter and its velocity.（一个物体的动量等于物体的质量与它的速度的乘积。）

Def. Moving force is measured by the momentum generated by the direct action of a force in a given time.（moving force 是由给定时间内直接作用力所产生的动量来衡量的。）

然后指出：“因为在相同的时间内获得的动量和失去的动量相同，那么根据上述定义使 *A* 加速的 moving force 和使 *B* 减速的 moving force 相等。”（... since the momentum gained and the momentum lost in same time are equal，the moving force which accelerates *A* and the moving force which retards *B* are equal by the definition above given.）

并利用牛顿第三运动定律证明了“只要使物体产生的运动和损失的运动相同，the moving force 就相同。”（ Therefore so long as the pressure which produce or destroy motion is the same，the moving force is the same.）这里的 pressure 即使物体运动状态发生变化的一对作用力和反作用力。

从这一段的叙述可以看出，在 moving force 与动量的关系之中，时间是一个必须考虑的量。

《重学》将上述两个定义译为："欲知质与动有何相涉，当先明重速积及动力率。质与速相乘为重速积。所历时中正加抵力所生重速积为动力率。"

事实上，上述 *Mechanics* 中的关于 moving force 的定义，可以理解为"给定时间内产生的动量应该等于冲量"，即 $Ft=\Delta mv$。moving force 应当指该式中的 F（冲力），冲力的大小与动量的变化量和作用时间有直接关系。《重学》将 moving force 译为"动力率"，包含了力与时间的关系。这说明译者对原文内容的理解是准确的，这样的处理方式也是必要的。

二、《重学》术语翻译存在的问题

由于李善兰和艾约瑟的知识背景的局限性，在《重学》的概念翻译中或多或少还存在一些不尽如人意之处。

从全文的翻译看来，《重学》与原著最大的差异在于对原著概念的处理上，主要表现在：一是没有翻译原著的"导论"，造成一些基本概念模糊不清甚至没有界定。原著的"导论"主要介绍力学的基本概念，如力、力学、静力学、动力学、质量、重量、作用力、反作用力、平衡力等，但译著未译这部分，而在后文中又未做概念的补充。二是原著正文中有些概念的表达被省略，或者没有翻译完整。

以上两方面的问题给理解相关知识带来了困难。例如力矩、力臂；惯性、转动惯量；摩擦力；能力；作用力、反作用力与平衡力等概念在翻译和使用上存在问题。

1. 力学、静力学、动力学

关于力学、静力学、动力学三个概念在原著的导论中和动力学第一章的定律和定义中有明确的介绍。《重学》在正文中没有正式介绍这几个概念，在序、跋中涉及相关内容，但不及原著的概括性以及准确程度。

在导论中，1. Mechanics is the science which treats of the laws of the motion and the rest of body.（力学是讨论物体运动和静止的科学。）

9.The science of Mechanics is divided into two part Statics and Dynamics.（力学分为静力学和动力学两部分。）

100.Dynamics is the part of Mechanics which relates to the action of force producing motion.（动力学是力学的组成部分，是关于力产生运动的学科。）

这几个概念在《重学》的序、跋中有所体现。

钱熙辅跋："胡君威立，英国之精于重学者也，著书十七卷。分动静两大支，其静重学先求重心以得其相定之理，定理既明，乃可以用动力而轮轴、滑车诸器，或分或合，或复或单，均能以小力运大重，是即动重学之根亦。其动重学有平速、渐加速之分，而地心下引之力为渐加速，速之比例用股而不用弦……。”

李善兰序：“重学分二科，一曰静重学。凡以小重测大重，如衡之类，静重学也；凡以小力引大重，如盘车、辘轳之类，静重学也。一曰动重学。推其暂，如飞炮击敌，动重学也；推其文，如五星绕太阳，月绕地，动重学也。”

从序、跋来看，二者对上述几个概念的介绍是有缺陷的，没有达到原著的概括程度、抽象程度和准确性，基本上是以举例的方式说明了什么是重学和静力学。动力学的概念在原著动力学第一章给出，《重学》按照原文译为“动重学之理以能力加质体令生动为主”，与原文较接近。

2. 作用力、反作用力，平衡力（本力、对力）

作用力、反作用力和平衡力的概念在力学中无疑是非常重要的概念，它们关系到读者是否能够正确理解力的概念。在《重学》中，这两组概念的翻译在措辞上没有区分，这在某种程度上会导致对相关内容理解上的困难，而原著这些概念的表达则非常清楚。原著导论第 9 节：

...Two opposite forces which thus balance or destroy each or destroy each other are equal force. [两个彼此平衡或抵消的方向相反的力（大小）相等。]

When a heavy body is supported, it exerts a pressure downwards on its supports, and is sustained by their pressure upwards.（当一个重物被支撑时，它施加一个向下的力于支持物上，同时，它也被支持物产生的向上的力支撑着。）

Statical force are called pressure. Thus, when a heavy body is supported, it exerts a pressure downwards on its supports, and is sustained by their pressure upwards.（静力学的力叫作压力。当一个重物被支撑时，它施加一个向下的力于支持物上，支持物给它一个向上的压力。）

The pressure exerted upwards by each support, is equal to the pressure downwards upon it; and the latter being called the Action, the former is called the Reaction.（每个支持物给物体的向上的力等于作用在支持物上向下的力。后者叫作作用力，前者叫作反作用力。）

《重学》在用词上没有区分作用力、反作用力和平衡力。在“卷一杠杆”的公论三中有这样一段：“若有相等两重直加于杆之两端，而杆有两定点离杆两端俱等，则两定点之抵力和必等于两重之和。”这里的“抵力”应是指支点对杠杆的支持力，该力与重力应当是平衡力。紧接着有如下论述：“抵力自下而上以敌自上而下之力。公论言重向下抵力向上敌之。亦同理推之各方向力为对面力所敌亦同。本力方向或自上而下或自下而上为抵力所敌，理总无二。二力相等故谓之抵力。”此处“本力”与“抵力”应当是指一对平衡力。

“卷八论质体动之理”中提道：“动及动势之根源为能力，能力可做抵力。凡抵力与对力必等，有抵力在一点必生相等对力于本点。”这里的“抵力”和“对力”对应于原文中的action与reaction，表示的是作用力与反作用力。“动理第三例：凡抵力正加生动，动力与抵力比例恒同，此抵力对面力相等之理也。”这里的“抵力”和“对面力”也是指作用力与反作用力。

作用力、反作用力和平衡力的翻译在措辞上准确反映了原文，如关于平衡力的“所敌”，关于作用力、反作用力的“必生相等对力于本点”。这里存在的主要问题，一是没有明确为这两对力下定义；二是没有选择有明显区别的术语表达。

对于作用力、反作用力和平衡力这样的概念，初学者本身就很容易搞混，而《重学》在翻译时没有选择有区别的术语将这两个概念加以区分，这就导致了读者对概念难以理解。

3. 力矩、转动惯量、惯性

关于力矩（moment），就概念的界定而言，原著没有在正文中正式出现，而是在介绍转动惯量时在注释中进行了定义和详细的解释。但moment在*Mechanics*中贯穿于杠杆的平衡、刚体的平衡、重心等部分内容，多次出现。《重学》[①] 同样没有界定力矩的概念，在表达moment这一概念时，多数是用解释该概念的方式，即用力与力臂（离心直角线、定距线）的乘积来表达。但是在“论重心”部分有“设令无数质点为一体定于直线，则两边各质点重距积之和必等”。并且解释道：“重距积者直交重心面之线乘本重所得之积也。”这里，“重距积”指的是重力产生的力矩。在绕定轴转动的内容中有“可见抵力加于合质体与相等质距积所生之动力恒等”。这里的“质距积”也是指力矩。但是当*Mechanics*中出现力矩的概念时，《重学》反而使用了“实生动力”。下面是原著介绍转动惯量时的注释：

The inertia of body is the measure of its effect in resisting the communication of motion; in a single point, it is as the mass simply; but in a body revolving about an axis, the effect of a partial in resisting motion depends on the distance from the axis, like the effect of the force acting on a lever. The effect on a lever is as the product of the force and

① 《重学》将原著注释中的这部分内容放在了正文中。

distance, and this product is called the moment; the effect of the inertia of the mass in resisting rotatory motion, appears from the above investigation to be as the product of the mass and square of the distance, and hence, this product is called the moment of inertia; and the sum of these product is called the moment of inertia of the system.

[此段大意：物体的惯性是衡量阻碍物体运动变化的效果的；但当物体绕轴转动时，各部分阻碍运动的效果与到轴的距离有关，就像力作用于杆上的效果一样。作用于杆上的效果等于力和距离的乘积，这个乘积叫作力矩（moment）；阻碍物体转动的物质惯性的作用效果……等于质量与距离平方的乘积，这个乘积叫作转动惯量（the moment of inertia），乘积之和叫作系统的转动惯量。]

相应的译文："质点当静时有不肯动之性，当动时有不肯静之性，此力名质阻力，质阻力大小之比同于质大小之比。以质体绕轴言之。各点质阻力以离轴远近而异，与力加于杆直理同，但杆之实生动力等于力乘距定点线。而质体旋动之质阻力以质体乘距轴线方为率。此数名质阻率。各点质阻率并之为合体质阻率。"

"力矩"在《重学》中的不同地方分别译作"重距积""质距积"，在此处以新词"实生动力"来译moment，整个书中"力矩"的概念使用了不同的译名，且在行文中也未将这几个概念联系起来。另外，书中将inertia译为"质阻力"，将转动惯量（moment of inertia）译为"质阻率"。转动惯量是一个与质点的质量和距转动轴的距离有关的物理量，它既与力矩有关又与惯性有关。"质阻率"的译名没有将上述含义表达完整（此处再次用了"率"的概念），这大概与《重学》中对力矩没有明确的理解有直接的关系。

《重学》表达其他力学概念的术语也有类似情况，如friction（摩擦力）译作"阻滞力""面阻力"或"磨力"，而且有时也交叉使用。又如resistance有译作"阻滞力"的，也有译作"对力"的。再如，"能力"一词在《重学》中含义也较多，有的表示力："有诸能力在一个平面上加于一点，求并力"；也有的表示合力："假如有甲乙线平于地平，甲丙、乙丙两线结于丙，丙下悬重寅，令丙点定，求丙甲、丙乙两线能力"；还有的表示作用效果："两个相等重，或分加直杆之两端，或并加直杆之中心，其能力必等。"

4. 摩擦力

关于摩擦力，文中理解有误。原文用R代表正压力，f代表摩擦系数，摩擦力即为fR，f随接触面不同而不同（f=1/2，1/4，1/5）。译文译作"令抵力为未，面阻力为己丨乘未”，这里的“己丨”按照原文理解应当是指摩擦系数[①]。但又有“测得各面阻力定率为己丨= $\frac{\text{二}}{\text{一}}$未”。

在测量摩擦力的论述中有“面阻力”为“己丨乘未”，通过推导得“己丨= $\frac{\text{乙丙}}{\text{甲丙}}$”或“己丨= 乙$\frac{\text{正}}{\text{切}}$”，即式中的“己丨”是倾角为 α 的斜面的摩擦系数的值，如图 4–3–2 所示。因此“己丨”应指摩擦系数，而“$\frac{\text{二}}{\text{一}}$未”应是摩擦力，公式“己丨= $\frac{\text{二}}{\text{一}}$未”是错误的。

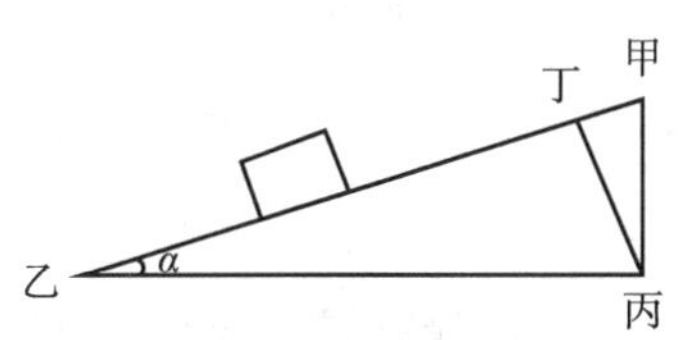

图 4-3-2　倾角为 α 的斜面

除了上述力学概念上存在的问题,《重学》在物理单位的翻译上也存在一些问题。

有的物理量进行了不同计量单位的换算，如重力加速度由英尺换算成了中国的尺，重力加速度的值为 27 尺 6 寸。有的则没有进行不同计量单位的换算，如“卷十六诸器利”采用了原文中的数据：1 立方英尺的水产生 1711 立方英尺的蒸汽，1 立方英尺的蒸汽产生 2121 磅压力，1 立方英尺的水产生的压力为 1711 × 2120 磅 =3627320 磅。《重学》在翻译中数字采用了原著的数字，单位采用了尺和斤等中国传统计量单位，如果 1 尺不等于 1 英尺，1 磅不等于 1 斤，那么上述数字将与实验不符。按照晚清度量衡标准，以英制为标准折合中制，其折算标准是：中国一百斤合英制一百三十三磅零三分之一磅，即 100 斤 =133.33 磅，1 磅 =454 克，1 斤 =605.3182 克，1 两 =37.83 克。[②] 上述的数字当然不符合实验结果。

物理单位的问题在晚清的力学传播中也是非常值得下功夫研究的问题，但是情况比较复杂。

三、力学术语的传承与变化[③]

《重学》作为第一部将力学知识系统传入中国的著作，其中很多力学术语都是第一次用汉语表达，因此它所包括的术语自然会受到当时相关人士的重视。后期编译的《格物入门》《格物测算》等力学书籍很大部分采用了《重学》的术语，

---

① 英文原著没有明确的摩擦系数的概念，但在行文中有相当于现用术语摩擦系数的物理量，《重学》将该物理量译作“面阻力定率”。

② 丘光明，邱隆，杨平. 中国科学技术史：度量衡卷［M］. 北京：科学出版社，2001：436.

③ 聂馥玲. 晚清力学术语的传承与演变［J］. 内蒙古师范大学学报（自然科学汉文版），2011，40（5）：536–540. 该文为本项目的研究成果之一。

1867 年美华书馆重刊了《重学》中“英汉科技词汇术语”一表中的 130 个术语，这些术语全部收入卢公明（J.Doolittle）编的《英华萃林韵府》（*A Vocabulary and Handbook of the Chinese Language*，1872）①。傅兰雅在 1890 年传教士大会上宣读的论文《科学术语：当前的差异和寻求一致的方法》②中谈到，他 23 年前译书的原则来自《谈天》《代微积拾级》《重学》《植物学》等。《重学》中的一些术语传入日本，后期传入中国的日文教科书也沿用了一部分《重学》中的术语。1908 年，编译图书局发行了学部审定科编纂的《物理学语汇》。这是中国第一部汇编成书的物理学名词集，也是清末由官方机构编译、审定和发行的唯一一本物理学术语词汇书，在这部书中也能看到《重学》的一些影响。

1. 晚清力学术语翻译使用的整体状况

晚清力学术语的翻译、使用不统一的现象比较突出，关于这方面的问题王冰在《我国早期物理学名词的翻译与演变》一文中对晚清翻译的物理学书籍中的术语名词的使用及其演变进行了梳理分析，涉及力、热、光、电等物理学的分支学科。文中对力学术语只梳理了其中的一部分，有些重要的力学术语没有涉及，如重学、静力学、动力学、加速度、重力加速度、圆周运动等。另外，对所列力学译著中的术语的梳理不够全面，如《重学》中的力矩、机械利益、转动惯量、摩擦系数等术语，对《格物测算》《物理学》《力学课编》等书的相关术语的梳理也不全面。本书在对比研究的基础上进行了补充，表 4-3-1 便是在此基础上进行增补形成的，其中标注 * 号的为本书所补充内容，没有标注 * 的为王冰文中已有的内容。

为便于说明译名的演变，表中译名大致根据译名所在书的出版时间按先后次序排列。

各译著书名及出版时间如下：(1)《重学浅说》(1858)，(2)《重学》(1859)，(3)《谈天》(1859)，(4)《声学》(1874)，(5)《格物入门》(1869)，(6)《格物测算》(1883)，(7)《格物质学》(1894)，(8)《声学揭要》(1893)，(9)《热学揭要》(1897)，(10)《光学揭要》(1898)，(11)《物体遇热改易记》(1899)，(12)《物理学》(1900—1903)，(13)《力学课编》(1906)，(14)《物理学初步》(年份不确切)，(15)《进世物理教科书》(1906)，(16)《物理学语汇》(1908)。

---

① DOOLITTLE J. A Vocabulary and Handbook of the Chinese Langtrage [M]. Foochow: Rozario, Marcal and Co. 1872.

② 戴吉礼. 傅兰雅档案：第二卷 [M]. 桂林：广西师范大学出版社，2010: 376.

表 4-3-1 晚清变化较大的力学术语比较表

现译名	19 世纪中叶至 20 世纪初译名
* 重学	重学（2）（12）（16），力学（5）（6）（15），米坚律克斯（13）
* 静力学	静重学（2），力学（13）
* 动力学	动重学（2），力学（13）（16）
力	力、能力（1）（2）
质量	质（2），体质（9），实重率（10），质量（13）（14）
密度	重率（4），重率、质（6），密率（10），疏密率（11）（12），密度（15）（16）
* 支点	倚点（1）（5）（6），定点（2）（10），支点（13）（15）
* 力臂	定距线、离心直角线（2），力倚距、重倚距（1）（5）（6），力程、重程或垂直距（13），臂（16）
力矩	重距积、质距积（2），* 重距（7），旋斡（13），力之能率（15），能率（16）*
摩擦力	面阻力、磨力（2），磨阻（5）（6），摩阻力（12），* 涩力（13），摩擦（16）
摩擦系数	面阻力定率（2），* 阻率（6），摩阻力之等数 *（12），涩率（13），摩擦系数（16）
作用力反作用力	本力 *、对力、抵力（5）（6）（7），用力与拒力（13），* 反作用（力）（16）
* 冲力	动力率、动力（2），动力、击力（13），击力（16）
惯性	不肯动性、质阻力（2），* 质阻（7），恒性、习惯性 *（12），物驽（13），* 惰性（15），* 惯性（16）
* 加速度	渐加力率（2），渐加力（6），加速率（12），渐进（渐退）速率、进速（13），加速度（16）
匀加速运动	平加速、渐加速（2），匀等加速运动（12），渐进（渐退）速率（13），均等加速运动（16）
匀速运动	平速行、平动 *（2），平速（3）（6），匀等运动（12），* 等速运动（16）
* 重力加速度	地心渐加力率、地力（2），定率（6），地心摄物之速率（13）
功	工作 *、程功（2），作工、功效、工力（6），工程（12），能力（14），功（13），工作（15）*（16）
功率	效验（12），效（13），工率（15）（16）
机械利益	功用、工作之能率（2），* 机器之势（13），利益（15）
动能	全动能（2），显力（7），运动之储蓄力（12），动能力（效实）（13），运动之能力（15）*（16）
势能	隐力（7），所储之力位置之储蓄力（12），储能（13），* 位置之能力（15）*（16）
动量	重速积（2）（12），重速积、势、动力（6），* 动力（7），储力（13），运动量（15）（16）

续表

现译名	19 世纪中叶至 20 世纪初译名
弹力（回复力）	凸力（2），凹凸力（4）（12），躍力（6）（7），颤力（8），有回躍之力（13），*弹力（16）
*弹性系数	凸力定率、凸力率（2）
万有引力	摄力（2）（5）（6），宇宙摄力（12），万有引力（15）（16）
*圆周运动	圈动（5）（6），循心运动（12），环周运动（13），圆运动（15）*
向心力	毗中之力（5）（6）（13），向心力（12）（16），趋中力（13）
离心力	离中力（5）（6）（13），离心力（12），远心力（14）（16）
转动惯量	质阻率（2），*抵力重距（7）

从表 4–3–1 可以看出，晚清力学术语的翻译、使用，不统一的现象比较突出。总体上明末清初已经在使用的一些静力学术语，特别是机械部分的术语通过《重学》的再次传播基本稳定下来；大部分《重学》新创译的术语相对来说译名不够稳定，在传播中有较大的变化，如力矩、力臂、惯性、加速度、动能、势能、动量、功、转动惯量等。下面就传播中译名不稳定的情况举例分析说明。

2. 晚清几个核心力学术语的使用分析

（1）力矩

力对物体产生转动作用的物理量叫作力矩。晚清时期的编译著作中对力矩概念的认识存在一定的缺陷，同时译名的选择与使用也不统一。《重学》在不同地方用不同的术语表示力矩的概念。力矩的概念第一次出现在《重学》“卷一杠杆”中，但没有严格定义，也没有给出表示力矩这个概念的术语，只给出了算式。在“论重心”“论刚质相定之理”和“论动体绕定轴之理”等部分用“重距积”“质距积”和“实生动力”等多个不同的术语表示力矩。也就是说，在同一部著作中，关于力矩的术语并没有统一。实际上，“重距积”“质距积”也只是表示这个物理量的数值计算方法，“实生动力”则容易与力的概念混淆，都没有表达出力的转动效果。

《格物质学》译者在前言中称：“原本……名目繁多，求之华文适合者甚少，译书者遂不免臆造新名，以资讲习，乃十人译之而十异，一人译之而前后或异，因是而更多龃龉。是书所用名目，一依昔人所定，间有未见者，乃酌立一二。”该书的译名参考了当时的译著，其中《重学》也是该书中提到的参考译著之一，但该书没有选用《重学》中关于力矩的几个译法，而是将力矩译作“重距”[①]，有可能借鉴了《重学》中的“重矩积”的译法。

《力学课编》中又将力矩译作“旋斡”：“旋斡者谓力加于物，而欲使其旋转也。旋斡 = 力 × 直垂距。”[②] 另有“旋斡之相敌”（力矩平衡）的说法。该译名重在表达旋转的含义，但力的作用效果没有被表达出来。而《物理学语汇》中没有选用上述译名，将力矩译作“能率”[③]。直到《物理学名词》（1934 年出版）中 moment（of force）才被译为“力矩”[④]。

（2）加速度

加速度是描述物体速度改变快慢的物理量。力是物体间的相互作用，在动力学中是产生物体加速度的原因，因此，力与加速度是两个不同的物理量。在《重学》中，尽管多数用“渐加力率”代表加速度，但有时也用“渐加力”代表加速度，二词均易让人混淆力与加速度的概念。《格物测算》在用语上同样也没有严格区分力和加速度，如“问物受变力而速有加减，其理何也？答：速=$\frac{\text{彳时}}{\text{彳路}}$

力=$\frac{\text{彳时}}{\text{彳速}}$……”[⑤] 这里“速”指速度，相当于$v=\frac{ds}{dt}$；“力”则为加速度$a=\frac{dv}{dt}$。在《物理学》中将“acceleration”译为“加速率”[⑥]，基本上反映了加速度的含义。但在后来的《力学课编》中没有使用这种译法，又将该词译为“渐进（或渐退）速率”或“进速”。到《物理学语汇》中，“acceleration”才被译为“加速度”。

与加速度相应的重力加速度的译名也非常不统一，有“地心渐加力率”“地力”“定率”“地心摄物之速率”等。“定率”一词基本上没有表达出重力加速度的含义；“地力”与地心引力相关，但没有表达出时间与速度的变化量之间的关系；“地心摄物之速率”容易将速度与加速度的概念混淆。重力加速度在晚清不仅译名不统一，其数值差距也较大。

（3）动量

动量是描述物质运动的一种重要方式，是力的作用对于时间的一种积累。这

① 潘慎文．格物质学［M］．上海：美华书馆，1899.
② 马格纳．力学课编［M］．严彬亭，常福元，译．学部编译图书局，1906.
③ 学部审定科．物理学语汇［M］．北京：学部编译图书局，1908：8.
④ 国立编译馆．物理学名词［M］．商务印书馆，1934：46.
⑤ 丁韪良．物理学算法［M］．北京：京师同文馆，1904.
⑥ 饭盛挺造．物理学［M］．藤田丰八，译．上海：江南机器制造总局，1903.

种积累表现在物体运动状态的变化上，它是一个矢量，一般表示为物体质量与速度的乘积。《重学》最先将动量译为“重速积”，是对如何确定动量大小的一个解释，对于动量的物理意义并无深刻理解[①]。后来又有“势”“动力”“储力”“运动量”等译名。《格物入门》用“势”和“动力”表示质量乘以速度，即动量。例如，“如火枪之铅丸放出之快，难以目力度之，纵知铅丸能及若干远，乃不知放出之势也”。又如：“（完全弹性碰撞两球）若顺触之，则慢者易快，而快者易慢，其动力互换也”。这里的“动力”也指动量。“动力”和“势”两个术语容易与其他术语的含义混淆，很可能基于这种考虑，在《物理学》中，仍采用了《重学》中的术语“重速积”。而《力学课编》又将其译为“储力”，“储力者用以名一物所动之势也。储力 = 质 × 速”。这一译名实际上表明了力的积累效果，但没有流传开来。《格物质学》将动量译作“动力”，《物理学语汇》又将动量译作“运动量”。直到清末对动量的矢量性仍然没有明确认识。

3.《重学》中力学术语的传播情况

（1）《重学》中的力学术语名词的传播特点

第一，《重学》译介的力学知识在晚清各力学译著中难度最大，其中一些知识在后期其他力学著作中少有涉及，相应地，相关的力学术语也流传得较少，如非完全弹性体碰撞中的弹性系数（凸力定率）的概念、刚体的定轴转动的转动惯量（质阻率）的概念，又如达朗贝尔原理中的主动力（实力）、约束力（抵力）等。

第二，对比《重学》与其后编译的力学著作可以看到，一些静力学术语，有相对稳定性，如机械部分中杆、滑车（静滑车和动滑车）、斜面、劈、轮轴、齿轮等，重心、力之分合，合力（并力）、分力等术语的翻译、使用基本达到统一。但也有一些静力学术语，如支点（定点、倚点）、力臂（定距线、离心直角线、重倚距、力倚距、力程、重程）、力矩（重距积、质距积、重距、旋斡、力之能率、能率）、摩擦力（面阻力、磨力、涩力、磨阻、摩阻力）、摩擦系数（面阻力定率、阻率、涩率）等译名仍然比较混乱。另外，由于当时语言逐渐趋于白话，一些用语由单音节词变成多音节词，相应地，一些力学术语也经历了同样的变化，如时（时间）、速（速度、速率）、路（路程）等，这些词含义相对简单，翻译、用法也基本固定。

① 王冰．我国大多早期物理学名词的翻译及演变［J］．自然科学史研究，1995（3）：215-226.

第三,《重学》创译的动力学术语在晚清不统一的现象比较明显，如加速度（渐加力率、渐加力、加速率、进率）、重力加速度（地心渐加力率、地力、定率）、匀加速、匀加速运动（渐加速、平加速、渐近或渐退、均等加速）、惯性（质阻力、不肯动性、质阻、恒性、物驽）、动能（全动能、运动之储力、运动能）、动量（重速积、势、动力、储力）、弹力（凸力、躍力、颤力）、完全弹性（全凸力、全躍力）、非完全弹性（朒凸力、不全躍力）等。还有一些术语，如重学、动力学、静力学等，不仅译名不统一，而且在含义上也不完全一致。

第四，还有一些知识《重学》没有涉及，相应的一些力学术语在《重学》中没有，如力偶、密度、圆周运动、向心力、离心力、能量、势能等。其中密度在明末清初已经引入，力偶是从《物理学》开始介绍，圆周运动等概念和动能、势能的概念由《格物入门》《格物测算》引入。

（2）《重学》创译的一些术语被逐步淘汰的原因

分析得出,《重学》中创译的力学术语在后期的翻译与传播中大多逐渐被淘汰，如重距积、质距积（力矩）、重速积（动量）、渐加力率（加速度）、不肯动性、质阻力（惯性）、凸力（弹力）、本力、对力（作用力、反作用力）等，造成这种结果的原因比较复杂。

《重学》翻译的术语本身存在一定问题，其中包括：

第一，从概念术语的构造上看,《重学》中解释性的术语较多，特别是从概念的计算和使用的角度定义术语是《重学》中概念术语翻译的一大特性，这种方法对于理解该术语的应用无疑是非常有帮助的，如上述对“加速度”“冲力”的分析，但是从力学概念力求简洁、准确且能够反映力学概念的力学特征及其意义的角度来看，这种方法还是有缺陷的，如“工作之能率”“不可动性”“重速积”“质距积”“重距积”等，它们还不能准确反映力学概念的本质。

第二,《重学》的术语中有一些不同的力学概念没有做严格的区分，使用了非常相近的术语，也有的同一概念使用了不同的术语表达，即译名不统一。这会对理解力学概念造成困难，例如，表达作用力与反作用力、平衡力的词都使用了“本力”“对力”，这样从术语上不能严格区分这两种力。又如，摩擦力和转动惯量的术语分别使用了“质阻力”“质阻率”两个比较接近的术语，容易混淆。再如，力矩的概念在整个著作中使用了“重（质）距积”“实生动力”等不同的表达方式。

从历史上看，当时西方的力学也是处在逐渐从“混合数学”成长为一门独立的学科的过程中，这些概念术语在西方力学知识的发展与传播中也在不断完善。同时，翻译《重学》的时代，大规模的西方科学传播刚刚开始，科学的翻译方法、原则还没有形成,《重学》的翻译方法带有尝试性。因此,《重学》创译的术语大多在后期被淘汰反映了动力学这门新学科在中国逐步被接受、逐步成熟的历史，是历史选择的结果。

尽管如此,《重学》中的译名在整个晚清力学术语翻译与传播中产生了一定的影响，很多术语是从《重学》的译名开始逐步发生变化的，例如,“力矩”的译名的演变：重距积、质距积→重距→旋斡→力之能率→力矩；又如，动能的译名的演变：全动能→显力→运动之储力→动能力（效实）→动能，这两组译名的变化过程一方面反映出当时人们对这两个力学概念的不同理解，另一方面似乎也能看到人们对术语的选择中对最早的《重学》中的译名的回归。再如，动量的译名的演变：重速积→动力（势）→储力→运动量→动量，这组译名的演变不仅可以看到晚清对动量这一概念的不同理解，而且也能看到这种理解逐步趋于准确的过程。整个力学术语的选择与演变过程体现了人们对力学概念的理解与提炼的一个进化过程。《重学》中术语翻译方法的尝试经过了实践的检验，为后期的术语翻译的方法、原则的形成提供了重要的参考。这正是研究《重学》中术语翻译的意义所在。

从上述对晚清数学、天文学、力学等科学译著中术语的研究不难发现,《谈天》《代数学》《代数术》《几何原本》等天文学、数学的术语名词的翻译对后期中国天文学、数学的名词术语的形成起到了奠基性作用，一大批天文学、数学术语正是由此确立的，这与中国传统的天文学、数学的发达不无关系，也与译者对西方天文学、数学的理解程度不无关系。与此相关的,《重学》中的力学术语在后期大多被淘汰，也与中国传统力学与西方力学的发展相去甚远有直接关系。但我们也看到，在后期力学术语的形成过程中，人们对力学术语的选择带有《重学》中力学术语的影子。《重学》中力学术语的翻译比天文学、数学术语的翻译体现出更强的探索性。

第五章

晚清科学翻译中的文化现象

第一节　符号翻译中的中国传统元素

一、数学符号的翻译和改造

在晚清科学译著的翻译中，形式化符号的选择与翻译成为那一时期彰显传统的重要标志。在西方自然科学的翻译、引进中，中国学界对形式化与定量化所涉及的符号的接受也同样经历了选择与适应的过程。在诸学科符号的选择与表达中，数学符号是涉及最多的。

就代数而言，其符号化过程大致经历了三个阶段：文词代数阶段、简字代数阶段和符号代数阶段。在文词代数阶段使用的基本是自然语言。而简字代数阶段则把代数中的核心词缩简成一种文字符号，通常采用词语的第一个字母。丢番图被誉为简字代数的创始人。西方符号代数始于 15 世纪，到 17 世纪中叶，常用的符号体系已形成。法国数学家韦达推进了数学符号系统的建设。他引进字母表示未知量及其乘幂，还用字母表示一般系数。他规定出代数与算术的界限，即代数是施行于事物的类或形式的运算方法，而算术则是与数打交道的。从此，代数就被看成是研究一般类型的形式和方程的学问了。①

中国传统数学的重要特征是重实用，重视算法的构造，在逻辑推理方面存在着很大的薄弱性。中国传统数学以文字叙述为主，运算符号非常少，除用算筹表示的算式之外，其他的运算如加、减、乘、除、比例、乘方、开方等都不涉及符

① 托和勒理. 数学符号系统的形成和认识功能［J］. 东北师范大学学报（自然科学版），1995（2）：31–37.

号。西学传入以来，传统符号已不能适应要求，符号的引进成为必然。然而数学符号的引进并不顺利。如由李之藻和利玛窦共同编译而成的《同文算指》(1614)，是明末最早介绍欧洲笔算数学的著作。在《同文算指》编译时期，西方的数学符号仍然处于发展中，因此《同文算指》虽然介绍了加、减、乘、除四则运算，但没有涉及+、−、×、÷ 等符号[①]。

《数理精蕴》(1722年)是一部由西方传入中国的关于数学综合知识的著作。可能因为受到传教士的影响，该书中出现了关系符号和运算符号。其中四则运算、比率、分数等的表示方法与《同文算指》相似，乘除法在竖式的书写上略有差别，但是加减法有了恒等的算式，也开始使用+、−、= 等符号，但是这些符号的形式与我们现在使用的还是有差别的，加号用"—ı—"表示，减号用"———"表示，等号用"═══"表示。这些符号在后来的使用中，形式上有所改变，如罗士琳把加号改为⊥，刘衡又把减号改为丅[②]。《数理精蕴》及其以前的著作中大量使用三角函数，但是没有使用符号表示，而是汉字"某角正弦、余弦、正切、余切"。至于图形中的位置的表示方法，在中国传统数学中有用字指代的先例，不过缺乏统一规范。明末清初徐光启翻译的《几何原本》规范了用字指代的方法，即"凡图，十干为识；干尽，用十二支；支尽，用八卦、八音。"

究其原因，一方面，在引进西学概念和保持古代传统之间存在着激烈冲突[③]，这不但是符号引进的障碍，而且是整个西学在传播过程遇到的最大困难。另一方面，传统中算在名称和符号之间存在着固有的一致性，这也无疑成为影响西算中数学符号直接引进的重要原因之一。

作为第一部符号代数著作，《代数学》在引进数学符号方面有重要的意义。

1. 运算符号和关系符号的引进

运算符号包括+、−、×、÷、√ 等。

表5-1-1对清末几本具有代表性的代数著作中所用的符号做了比较。

表5-1-1　代数学符号的引进和改造

现用符号	意义	《代数学》	《代数术》	《代数备旨》
+	加，正	⊥	⊥	+

① 靖玉树．中国历代算学集成［M］．济南：山东人民出版社，1994.

② 查永平．中西数学符号之比较与不同结局［J］．科学技术与辩证法，1998（6）：39-43.

③ 潘丽云．论梅文鼎的数学证明［D］．呼和浩特：内蒙古师范大学，2004：1-3.

续表

现用符号	意义	《代数学》	《代数术》	《代数备旨》
−	减，负	丅	丅	—
=	相等	=	=	=
×	乘号	×	×，·	×，·
÷	除号	÷	—	÷
—	分数线	—	—	—
a ∶ b ∷ c ∶ d	四项比例	甲∶乙∷丙∶丁	甲∶乙∷丙∶丁	
±	加减合写	$\frac{\perp}{\top}$	$\frac{\perp}{\top}$	
>	大于号	>	>	>
<	小于号	<	<	<
$\sqrt{\ }$	根号	$\sqrt{\ }$	$\sqrt{\ }$	$\sqrt{\ }$，$\sqrt[2]{\ }$
π	圆周率	周	周	
$\sqrt[n]{\ }$	n 次方根	$\sqrt[\text{卯}]{\ }$	$\sqrt[\text{卯}]{\ }$	$\sqrt[\text{卯}]{\ }$
i	虚数	$\sqrt{\text{丅一}}$	$\sqrt{\text{丅一}}$	$\sqrt{-1}$
( )	括号	( )	( )	( )
e	讷白尔对数底	讷	讷	
lg$x$	常用对数	（天）对	对（天）	
in$x$	自然对数	（天）讷	讷（天）	讷天
∵	因为			
∴	所以	∴	∴	
∞，∝	无穷	∞	∞	
x^n	指数	天^{卯}	天^{卯}	
−c	负数记法	$\overline{\text{丙}}$，丅丙	丅丙	
$f(x)$	函数	函（天）		
$F(x)$	函数	㖤（天）		
$\phi(x)$	函数	涵		
$\psi(x)$	函数	涵		
sin x	正弦		正弦甲	
cos x	余弦		余弦甲	

续表

现用符号	意义	《代数学》	《代数术》	《代数备旨》
tan x	正切		正切甲	
cot x	余切		余切甲	
sec x	正割		正割甲	
arcsin x	反正弦			
[ ]	中括号	[ ]		[ ]
{ }	大括号	{ }	{ }	{ }
$(x^m)^n$		$(天^{寅})^{卯}$		

清代引进西方数学代数符号最早的著作应算是《数理精蕴》，其中有诸多经过改造的多项式和方程表达式，涉及相关运算符号。譬如一个现记为 $x^2+2x=3$ 的方程，当时的记法是：

$$一\begin{matrix}平\\方\end{matrix}\ \underline{\quad\shortmid\quad}\ 二根\ \underline{\underline{\qquad}}\ 三\begin{matrix}真\\数\end{matrix}$$

在这一方程式中，二次项、一次项及常数项并没有使用符号，而是以文字记。上式中“$\underline{\quad\shortmid\quad}$”“$\underline{\underline{\qquad}}$”两符号是中国化了的运算符号，表示“+”和“=”。在《数理精蕴·借根方比例》中，“+”用“$\underline{\quad\shortmid\quad}$”，这样的改变是为了区别于中文数目字“十”。减号“-”等号“=”直接引用，与现在相同，但所画横线均作了延长，如“-”号用“$\underline{\qquad\quad}$”来记，“=”号也相应加长，是为了显示其与中文数字“一”和“二”区别。后来这些符号有所改变，如刘衡把“-”改为“丅”。①即使如此，《数理精蕴》对符号的引进已显示出非同寻常的意义。遗憾的是，此后100多年，中国学者在代数方程的记法上并没有多大改观，直至李善兰、伟烈亚力所译符号代数著作《代数学》出现。

值得注意的是，在《代数学》中除号“÷”直接引入，而《代数术》中未用这一符号，而是全部以分数线代替。笔者认为，这很可能是源于两书的译者对除法的理解不同。华莱士认为分数之记法已完全可以代替除法，因此舍弃了不必要的除号。

分数线“—”号的使用很明显配合了中文的诵读习惯，“—”写在两个数目字或代未知数的天干地支中间，从上而下，读作几分之几，如$\frac{乙}{甲}$，即现在的$\frac{a}{b}$。在

① 查永平. 中西数学符号之比较与不同结局［J］. 科学技术与辩证法，1998（6）：41.

《同文算指》中分数正是采用分母在上分子在下的记法。[①] 李善兰沿用了这种记法。

关系符号如 =，>，<，∴等在《代数学》和《代数术》中均直接引用。

2. 对象符号的引进和改造

中译本《代微积拾级》初版附有英汉数学词汇对照表，即“中西名目表”，该表的最后面是中西符号对照，如图 5-1-1 所示。

vii

SYMBOLS.

a 甲 Këă	A 呷 Këă	α 角 Këŏ	A 唃 Këŏ
b 乙 Yĭh	B 叱 Yĭh	β 亢 K'ang	B 吭 K'ang
c 丙 Ping	C 哂 Ping	γ 氐 Tè	Γ 呧 Tè
d 丁 Ting	D 叮 Ting	δ 房 Fáng	Δ 㕫 Fáng
e 戊 Mow	E 哦 Mow	ζ 尾 Weì	E 吣 Sin
f 己 Kè	F 叽 Kè	η 箕 Kê	Z 㞊 Weì
g 庚 Kăng	G 唐 Kăng	θ 斗 Tòw	H 𡄷 Kê
h 辛 Sin	H 㖤 Sin	ι 牛 Nêw	Θ 阧 Tòw
i 壬 Jìn	I 㖸 Jìn	κ 女 Neù	I 吽 Néw
j 癸 Kweì	J 㗲 Kweì	λ 虚 Heu	K 㚢 Neù
k 子 Tszè	K 吇 Tszè	μ 危 Weí	Λ 嘘 Heu
l 丑 Chòw	L 吜 Chòw	ν 室 Shĭh	M 嘫 Weí
m 寅 Yin	M 㝊 Yin	ξ 壁 Peĭh	N 㗌 Shĭh
n 卯 Maòu	N 唧 Naòu	ο 奎 K'wei	Ξ 㘉 Peĭh
o 辰 Shîn	O 唇 Shîn	ρ 胃 Weí	O 喹 K'wei
p 巳 Szè	P 吧 Szè	σ 昴 Maòu	Π 嘍 Lôw
q 午 Woó	Q 吘 Woó	τ 畢 Peĭh	P 喂 Weí
r 未 Wé	R 味 Wé	υ 觜 Tsuy	Σ 𡄜 Maòu
s 申 Shin	S 呻 Shin	χ 井 Tsing	T 嗶 Peĭh
t 酉 Yèw	T 㕗 Yèw	ω 柳 Lèw	Υ 嘴 Tsuy
u 戌 Seŭh	U 㖼 Seŭh	F 㖤 Hân	Φ 嘇 San
v 亥 Haé	V 咳 Haé	f 函 Hân	X 㘊 Tsìng
w 物 Wŭh	W 𠰷 Wŭh	φ 㴟 Hân	Ψ 嵬 Kweì
x 天 T'ëen	X 吞 T'ëen	ψ 涵 Hân	Ω 嚠 Lèw
y 地 T'é	Y 𠯈 T'é	M 根 Kăn	ε 訥 Nŭh
z 人 Jìn	Z 㕥 Jìn	π 周 Chow	d 彳 Wé
			∫ 禾 Tseĭh

A. WYLIE,

SHANGHAI,

June, 1859.

图 5-1-1　中西符号对照

① 李俨，钱宝琮．科学史全集［M］．沈阳：辽宁教育出版社，1998：361.

在初等代数中，对象符号主要包括阿拉伯数字和代数字母。

（1）阿拉伯数字的引进

《代数学》中并未引进阿拉伯数字，而是采用中文数目字。在此为了叙述上的完整性，简要介绍阿拉伯数字的传入历史。历史上阿拉伯数字曾多次传到中国，但都没有推广采用。明末清初的数学译著中没有介绍和使用阿拉伯数字，而是将其改为中国汉字数目字。伟烈亚力所著《数学启蒙》仍未提到在西方已通行的阿拉伯数字。[①] 福建的传教士 O. 基顺（O. Gibson）在其《西国算法》（1866 年）中较早采用了阿拉伯数字和西算书中的数学符号。[②] 以后到 1885 年上海出版《西算启蒙》后阿拉伯数字在中国才开始较为通行。[③] 在《代数备旨》中也用了阿拉伯数字。[④] 不过其后阿拉伯数字的传播情况也并不乐观。在 20 世纪初官办的京师大学堂内，数学记号一仍旧贯，教科书一律竖排，更没有使用阿拉伯数字。[⑤] 直到 1911 年后，民国政府规定在数学课本中统一使用阿拉伯数字。

（2）代数字母的改写

在《代微积拾级》中拉丁字母用天干地支来表示，希腊字母以二十八宿表示。大写的拉丁字母则在天干地支之前加一“口”字。《代数学》《代数术》与其相同。由于用甲乙及子丑等天干地支来代已知数，用天地人物来代未知数，再加上经改造了的运算符号，一个原为

$$x_{/}=\frac{-b+\sqrt{b^{2}-4ac}}{2a}$$

的式子就变为

$$\text{天}_{\mid}=\!=\frac{\text{二甲}}{\text{⊤乙⊥}\sqrt{\text{乙}^{=}\text{⊤四丙甲}}}$$

可以看到，在当时引进的符号中，译者们有一种倾向——尽可能用汉字的拼拆来改造某些数学符号。如现在的微分号“∫”，当时是以“微”字的部首表示，记为“彳”。再如 a′ 当时使用“甲”旁加一口字表示，记为“呷”。

通过以上的比较会发现，数学运算符号和关系符号的引进较之对象符号要相

① 萨日娜. 中日笔算史比较研究［D］. 呼和浩特：内蒙古师范大学，1998：14–17.

② 王扬宗. 清末益智书会统一科技术语工作述评［J］. 中国科技史料，1991（2）：13.

③ 查永平. 中西数学符号之比较与不同结局［J］. 科学技术与辩证法，1998（6），39–43.

④ 关于中国数字的缺点和阿拉伯数字的优点，狄考文曾详细论述并呼吁数学译书中使用阿拉伯数字。参见文献：王扬宗，清末益智书会统一科技术语工作述评［J］. 中国科技史料，1991（2）：9–19.

⑤ 萨日娜. 中日笔算史比较研究［D］. 呼和浩特：内蒙古师范大学，1998：14–17.

对顺利。×、÷、∶、>、<、$\sqrt{\ }$ 等大都是直接引进，而描述运算对象的已知数和未知数 *a*、*b*、*c* … *x*、*y*、*z*，阿拉伯数字 1、2、3…以及包含字母的函数符号则经过了煞费苦心的改造。

在此可以将上面二次方程的求根公式与《代数备旨》中的表示式作一对比，《代数备旨》中二次方程的求根公式是如下表示的：

$$\text{天}=-\frac{\text{乙}}{2}+\sqrt{\text{甲}+\frac{\text{乙}^2}{4}}$$

不过原书中上式是竖排的。这种“中西结合”的独特表达式在 19 世纪末期非常普遍。

对数学符号的引进和改造，反映出当时人们对西方数学复杂矛盾的心态。因为缺乏数学“名称”和“符号”之间的界定，传统代数学形成的符号只能被称为是一种“半符号”状态。因此当术语无法找到传统数学中熟悉的名称来作为译名时，符号的翻译便陷入进退两难的局面，对西学的符号翻译只能通过对文字的拼拆来进行。自创的怪异符号是中西两种数学文化的综合，在当时西方科学的引进中扮演了重要的历史角色，是传统数学在接受西学中的过渡。但这些经改造的符号最终被放弃，表明这些经改造的符号并不能反映数学的本质特征，因为“非规范化的术语和符号很容易引起矛盾，这会破坏数学固有的美”。①

从上述符号的翻译与改造中可以看到中国传统元素在晚清科学著作翻译中的作用。数学译著中这种符号的处理方式，也直接影响到了其他科学译著中的形式化表达方式。

二、其他学科相应的符号翻译及变通

1. 力学著作中的符号翻译

李善兰翻译《重学》时采取的形式化表达方式与他在同时期翻译的数学译著中采取的方式有较强的一致性。在《重学》中符号翻译原则主要体现在四方面。

第一,《重学》中借用了明清时期已有的符号表示方法，如加减分别为：⊥、⊤，分数表示方法：实居下，法居上，即分母在上，分子在下，分数线居中；三角函数：“某角正弦”；比例表示为：一率、二率、三率、四率，一率比二率等于三率比四率。

① 托和勒理．数学符号系统的形成和认识功能［J］．东北师范大学学报（自然科学版），1995（2）：31–37.

第二，引进了一些西方的符号，并结合中国传统的书写方式有所变通与改写，如将 a^1、a^2、a^3…改写为甲^{一}、甲^{二}、甲^{三}…，将$\sqrt{a}$、$\sqrt[2]{a}$、$\sqrt[3]{a}$…改写为$\sqrt{甲}$、$\sqrt[2]{甲}$、$\sqrt[3]{甲}$…等。

第三，创译了一些新的符号，如微分（彳）、积分（禾）、求和（禾）等。

第四，借鉴了明清时期的表示方法，但有所改变。如在《重学》中李善兰和艾约瑟用中国传统的甲、乙、丙、丁等十干，子、丑、寅、卯等十二支，再加上物、天、地、人与 26 个英文字母对应。同样是用“干支”代替英文字母，李善兰与徐光启不同的是在“干支”用尽时没有使用“八卦”“八音”，而是用“天、地、人、物”补齐 26 个英文字母。《重学》原著中也使用到了希腊字母，译著中用中国传统的 28 宿名与希腊字母相对应。不过，在字母对应方面有两处是错序的，即“天、地、人、物”分别与 X、Y、Z、W 对应，以及“牛、斗”与 θ 、ι 对应。

另外，《重学》还用上述汉字符号旁加“|”、上面加“ ′ ”等方法来表示对应的小写字母，同时用如“寅$_{一}$”“寅$_{二}$”“寅$_{三}$”等下脚标表示图中对应的不同位置，等等。《重学》中的符号使用规范，上述对应关系不仅表现在插图、算式中，同时也表现在一些物理量的表示方法上。

如“动体绕定轴转动”中的转动惯量公式，原著 *Mechanics* 为：$k^2\Sigma m=\Sigma(m\cdot Cm^2)$;《重学》中译为：子|^{二}禾寅| = 禾（寅| × 丙寅|^{二}）。

又如，三角函数的表达，原著 *Mechanics* 第Ⅴ章 The Motion of Projectiles 中关于抛体运动的射程公式为：$R=\frac{2v_0^2\sin\beta\cos(\alpha-\beta)}{g\cos^2\alpha}$;《重学》卷十一“论抛物之理”译为：

$$\begin{matrix}\text{抛}\\\text{界}\end{matrix}=\frac{\begin{matrix}\text{地}\\\text{力}\end{matrix}}{\text{二速}^{\text{二}}}\times\frac{\text{斗}\begin{matrix}\text{余}^{\text{二}}\\\text{弦}\end{matrix}}{(\text{角}\,T\,\text{斗})\begin{matrix}\text{正}\\\text{弦}\end{matrix}\text{角}\begin{matrix}\text{余}\\\text{弦}\end{matrix}}$$

。

再如，力学中的几个物理量的对应关系：*M* 对应“寅”，质量 *m* 表示为“寅|”；*V* 对应“亥”，速度 *v* 表示为“亥|”；还有时间 *T* 用“酉”表示，*W* 对应“物”，等等。

2.《谈天》中的符号翻译①

《谈天》中涉及时间、经纬度、长度、三角函数等的表达，在翻译中仍然采用了与上述数学、力学相类似的表达方式。

---

① 樊静.晚清天文学译著《谈天》研究［D］.呼和浩特：内蒙古师范大学，2007.

（1）原版中出现的年、月、日、时、分、秒等时间往往采用的是欧洲通用的英国格林尼治时间，在翻译时，伟烈亚力、李善兰按照中国读者的习惯，将其换算为中国历法（顺天经度），以“中国年号、农历月日、时、刻、分、秒”的顺序计时。如：Outlines of Astronomy 中第 823 条末“... assign 1846 January $3^d0^h9^m53^s$ G.M.T.①”是指公元 1846 年 1 月 3 日 0 时 9 分 53 秒，经过时差换算后以清朝历法则译为“道光二十五年十二月初五日戌时三刻十分五十三秒”；“16^m26^s8”则被译为“一刻一分二十六秒八”。

部分地方时，如果按时差换算之后却与原文上下文逻辑不符，则仍然采用原文的计时法。如第 590 条：“On the same day at 3^h6^mP. M., and consequently in full sunshine, the distance of the nucleus from the sun was actually measured with a sextant ...”描述了在下午三时六分在太阳下用纪限仪测量彗星中体与日心的距离的情形。如若将时间改为北京时间则为夜晚，与文意不符，所以“3^h6^m P. M.”仍依原文译作“午后三时六分”。

（2）对于赤经度、黄经度，我国天文学一贯采用“度、分、秒”来计量。在西方黄经亦是如此，但赤经例外，它是以时间“时、分、秒”来论。因此原文中所有赤经都已经换算为“度、分、秒”。例如第 873 条：“... in R. A. $12^h10^m33^s$, N. P. D. 41° 46′ ...”在《谈天》中译为：

……赤经一百八十二度三十八分十五秒，距极四十一度四十六分……②

（3）对于英里、英尺与中国传统单位里、尺的换算。晚清时期，里、尺之间的换算关系依《数理精蕴》所列，1 里 =1800 尺，1 弧度所对应的弧长为 360000 尺；而按当时西方的惯例 1 英里 =5280 英尺，1 弧度所对应的弧长已测得为 365185.635 英尺。二者相比，得出原本与《谈天》中长度的换算公式：1 英尺 = 0.9858 尺，1 英里 =2.89168 里。

（4）各英文小写字母的翻译则分两种情况：如若小写字母出现在图上，则以中国的天干、地支“甲、乙、丙、丁、戊、己、庚、辛、壬、癸、子、丑、寅、卯、辰、巳、午、未、申、酉、戌、亥”，外加“物、天、地、人”26 个汉字来表示；如若小写字母出现在正文中，则以“甲、乙、丙……天、地、人”各字上方加“′ ”，即“甲′、乙′、丙′ ……天′、地′、人′”以示区别。英文大写字母，

① G.M.T. 即 Greenwich Mean Time，指格林尼治时间。

② 赤经度如若出现在表格中，为了方便书写，有时也会以“时、分、秒”的形式表示。

在翻译时，则分别在“甲、乙、丙、丁、戊、己、庚、辛、壬、癸、子、丑、寅、卯、辰、巳、午、未、申、酉、戌、亥、物、天、地、人”各字左侧加“口”字旁组成新字，如“……叮……味……咳……”等，来和表示小写的汉字相区别。

（5）原文中的测量数值以阿拉伯数字“0~9”表示，但在翻译时这种简便的方法并没有被采用，除“0”保留使用外，其余全部写作汉字“一、二、三……八、九”。另外小数点“.”在《谈天》中，一律写成虚点“◦”的样式，如：0. 98577在译文中被写作“0◦九八五七七”。

（6）原文中还有少量的数学计算公式在翻译时没有原样保留，而是改为汉字陈述式。而公式中的数学运算符号只有少数完全引用，如“：（比号）、×、÷、=、—（分数线）”直接拿来使用；但“+、—”为了避免和汉字“十、一”相混淆，在《谈天》中转化为“⊥、⊤”或直译为“加、减”；“sin、cos”则写作“正弦、余弦”。

形如第387条丙中太阳黑斑在丑时的速度计算公式所示：

八六五′ ⊤ 一六五′ （正弦丑）$^{一◦七五}$

四项比例式“甲：乙：：丙：丁”译作“甲与乙之比若丙与丁之比”。如原文475条末的计算公式：

v : V :: PR : RE :: sin. PER : sin. EPR

:: cos. SEP : cos. SPQ

:: cos. SEP : cos.（SEP+ESP）

在《谈天》被直译作：亥′与亥比若已未与未戊比，亦若已戊未与未已戊二角之正弦之比，亦若申戊已与申已午二角之余弦比，亦若申戊已角余弦与申戊已戊申已二角和之余弦比。

（7）原本中页脚的许多注释，在译为汉语之后，作了灵活处理，位置也经过重新编排放到了正文中相应的位置。例如原文第875条（环形星气条）的注释：

The places of the annular nebulae，at present know（for 1830）are，

	R. A.	N. P. D.		R. A.	N. P. D.
1.	$17^h10^m39^s$	128° 18′	3.	$18^h47^m13^s$	57° 11′
2.	$17^h19^m2^s$	113° 37′	4.	$20^h9^m33^s$	59° 57′

它补充了1830年观测到的环形星气的赤经度和距极度，译者将其转化、整理为环形星气表，并说明如下：环形星气已测得者列表如左乃道光十年之方位也。见表5-1-2。同时把释文从页脚位置移至第875条段末，使其成为正文的一部分。

表 5-1-2 环形星气表

	时经赤			度极距	
	时	分	秒	度	分
一	一七	一〇	三九	一二八	一九
二	一七	一九	二	一一三	三七
三	一八	四七	一三	五七	一一
四	二〇	九	三三	五九	五七

作为当时翻译的第一本系统介绍天文学的著作,《谈天》的翻译过程事实上也是近现代天文学翻译不断摸索的一个过程，所以出现瑕疵在所难免。例如：原作第 887 条中“28′ in polar distance”本义指“极距 28′”，但却被译作“赤纬 28′”。依照赤纬与极距的转换关系“赤纬 = 90 度－极距”，此处应译成“赤纬 89° 32′”。另外，还有少数几段被漏译的内容，分别为 385 条、388 条、603 条、604 条、609 条、629 条、647 条、842 条、917 条。这些缺漏和不当之处在后来徐建寅的两个增译版本中逐一得到了更正。

3. 化学著作中的符号翻译

形式化、定量化的形式表达对于化学著作的翻译而言具有更大的挑战性。《化学鉴原》是第一部确立了化学元素的翻译原则，并对此原则有明确记载的译著。译者采用了以一个西音冠上中国的偏旁所形成的形声字来表示元素的翻译方法，这种元素命名方法一直沿用至今。他们所翻译的名词，如钡、钠、镁、铝、锰、铬等仍沿用至今。扣除传统的金、银、铜、铁、锡、磷、汞及硫等 9 个名词及在《博物新编》中出现过的养（氧）、轻（氢）、淡（氮）和炭（碳）4 个名词，和《金石识别》中的绿（氯）1 个名词，在《化学鉴原》所出现的 64 个名词中，傅兰雅和徐寿共创造出 50 个新元素名词。它们分别是铝、锑、盆申（砷）、钡、鉍、秘、饰（硼）、溴、镉、鏭（铯）、钙、错（铈）、铬、钴、镝、铒、弗（氟）、铟、碘、铱、锒（镧）、锂、镁、锰、钼、镍、铌、鋨、钯、铂、钾、鐽（铑）、铷、钌、硒、矽、钠、鍶、钽、鍗、铽、鉈（铊）、钍、鐟（钛）、钨、铀、钒、鈥（镱）、锌和锆。

这些名词看似中国形声字，但它们并非依照中国传统的形声字创造的。它们是由“金”或“石”或“水”的偏旁再加英文中的一个或第二个发音结合而成。例如：钠 = 金 + na；锰 = 金 + meng。这是一种独特而且创新的元素名词翻译方法。在当时，其他的翻译者基本上都会利用传统的物质名词或者意译的方法，唯独傅兰雅和徐寿未采取这个方式。同期其他的翻译者都参考中国传统的名词或采用意译的方式，而傅兰雅则采取音译的方式，并创出新字。有趣的是，除了元素“硼”的名词，当时大多数人喜爱的与传统有关联或意译的名词到最后都没有被接受。①

傅兰雅和徐寿将元素名词以单一形声字来表示，除了避免音译多字所造成的问题，他们还考虑到单一字的元素名词表示无机化合物的好处：“西国质名字多音繁，翻译华文不能尽叶，今惟以一字为原质之名，原质连书即为杂质之名。原质之名，中华古昔已有者仍之。如金、银、铜、铁、铅、锡、汞、硫、燐嶙炭是也。惟白铅一物，亦名倭铅，乃古无今有。名从双字，不宜用于杂质，故译西音锌。昔人所译而合宜者，亦仍之，如养气淡气轻气是也。若书杂质，则原质名概从单字，故白金亦昔人所译，今改作铂。”②

因此，在《化学鉴原》中化合物的命名方式采用了“原质连书”的方法，即按照当时的化学式来翻译无机化合物名词（当时的无机酸化学式并没有包含氢原子，而且所测得的许多化学式也不完全正确），如 Sulphurous acid（SO_2）译作“硫养二”，Sulphuric acid（SO_3）译作“硫养三”，Hyposulphuric（S_2O_5）译作“硫二养五”，Hyposulphurous acid（S_2O_3）译作“硫二养三”。与此相应将化学方程式 $CaO \cdot CO_2+SO_3 = CaOSO_3+CO_2$ 译作：

钙养·炭养$_{二}$⊥硫养$_{三}$ ═══ 钙养硫养$_{三}$⊥炭养$_{二}$

《化学鉴原》及其底本中的化学方程式的不同表达形式如图 5-1-2 所示。

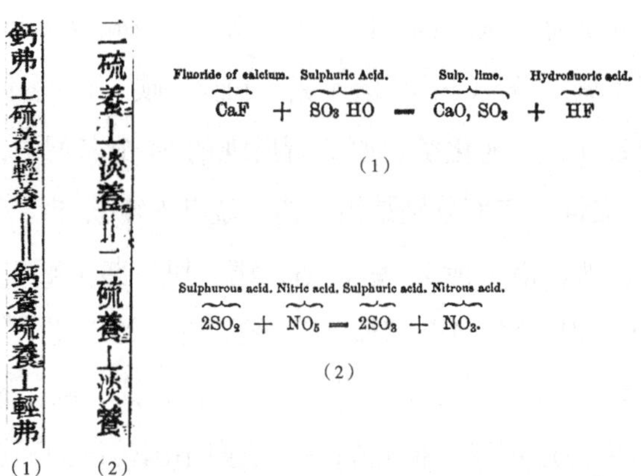

图 5-1-2 《化学鉴原》及其底本的化学方程式的表达对比

① 张澔. 傅兰雅的化学翻译的原则和理念［J］. 中国科技史料，2004（4）：297-306.

② 傅兰雅，徐寿. 化学鉴原：卷一［M］. 上海：江南机器制造总局，1872：21.

4. 科学译著中量纲的翻译

除了上述形式化表达没有被译者完全接受，自然科学著作中涉及的量纲在翻译过程中也有类似的情况。下面以力学中的物理学单位的翻译为例来说明。

力学基本涉及三个基本单位，即时间、长度、质量。其余则为导出单位，如加速度、动量、动能的单位等。

18 世纪末法国议会决定以通过巴黎的地球子午线长度的四千万分之一为 1 米。1799 年，法国科学院制定了国际单位制，法国正式实行公制。而英国没有实行，这一点在重学的原著 *Mechanics* 中也有体现。在 *Mechanics* 中时间、长度、重量单位分别为秒、英尺、磅，这也使该著作中的一些物理常量与我们现在使用的有所不同。

中国的情况是，时间单位在明末清初已经将时分秒（HMS）制作为一种时刻制度，而长度单位通常是丈、尺、寸，重量单位是斤、两、钱，但不同时代度量衡不同。

《重学》在翻译时，长度和重量单位没有使用原著中的单位，而是使用了中国传统的计量单位，长度单位为尺、重量单位为斤，即与原著 *Mechanics* 的对应关系是：时间（秒）——秒，长度（英尺）——尺，重量（镑）——斤。这样翻译面临的一个问题是涉及长度和重量的力学常数需要换算，否则数值则不符合实际测定值。《重学》在翻译时有的根据晚清的度量衡与对应的单位进行了换算，如换算之后的重力加速度的值为 27 尺 6 寸。有的则没有进行不同计量单位的换算，如"卷十六诸器利用"原文有：1 立方英尺的水产生 1711 立方英尺的蒸汽，1 立方英尺的蒸汽产生 2121 磅压力，1 立方英尺的水产生的压力为 1711 × 2120=3627320 磅的压力。《重学》在翻译中数字采用了原著的数字，单位采用了中国传统的尺和斤，如果 1 尺不等于 1 英尺，1 磅不等于 1 斤，那么换用中国的单位之后上述数字将与实验不符。按照晚清度量衡标准，以英制为标准折合中制，其折算标准是：中国一百斤合英制一百三十三磅零三分之一磅，即 100 斤 =133.33 磅，1 磅 =454 克，1 斤 =605.3182 克，1 两 =37.83 克。[①] 上述的数字当然不符合实验结果。

在《谈天》《化学鉴原》等著作中也有类似情况，如《化学鉴原》中的单位大多没有换算，直接以中国的计量单位替换西文中的计量单位，如底本中的 29° F、

① 丘光明，邱隆，等．中国科学技术史：度量衡卷［M］．北京：科学出版社，2001：436.

620° F 均直接译为二十九度、六百二十度，300 feet 直接译为 300 尺，few inch 直接译为数寸，$13000 直接译为 13000 圆，等等。

另外年代的译法也以译书时中国的时间为参照，如原文说溴在 1826 年发现，中译本说“前四十四年”发现溴（中译本是 1870 年翻译的，往前推 44 年正好是 1826 年）。

上述翻译方式导致晚清科学著作与其底本在形式、面貌上非常不同，体现了晚清中国传统文化的特征。图 5-1-3 和图 5-1-4 是《重学》和 *Mechanics* 中关于“重心”计算的两页完整的书影，二者整体上差别较大。从排版、书写形式、术语、符号以及物理学单位等各方面都使得《重学》一书带有非常鲜明的中国晚清科学著作特色，这一特色也成为这一时期中国科学著作中非常独特的一部分。

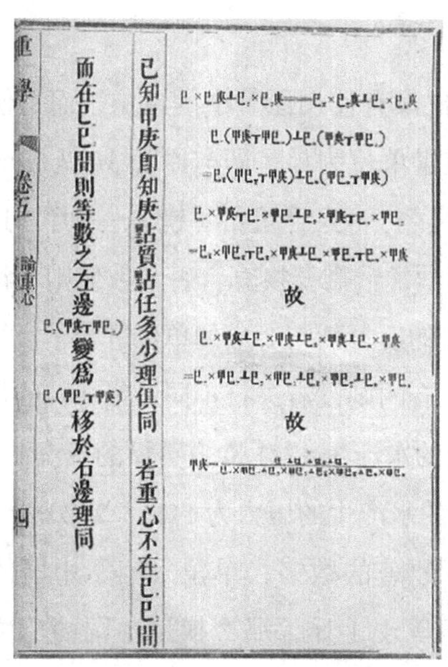

重學　卷五　論重心　四

故

故

已知甲庚即知庚點質點任多少理俱同　若重心不在巳巳間

而在巳巳間則等數之左邊　變爲　移於右邊理同

图 5-1-3 《重学》书影

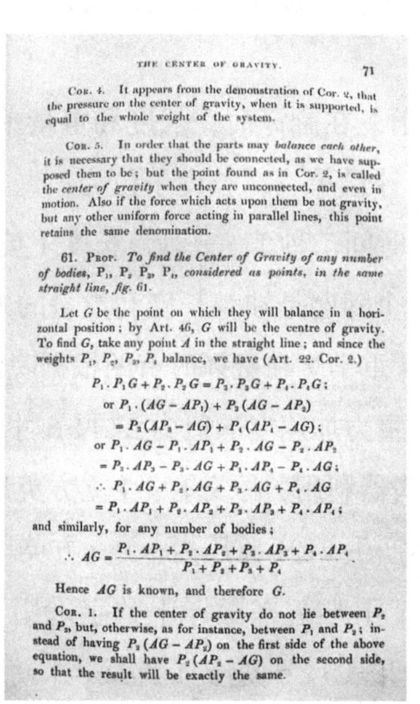

THE CENTER OF GRAVITY.　71

Cor. 4. It appears from the demonstration of Cor. 2, that the pressure on the center of gravity, when it is supported, is equal to the whole weight of the system.

Cor. 5. In order that the parts may *balance each other*, it is necessary that they should be connected, as we have supposed them to be; but the point found as in Cor. 2, is called the *center of gravity* when they are unconnected, and even in motion. Also if the force which acts upon them be not gravity, but any other uniform force acting in parallel lines, this point retains the same denomination.

61. Prop. *To find the Center of Gravity of any number of bodies*, P_1, P_2 P_3, P_4, *considered as points, in the same straight line, fig.* 61.

Let G be the point on which they will balance in a horizontal position; by Art. 46, G will be the centre of gravity. To find G, take any point A in the straight line; and since the weights P_1, P_2, P_3, P_4 balance, we have (Art. 22. Cor. 2.)

$$P_1 . P_1G + P_2 . P_2G = P_3 . P_3G + P_4 . P_4G;$$

$$\text{or } P_1 . (AG - AP_1) + P_2(AG - AP_2)$$

$$= P_3(AP_3 - AG) + P_4(AP_4 - AG);$$

$$\text{or } P_1 . AG - P_1 . AP_1 + P_2 . AG - P_2 . AP_2$$

$$= P_3 . AP_3 - P_3 . AG + P_4 . AP_4 - P_4 . AG;$$

$$\therefore P_1 . AG + P_2 . AG + P_3 . AG + P_4 . AG$$

$$= P_1 . AP_1 + P_2 . AP_2 + P_3 . AP_3 + P_4 . AP_4;$$

and similarly, for any number of bodies;

$$\therefore AG = \frac{P_1 . AP_1 + P_2 . AP_2 + P_3 . AP_3 + P_4 . AP_4}{P_1 + P_2 + P_3 + P_4}.$$

Hence AG is known, and therefore G.

Cor. 1. If the center of gravity do not lie between P_2 and P_3, but, otherwise, as for instance, between P_1 and P_2; instead of having $P_2(AG - AP_2)$ on the first side of the above equation, we shall have $P_2(AP_2 - AG)$ on the second side, so that the result will be exactly the same.

图 5-1-4 *Mechanics* 书影

上述符号、计量单位等的翻译方式基本上采取了中西结合的方式，即在引进西方符号的同时，又兼顾了中国传统的表达方式。虽然这些形式化表达看起来似乎失去了西文中形式化表达的简洁性、直观性，但那一时期的科学译著处理同样问题的理念、原则有内在的一致性，又兼顾了中国人的阅读习惯。因此，在传播西方科学方面，这些形式化表达在今天看来尽管怪异，甚至没有必要，却也不失为一种翻译上的妥协与过渡方式，体现了中国传统科学文化的惯性。

第二节　术语翻译的中国传统元素①

在科学术语的翻译中，有一定数量的科学术语很大程度上借用了中国传统科学的含义或是术语本身。这些借用体现了中国传统知识、文化在西方科学传入中国的过程中所产生的作用。

一、“项”译名的中国传统元素

在《代数学》和《代数术》中，传统天元术所使用的很多术语已不见踪影，新创词占很大比例。但是这些新创的术语译名不是凭空产生，它们或者是在传统术语的意义上增加新义，或者是舍弃原词的旧有之义，赋予其新的数学意义。

1.“项”概念的产生

要对“项”的含义进行讨论，先需对传统中算“项”概念的纵向发展作一简单的回顾。中国的传统代数学中一直未出现“项”这样一个术语，但是不乏与此类似的表达。考察其原因，不难发现,“项”概念与“类”有着密切的关系。《周易·系辞》有“方以类聚，物以群分”之语。“类”繁体写作“類”，其义为“许多有共性的事物的归纳”。“项”字的意义为“事物的种类和条款”,“项”的原始意义是指脖子的后部,“事物的种类或条款”是“项”的后起意义。从中算的角度来看，最经典的数学专著《九章算术》中已将各类实用性问题分为九类：方田、粟米、衰分、少广、商功、均输、盈不足、方程和勾股。尽管这样的分类在多大意义上是按照数学的本质划分值得怀疑，但中国传统数学中具有默认的类概念，而且更多地侧重于问题的社会功能。

“Term”这个英文词被李善兰译为“项”，正是一个缩略的“类”。“项”在代数学中专指表达式的类同性，形成了一个特有的代数术语。

2.传统代数学中的单项式与多项式的表示

传统中算中,“项”常以一种离散的状态表示。《九章算术》中全是用具体数字来表述问题，这显然无益于“项”的形成。《九章算术》在表示线性方程组时，利用了未知数系数表的布列，有着明显的同类项与不同类项的区分。宋元的筹式

① 赵栓林．对《代数学》和《代数术》术语翻译的研究［D］．呼和浩特：内蒙古师范大学，2005．此文是该项目的重要研究基础。

天元式中，方程的获得是由两个多项式来完成。各项按幂次的高低自上而下或升或降，依据“元”项或者“太”项即可判断多项式各项，然而遗憾的是项之间没有符号的连接，更多的是按照约定俗成的习惯来辨别。因此上下排列的几个单项式就被默认为是一个多项式。

我们再从《数理精蕴·借根方比例》中看单项式和多项式是如何表示的？取多项式加减运算的其中一例：“设如有五立方多四平方多三根少八真数，内减四平方多二平方多二根少九真数，问所得几何？”① 在“借根方比例”中列式如下：

五立方——⊥——四平方——⊥——三根———八真数
四立方——⊥——二平方——⊥——二根———九真数
————————————————————————
一立方——⊥——二平方——⊥——一根———一真数

上式用现代代数符号表示为：

$$(5x^3+4x^2+3x-8)-(4x^3+2x^2+2x-9)=x^3+2x^2+x+1$$

这个式子表示的数学内容无须多说，然而其中使用的名词和表示法却值得我们做一些讨论。在上述多项式中，包含了三次项、二次项、一次项和常数项，分别被称为“立方”“平方”“根”和“真数”。各项的正负在叙述中称为“多”“少”，“借根方比例”中这一组术语和符号，在后期清代学者的著作中也有所应用。如汪莱的《衡斋算学》第五册和第七册对方程的研究采用的正是“借根方”的术语。然而在乾嘉时期这一组术语和记号并没有得到广泛的认可。从当时许多数学著作所使用的术语可以看出，即使“借根方”已经传播了130多年，学者仍不能理解其优越性。中算家看到的是，在内容上“借根方”远不如天元术和四元术涵盖丰富，于是“借根方”所使用的一组术语和符号也并没有引起足够的重视。骆滕凤在《艺游录》中有“论《测圆海镜》之法”及“论借根方法”等内容，他认为：

借根方之异于天元一者，在正负多少之异，不在两边加减之异也。借根方以多少为号，天元一以正负为名，此其异耳。窃尝论之，正负有似于多少，而古人立法之意，实非以多为正，少为负也。正负者，彼此之谓，用以别同异、定加减耳。

天元一正负同名相加，异名相减，借根方则多少相加亦可相减，异名相减者

① 梅瑴成. 借根方比例［M］// 郭书春. 中国科学技术典籍通汇：数学卷三. 郑州：河南教育出版社，1993：949.

亦可相加，其有不合，则有反减反加之法，此其别为一术，亦无不可，然与天元一较，则西不如中也远矣。[①]

从18世纪初到19世纪中期，“借根方”和“天元术”的发展呈现这样一种倾向，官方编修的数学著作采用的是“借根方”中的记法，而在民间的多数学者则惯于使用“天元术”方法，甚至还会使用更古老的“实、方、廉、隅”等术语。

二、“方程”译名中的传统元素

1.“方程”的古义

“方程”一词显非新创。原始的“方程”出自《九章算术》，其中卷八专论“方程”。《九章算术注》对“方程”的释义是：“令每行为率，二物者再程，三物者三程，并列为行，故谓之方程。”《九章算术》中的方程术即解线性方程组，这与现代的矩阵初等变换法相同。“程者，课率也。”古代算家懂得，要使问题得到解答，课率的次数，即“程”数应与题中之物数相等，有几物便有几行，这就是所说的“皆如物数程之”。这样把各“程”中的数码按行列排列整齐，得到一个筹式长方形数表，就是当时的“方程”。“方”显然指等式的外形，正如李籍《音义》云：“方者，左右也。”杨辉《详解九章算法》说：“方者，数之形也。”根据刘徽对“方程”的定义，当时的“方程”实际上相当于现代所说的适定的线性方程组的增广矩阵。

2.明清之际（1859年前）“方程”概念的演变

“方程”一词在明清著作中也可见到，其义虽沿袭古义，但已有变化。中国传统数学在宋元达到高峰，而在元末明初衰微与失传。明清学者对“方程”这一在中算史上流传甚久的传统概念的了解已很模糊。

明代程大位《算法统宗》（1592年）第八章为“方程”，其中对“方程”作如下解释：“方，正也；程，数也。以诸物总并为问，去繁就简为主，乃诸物繁冗，诸价错杂，必须布置行列，或损益加减，同异正负，递互遍乘，求其有等，以少减多，余物为法，余价为实。法实相除，得一价，以推其余，若繁杂甚者，次第求之。”程大位对古“方程”的理解是不全面的。对此，清代梅文鼎批道：“至若‘方程’别无专书可证，所存诸例，又为俗本所乱，妄增歌诀，离为胶固之法，印定后贤耳目而‘方程’不复可用，竟如赘疣。”

① 摘自骆滕凤所著《艺游录》。

在《同文算指通编》(1613 年)卷五中，李之藻将“方程”之名改为“杂和较乘法”。明人对古“方程”的不解和困惑由此可见一斑。梅文鼎在《方程论》(1672 年)中对“方程”做出解释:“方者，比方也；程者，法程也，程课也。数有难知者，据现在之数以比方而程课之，则不可知而可知。即互乘减并之用。”这种解释虽较明代更贴近古义。然而，从他提出的一种被称为“叠脚(又名璎珞)”的“方程”图式来看，可证其“方程”的概念绝非含有未知数的等式，或者说，梅文鼎的“方程”概念不是基本等量关系。梅瑴成主编《数理精蕴》(1723 年)，其下编卷十论“方程”。他对方程的解释与其祖父稍有不同:“方者，比也；程者，式也。因设数齐其分而比方之，定为已成之式。凡法皆如之，故曰方程。”①

虽然梅瑴成提出“天元一即借根方解”的论断，然而在梅氏等当时中算家的思想中，似乎未将此“方程”之名与“借根方”作任何关联。

3.“Equation”与“方程”

“方程”一词并非李善兰首创。在《九章算术》中，已有“方程”之名。李善兰和伟烈亚力用方程一词翻译英文词 equation，显然是借用了传统“方程”的术语，但是内在含义却改变了。

将英文 equation 译作“方程”显然是李善兰的一个创举。很明显，“equation”是从 equal 演化而来。事实上，方程作为“未知量的等式”这一思想是贯穿于西方数学当中的。Equal 的拉丁文写法是 æqul¡s。15 世纪意大利数学家帕奇奥里(Pacioli)的主要出版物《算术、几何、比例和比例性》一书中，已经出现了用 æ(即 æqul¡s 的首字母)来记方程中的相等关系。②

伟烈亚力和李善兰怎么想到将“equation”这个词译作“方程”的？这其中不可避免的涉及伟烈亚力对 equation 的理解和李善兰对“方程”的理解是如何碰撞并达成一致的。“equation”出自英文版《代数学》，原文如下：Every collection of algebraical symbols is called an expression, and when two expressions are connected by the sign =, the whole is called an equation.③

伟、李二人的译文:“并代数之几数名为式，二式之间作 = 号，谓之方程式。”

---

① 李继闵.《九章算术》及刘徽注研究［M］. 西安：陕西人民教育出版社，1990：226-234.

② 克莱因. 古今数学思想［M］. 张理京，张锦炎，译. 上海：上海科学技术出版社，1979：274.

③ MORGAN A D. Elements of Algebra［M］. London：Bookseller and Publisher to the University of London，1835.

将 equation 译作“方程”，笔者以为伟烈亚力的功劳更大一些，这种译名极可能是伟烈亚力基于对中国古代“方程”之名的理解而形成的。伟烈亚力在华期间接触和收集了大量中国文献。根据初步统计，在其著述中提到的中国数学文献有 90 余种。[①] 在《解题》前言里，他声称其中的大部分著作他都阅读过。然而，伟烈亚力对中国数学的看法很明显是他对所见到的中国数学文献进行研究的结果，而对“方程”古义的理解也应该包含在其中。我们目前所知，“方程”的原始出处是《九章算术》。但是却有足够的证据表明伟烈亚力并未真正见过任何版本的《九章算术》。[②] 在他向西方学者介绍中国传统数学的著名论文《中国科学札记：数学》中，《九章算术》中关于方程的阐述似乎并没有引起他太多的兴趣，反倒是“正”和“负”这两个术语被他特别关注。伟烈亚力把《九章算术》第八章“方程”所述的问题归纳为“从若干组条件求未知量数值的方法”，这种理解在很大程度上脱离了传统中算中基于“比率理论”的“方程”概念。而李善兰虽然幼习《九章算术》，但并未被古代的“方程”吸引多少目光。这可以从他对传统数学所投入的研究看出，这些研究收录在他的数学著作集《则古昔斋算学》中。于是，equation 一词的汉译正是在这样一种情形下——一方是不懂英文的李善兰，而另一方则是似乎找到 equation 与古代“方程”相通之处的伟烈亚力——应运而生了。

李善兰、伟烈亚力二人在多大程度上区别了古今“方程”的不同含义无从得知。不过至此，“方程”便由古代的数码方阵演变成了含有未知量的等式。有一点可以明确，在“方程”的译名过程中，李善兰、伟烈亚力二人的翻译也正体现了前面所说的一条重要原则，即术语译名的原则之一：用传统数学中“已立之名而变意以广其用”。所以“方程”之名，用的虽然是旧的术语，却被赋予了新的数学使命。

《代数术》中对“方程式”的定义如下：

用代数术之本意，乃欲从已知之各数，求其未知之数也。惟未知之各数本与已知之各数不相等，不得已将已知未知之各元，杂粹分合之，作一式令左右两边之数相等，此之谓方程式。[③]

《代数备旨》中有一奇怪的名词“偏程”，我们现在看到这一名词自然会觉得莫名其妙，其实它就是“不等式”在当时的译名。在《代数学》和《代数术》中

① 汪晓勤. 伟烈亚力与中西数学交流［D］. 北京：中国科学院自然科学史研究所，1999：24.
② 汪晓勤. 伟烈亚力与中西数学交流［D］. 北京：中国科学院自然科学史研究所，1999：24.
③ 见傅兰雅口译、华蘅芳笔述《代数术》卷六。

均未出现不等式的专有名词,《代数备旨》中“偏程”之名的创译显然是受了“方程”之名的启发。既然 equation 这个表示未知量等式关系的词译为“方程”，那么 inequality 这个表示两端代数式不相等的词就该叫作“偏程”。

有人曾经指出，[①] 以“方程”作为equation的译名乃是受“西学中源”说的影响，笔者不完全同意这一观点。在伟烈亚力、李善兰二人合作翻译的过程中，口译者伟烈亚力占主导地位。虽然伟烈亚力对中国传统数学给出了一个比较客观的评价，并且在向西方介绍中国数学的成就方面发挥了积极作用，但是作为传教士的伟烈亚力至多对于“西学中源”说持中立态度而不可能是支持者。还有一点需要指出的是,《代数学》翻译于 19 世纪后期，这一时期“西学中源”说虽还存在，但其影响已是强弩之末。所以,“方程”的译名很大程度上是一种翻译的规则和方法的体现。

4. 未知数与“元”的译名古义

关于“元”字的本意,《易・乾》有云:“元者，善之长也。”《说文解字》有云:“元，始也。”《春秋繁露・重政》有云:“元者，万物之本。”可见“元”这个字应被理解为根本的、首要的或大的意思。传统天元术之“元”正是取意于此，而这个基本的术语“元”也被《代数学》《代数术》借用过来。在《代数学》原序中，伟烈亚力明确了翻译时所做的一些术语名词和符号的改变:“借根方记号殊简略，其加号用⊥，与今代数同；昔名多，今改名正；减号用──，今用┬，昔名少，今改名负；相当号用 =，与今同。其右数，昔名等数，今改名同数。而诸乘方之指数，开诸方之根数，皆昔所未有之号也。又借根方之根，今改名元。今所谓根数，非元也。凡此诸名之改，皆从天元四元。”

《代数学》和《代数术》中“quantity”一词译作“几何”或“元”，未知数（unknown quantity）译作“未知元，未知几何”，已知数（known quantity）译作“已知元，已知几何”。“元”这一称谓反映出保留传统中算术语的翻译原则。作为汉语词汇的“元”古已有之，作为数学专用名词“元”在宋元之际已得到普遍使用。据笔者理解,“未知数”一词是数学概念，从语义学角度来看，可能更多地侧重于数学名称;“元”则是未知数和已知数记号的统称。以伟烈亚力所言,“元”是对“借根方之根”的改译，可是在与英文版对照时发现,《代数学》中“元”的范

① 李继闵.《九章算术》及刘徽注研究［M］. 西安：陕西人民教育出版社，1990：227.

畴显然扩大了①，它所表征的正是代数的特征。

宋元时期的数学处于半符号化的状态，创立了“元”“太”等记法来表示方程，然而对符号和名称概念的界定却很模糊。19世纪以后，中国传统代数学逐渐被西方代数学所取代，其中的很多术语和符号也没能再保留。相比中算记法上的局限性，西方数学中关于已知数、未知数和方程的记法在此时已形成数学符号体系，因此优越性显而易见。所以中国近代数学的西化势所必至。

三、传统之根：术语翻译原则

1. 术语翻译的方法

梁启超在《论译书》（1896年）中指出，“译书有二蔽，一曰徇华文而失西义，二曰徇西文而梗华读……凡译书者将使人深知其义。苟其义靡失，虽取其文而删增之、颠倒之，未为害也。然必译者之所学与著书者之所学相去不远，乃可以语于是。”②

我们所选取的几部译著都是采取西方人口述、中国人笔录的翻译方式。在这一时期的译者中以伟烈亚力和李善兰译著最多，而且其中数学译著也最为丰富。因此，下面以这两位译者及其译著为核心说明翻译原则与方法。

伟烈亚力精通汉语，据慕维廉称，伟烈亚力本人对天文学、数学、力学等学科都很感兴趣。伟烈亚力自1847年来华后开始研读中国经典著作，对中国传统数学具有一定的认识。因此，伟烈亚力将《代微积拾级》和《代数学》的英文表述为汉语是不成问题的，然而对于术语的翻译无疑需要费一番工夫。李善兰和伟烈亚力二人的翻译合作过程，可以从王韬在1852—1860年的日记中得到一些极有用的线索和资料。1852年开始，李善兰与伟烈亚力合作翻译西洋算学和科学著作。这些西洋算学与科学著作的引进，揭开了西学在明末清初之后再度东传的序幕。

李善兰与伟烈亚力合作翻译的具体细节，也可以从华蘅芳的《学算笔谈》中看出某些端倪。在《学算笔谈》第十二卷，有一节专门写“论翻译算学之书”，其中提到“余幼时曾在墨海书馆目睹伟李二君翻译之例”，可见华蘅芳曾目睹李善兰和伟烈亚力译书的细节过程。他指出翻译算学比翻译寻常文理之书更难。

---

① 对于“元”的记法，中算中最多只发展到“四元”，“四元”之后再无进展。“四元”，顾名思义，包含四个未知数，分别记为天、地、人、物。在四元术中，常数项称为“元气”。

② 梁启超．论译书［M］．北京：中华书局，1989：76.

> 翻译算学比翻译寻常文理之书较难，因西书文法与中华文法不同。其字句之间每有倒转者，惟寻常文字译时可任意改正之。而算学则不能也。因文理中有算式在内，若颠倒之，则算式之先后乱其次虚，无从与西书核对矣。所以口译笔述之时须以文理语气迁就之，务使算式之次序无一凌乱为要。①

实质上对于算学书籍的翻译，并不见得就较翻译文理之书难，因为自然科学著作是思维成果和现象的直接陈述，做到说理明通、条解详悉即可。翻译算学之难在于：由于算式次序颠倒而引发的数学运算和推理过程中的逻辑错误。所以必要的时候要以算式的先后次序为主。

翻译之前有些准备工作要做，这主要是针对数学符号和一些术语而言，一般需要先列一张西文字母与西文数学名词的汉译对照表。华蘅芳的记述可以再现出李善兰和伟烈亚力二人工作时的情景：

> 若于翻译之先，豫作一种功夫，将应译之干支列宿天地人物及算学中各种名目如弧角八线等名列为一表，左为西文，右用华字，则阅此表者，可从西文检得应用之华字，故笔述之时凡遇图及算式，可不必一一细译其字，但于译稿之上记明某图某式。至滕清之时可自看西书，从此表检得其字以作图上及算式中之字。所以必须如此者，因可比口中一一译出者较为便捷，且不致错误也。(《论翻译算学之书》)

在“口译笔述”的过程中：

> 笔述之时务须将口译之字一一写出，不可稍有脱漏，亦不可稍有增损改易也。至滕出清本之时，则须酌改其文理字句。不可因欲求古雅，致与西书之意不合也。所译之书若能字字确切，则将华文再译西文，仍可十得八九。所以译书之人，务须得原著之面目，使之惟妙惟肖，而不可略参私意也。原书本有谬误，自己确有见解，则可作小注以明之，不可改动正文。(《论翻译算学之书》)

可以看出，口译者在翻译过程中占主导地位。翻译可能要分三个步骤进行：第一步，笔录初稿。在笔述初稿时，笔述者完全按口译者所译内容记录，不加丝毫润色。第二步，誊写“清本”。在此过程中，对译文字句加以润色，使之合于中文语法习惯。但又要求“所改之字句必须与口译之意极其切当，不可因欲求古雅，致与西书之意不合也”。这一过程是翻译算书的关键一步。其中对术语译名的斟

① 华蘅芳．论翻译算学之书［M］// 朱志瑜，张旭，黄立波．中国传统译论文献汇编：卷一．北京：商务印书馆，2020.

酌选取应是在此期间完成。第三步，中西文校对。这一步可能相对简略些，要与合作者共同完成。“所译之书若能字字确切，则将华文再译西文，仍可十得八九。”至此，整个翻译过程告成，清本即可送出刊印。

翻译过程要求译者做到忠于原文，“不可略参私意”。如果遇到原书中有错误，要对其进行校注，则要在正文之旁加小注，而不能在正文中进行改动。通过对中译本《代数学》《代数术》的比较发现，前者中的译者注释要比后者少得多。让李善兰引以为豪的《代微积拾级》《代数学》正是在这样一种情形下译出的。虽然翻译的过程可能要更为复杂，但过多的讨论会偏离笔者的主题，因此对这一问题的讨论不得不就此搁笔。

总的来看，华蘅芳所阐释的这些翻译西方算学的方法和思想可以说已达到了一定的理论高度，对于其他学科的翻译同样适用，已具有了现代翻译理论的一些重要因素。

2. 术语翻译的原则

以现代对科技术语的探讨和研究，可将科技术语的特征归纳为以下几点：准确性（accuracy）、单义性（monosemy）、系统性（systematization）、本族语言习惯性（linguistically correct）、简明性（conciseness）、理据性（motivation）、稳定性（stability）和派生性（productivity）。[①] 科技术语的这些特征决定了科技文献的翻译区别于其他如文学、政论文章的翻译，科技术语的译名至少应具备专业性、科学性、单义性和系统性四个基本特征。因此科技翻译除遵循一般翻译的规则，还具有一些自身特殊的规则。

晚清科学译著中，并没有提出明确的翻译原则，但从不同译著的零星记载以及对术语翻译的研究中可发现，其中涉及了很重要的翻译方法和原则。《代数学》第二卷“代数与数学之记号不同”中有一段文字：“观昔人知不能减之式，可用代数法推之，但未解其理。故依前论定其法之名。但用其名，不易其意，于理不合。盖言乃显心中之意，意该者言亦当该，令言与意合。所以言必明白晓畅，以宣我意。故新意若仍用旧名，当定例分别。勿令新意掺入旧意。盖数学中之意今已略知，而记号之用，已为数学所未有。诸记号之用已定，则当名之以显明诸用法。”[②]

① 杨思瑛，论科技术语翻译的微观原则与统一性［J］. 连云港职业技术学院学报（综合版），2003（3）：71–73.

② 见伟烈亚力口译、李善兰笔述的《代数学》卷二。

这段文字译自英文原著，原文如下：

It was found out that the rules of algebra might be applied without error to symbols of impossible subtraction, before the cause of so singular a circumstance was satisfactorily explained. The consequence was, that many such reasonings as those in page 55 were universally received, and a language adopted in consequence which, as long as words have their usual meaning, is absurd.

But, at the same time, every one must see that words are themselves symbols of our own making, over which there is unbounded control consistently with reason, provided only that we mean by every word be distinctly known, so that we shall not draw conclusions to other meanings.

We have made some additions to common arithmetic, and have found uses for symbols which were never contemplated in that science. It is sufficient that we have demonstrated the uses of these symbols; It now remains to find words by which to express the operations we shall employ.①

英文中的这段文字是针对“不能减之式”引发的，从中可以看出扩展算术旧名之义和创立代数新名词的必要。

“不能减之式”是指当时在西方还不被普遍认可的从小数中减去大数的情况。因为所得结果为负，而负数的概念还没有确立，所以这样一个式子被命名为不能减之式（impossible subtraction）。然而在代数中，由于选用记号来代表数，所以得出的仍是一个记号，这一记号是代数中所允许出现的。所以在代数中，有必要扩展原数学（算术）名词来表述算术中不允许而代数中允许出现的新情况。扩充旧名词的含义和创立新名词不是随意而是有所规范的，要遵从以下原则来进行。这就是德·摩根给出的途径，李善兰称其为“立名有二例”。

立名有二例：

一、显其事。若事非数学中所有，则可立新名。若强去数学中之旧名而用新名，则不便。盖未至得数，不知误与否，故不必尽去旧名而用新名也。

二、已用之名而变意以广其用。亦即本旧意推广之。此在寻常事恒有之。如欲为新物立名，借旧物之略似者名之是也。②

① MORGAN A D. Elements of Algebra［M］. London: Bookseller and Publisher to the University of London, 1835.

② 见伟烈亚力口译、李善兰笔述的《代数学》卷二。

整本《代数学》中，该段对术语命名规则的表述最为详尽，也最为精致。按笔者的理解，它已不仅是原文的意译，而且是李善兰和伟烈亚力在翻译过程中始终贯穿和渗透的原则。伟烈亚力、李善兰二人很巧妙地将这两条“算术和代数之间新旧名词的承继问题”的原则移植到了中英文数学名词的对译过程中，即在英文译为中文的过程中，类比中国传统数学中的名词术语而确定代数名词的汉译名。我们也可以称其为术语翻译的“本土化”原则。在术语“本土化”的翻译思想的指导下，译者采取了新创名词、直接使用传统术语，增加或改变其意义、舍弃旧词另造新词等具体办法。我们可以从附表 1、附表 2 的术语译名中领会这些翻译原则的具体应用情况。

就《代数学》的翻译而言，译者考虑到学习者的文化背景，在翻译时对原文有所删减。按现在的翻译规则看来，这接近于对原文的意译。例如以下一段文字：

As the neglect of this rule is the cause of frequent mistakes, not only to beginners,

But to more advanced students, we have printed it thus to attract attention. Still further to impress it on the memory of our younger readers, we beg to inform them that to neglect this rule is the same as declaring that all debts are gains, and all property a loss; that to forgive a debt is to do an injury, and that the more a man is robbed the richer he grows; with a thousand other things of the same kind.①

此段为原文中强调括号前为负号时去括号应注意的事项。在中译本中仅以“观③④两式自明，学者须熟记此例”译之，在“须熟记此例”处加有着重号。如果译文所依据的是英文第二版，或者说所据版本没有多大改动，此处可以说体现了李善兰在翻译过程中采取的一些灵活的应对原则。

一是考虑学习者的背景。例如，英文中对“负数”的理解常用到 inattention to 和 misconception 及 wrong alternative 一类词，“负数”的概念似乎总与不经意的错误联系在一起，而不被认为是一种必然。第二卷题名即为“代数与数学之记号不同”，几乎使用整个第二章来解释负数及负号的意义，至此负数终于被作为一种很自然的量引入了。在中国传统数学中，负数的概念已很明确，过多的强调反而是一种赘述。

二是译文尽可能简洁。把握住问题的实质进行翻译，而不是逐句进行对译。

---

① MORGAN A D. Elements of Algebra [M]. London: Bookseller and Publisher to the University of London, 1835.

通过与英文第二版对比，发现在翻译过程中注释的内容和脚注多数未进行翻译。

关于译述过程中的“名目”（术语）的翻译，华蘅芳在《学算笔谈》中有所论述，傅兰雅在《江南制造总局翻译西书事略》一文中也讲到这一问题。

在《学算笔谈》的序中，华蘅芳指出前人著算书的一些不足之处：

……上古之算本简捷而易明也，自后世事物日变，人心智虑日出于是，设题愈难布算愈繁，而精其业者各以心得著书，有好为隐互杂糅，穷极微奥，不屑以浅近示人，甚或秘匿其根源以炫异变，易其名目以托古。此盖今古筹人之积习、作者之恒情、算学之境因，是而益深而学算之人宜其望洋而兴叹也。①

华蘅芳反对那种故弄玄虚的治学态度。在他的著作中，无论是自己所著，还是翻译西书，都力求深入浅出，明白易懂，这也是他一贯遵循的原则。

《学算笔谈》第十二卷，华蘅芳记述了他翻译西方算学类书所用到的一些方法和规则，即前文提到的《论翻译算学之书》。《论翻译算学之书》共1056字，分六段，包括明末以来翻译算学之书的概况、华蘅芳与傅兰雅翻译的算学书、翻译西方算书的准备工作、华蘅芳翻译过程中的具体办法以及他对翻译算书的看法和态度等内容。如前所述，华蘅芳所记正是他目睹的李善兰和伟烈亚力的译书过程，并加入了自己的心得体会。从《论翻译算学之书》可以看出，华蘅芳的数学翻译正是在李善兰的翻译方法的基础上进行的。它代表了华蘅芳的翻译思想和翻译方法，贯穿于华蘅芳的所有译著当中。

傅兰雅对术语的翻译规则在《江南制造总局翻译西书事略》中记述得最为详尽，是对翻译西方科学著作过程的叙述和总结。傅兰雅深知翻译自然科学著作时“名目”的重要性，因此多次强调名目翻译的准确性和统一性。

译西书第一要事为名目，若所用名目必为华字典内之字义，不可另有解释，则译书事永不能成。②

在《江南制造总局翻译西书事略》中，涉及确定术语名目的一段文字如下：

此馆译书之先，中西诸士皆知名目为难，欲设法以定之。议多时后，则略定要事有三：

（一）华文已有之名

设拟一名目为华文已有者，而字典内无处可察，则有二法：一、可察中国之

① 华蘅芳. 学算笔谈序［M］. 行素轩算稿本，1885.

② 傅兰雅，江南制造总局翻译西书事略［M］// 张静庐. 中国近现代出版史料. 上海：上海书店出版社，2011：9-28.

已有格致或工艺等书，并前在中国之天主教师及近来耶稣教师诸人所著格致、工艺等书。二、可访问中国客商或制造或工艺等应知此名目等人。

（二）设立新名

若华文果无此名，必须另设新者，则有三法：一、以平常字外加偏旁而为新名，仍读其本音，如镁、钟、砞、矽等；或以字典内不常用之字释以新义而为新名，如铂、钾、钴、锌等是也。二、用数字解释其物，即以此解释为新名，而字数以少为妙，如养气、轻气、火轮船、风雨表等是也。三、用华字写其西名，以官音为主，而西字各音亦代以常用相同之华字。凡前译书人已用惯者则袭之，华人可一见而知为西名；所已设之新名，不过暂为试用，若后能察得中国已有古名，或见所译者不妥，则可更易。

（三）作中西名目字汇

凡译书时所设新名，无论为事物人地等名，皆宜随时录于英华小薄，后刊书时可附书末，以便阅者核察西书或问诸西人。而各书内所有之名，宜汇成总书，制成大部，则以后译书者有所核察，可免混用之弊。

以上傅兰雅所总结的三条“释名”的具体规则更多是针对当时“格致”之类的书，特别是化学术语。不过这些译名规则在数学术语的翻译过程中也有所应用。具体运用时细节有所变更，至于究竟如何应用可以从傅兰雅和华蘅芳所译的代数学术语中看出。

傅兰雅一直很注重翻译过程中译名的统一问题。

以上三法，在译书事内惜未全用，故各人所译西书常有混名之弊，将来甚难更正。若翻译时配准各名，则费功小而获益大，惟望此馆内译书之中西人以此义为要务。用相同之名，则所译之书益尤大焉。(《江南制造总局翻译西书事略》)

他指出在翻译的过程中由于未能贯彻这些原则，所以常出现译名的混乱，这种混乱状况不仅在江南制造局翻译馆存在，其他一些译馆更是普遍。他曾倡议各馆不仅应在内部对译名进行统一，而且各馆之间也应协调，对不同学科的译名统一工作有所贡献。

科技术语译名的统一对于翻译和传播科学知识的重要性不言而喻。由于很多术语是第一次引进，所以在近代早期的翻译中译名的混乱状况可想而知。虽然传教士在这方面作了很多努力，但所取得的成效一般。术语译名的接受是与知识的传播和普及同步的，所以译名的统一不可能一蹴而就，而是在对西学的消化和吸收的过程中不断完善。

综上所述，当时的科学术语的翻译在译名“本土化”思想的指导下，采取了以下具体办法和原则：

第一，直接使用传统术语中与其表达的科学内容相对应的词；

第二，借用传统术语，增加或改变其科学意义；

第三，利用中文构词法造新词。

从以上规则不难发现，在晚清译著的翻译中，译者试图努力地保持其形式和表述上的传统性，而当科学内容超出其所能表现的范围时，符号和译名的再创造成为必然。

第三节　晚清科学翻译的文化特点

一、晚清科学译著的删述与信息流失

晚清科学译著由于口述、笔译的特殊翻译形式，译本与底本的叙事方式、语言风格有很大差异，在我们的研究案例中以《地学浅释》与《谈天》表现最为突出。下面先以《谈天》为例说明翻译过程中删述的方式。

1. 李善兰《谈天》的删述方式[①]

李善兰是晚清翻译传播工作的中心人物。[②]1852—1859年，李善兰在上海墨海书馆与传教士共同翻译了八部科学著作：

《几何原本》后九卷，伟烈亚力口译，李善兰笔受;《代数学》十三卷，伟烈亚力口译，李善兰笔受;《代微积拾级》十八卷，伟烈亚力口译，李善兰笔述;《重学》十七卷，英国艾约瑟口译，李善兰笔述;《圆锥曲线说》三卷，附《重学》后，英国艾约瑟口译，李善兰笔述;《谈天》十八卷，伟烈亚力口译，李善兰删述;《植物学》八卷，韦廉臣辑译，前七卷由李善兰笔述，卷八由艾约瑟和李善兰合译;《数理格致》，底本为牛顿的《自然哲学的数学原理》，未译完。[③]

---

① 郭世荣．李善兰是如何“删述”《谈天》的［J］．科技史通讯．2015，9（39）：13-22.

② 王渝生．李善兰研究［M］// 梅荣照．明清数学史论文集．南京：江苏教育出版社，1990，334-408．

③ 韩琦．《数理格致》的发现：兼论18世纪牛顿相关著作在中国的传播［J］．中国科技史料，1998（2）：78-85。

在李善兰的译著中,《谈天》署“李善兰删述”，其他均为“李善兰笔受”或“李善兰笔述”。可见，在翻译《谈天》时，李善兰做了删改。那么李善兰是如何“删述”的，删节的原则是什么，这里通过比较《谈天》与其底本 *Outline of Astronomy*①，分析几个翻译和删述的实例，以说明上述问题。

例 1　译文没有包括原著中的引言部分。*Outline of Astronomy* 正文前有一篇“引言”（Introduction），共 10 段②。其内容主要包括：学习天文学的心理准备与方法，关于学习本书应该具备的基础知识的说明，本书的写作方法、目标和将要涉及的内容、基本观点，等等。在伟烈亚力与李善兰合译的初版中没有包括引言，后来伟烈亚力与徐建寅增译的版本中包括了这部分内容，标题为“例”。那么，是伟烈亚力本来就没有翻译这部分呢，还是李善兰把它删去了呢？有待进一步研究。需要说明的是，在《谈天》增译本中，凡增译的部分，在排版时都在前面加“续”，并且低格排版，但是“例”没有这些特征。这似乎说明“例”是由李善兰删去的。

例 2　第 11 ~ 12 段讲述天文学的研究对象和地球在天文学中的重要性，原文今译为：

“我们看得见的天体的大小、远近、排列、运动及其构造和物理条件，它们之间是相互影响的，我们只要通过它们的影响就可以按照合理的推理去探索知识，这些构成了天文学研究的主体。天文学（astronomy）这个词本身就充分说明了它的研究内容和对象，它的字义表示关于天上一切看得见的天体——包括太阳、月球和其他天体要素——的规律的科学。占星术（astrology）这个词的本来意思是关于星的推理、理论和解释，但在实际应用中，它的意思已被降低了，只剩下了其应用，即沦落为限于表示迷信和假装基于星象变化来预测未来的骗术。”（第 11 段）

“但是，除了恒星和其他天体外，应该把地球也看成是一个天体，而且是一个天文学家考虑的具有特殊重要意义的天体。它在实践上和在理论上的重要性表现在于地球不仅与我们人类休戚相关，为我们提供所需要的一切，而且是我们观测其他天体的唯一观测站，比如，我们可以在地球上设立观测点，通过任何的标记

---

① 笔者手边只有 *Outline of Astronomy* 的第 8 版和第 3 版，通过比较此二版可以明确第 4 版的内容。作者感谢聂馥玲博士从剑桥大学图书馆代为拍摄了第 3 版全文。

② 原著每一段都有标号，全书各段统一编号，如第 1 章从第 11 段开始，第 2 章从第 81 段开始，等等。

和测量来研究其他天体的变化，比较其距离。"（第 12 段）

李善兰删去了第 11 段中关于天文学词源和语义的说明以及第 12 段中关于地球与人类关系的内容，并且变换了行文的结构、内容和逻辑关系，把地球的重要性放在首位，将这两段文字删节改写成如下译文：

欲知经纬星之大小、远近、方位、轨道，及相属之理，必先于地面测之。不明地之理，则所测得之理俱误。故以论地居首。

例 3　原文第 13 段分析了把地球视为天体之一与习以为常的表面现象之间的矛盾，指明克服这种错误观念的重要性：

"把地球和天体视为同类，对于初涉天文学的读者来说，可能会感到十分离奇，难以设想表面上如此风马牛不相关的事物之间会有什么联系。事实上，地球巨大到似乎无法度量其大小，而星星看起来是个小点，似乎根本没有大小，还有什么能比地球和星体之间的表面区别更大呢？地球黑暗而不透明，星星则光芒闪耀，我们感觉地球亘古不动，而我们在白天或夜晚的几个小时内或一年的不同季节内都会观察到星星位置连续不断地变化。因此，除了个别先哲之外，古人概不承认地球与其他星体属于同类，而且仅凭无节制的类比和经验，以及不完整的推理过程，毫无顾忌地认为天体存在并运动于它们被看到的区域。在这种认识框架内，作为因果推理科学的天文学就不存在了，天文学就只能限于对天空中的表面现象的记录，与任何推理原则都互不相关。这样的天文学，不论如何成功，也只不过是对天体排列关系的讨论而已，且只能是对这种排列关系的一些经验认识。摆脱这种认识态度和偏见，是获得天文学真知的第一步。当一个学生真正理解了地球只不过是天体之一而已这个观念，他就是向获得天文学的真正知识迈进了一步。这个观念为什么是正确的，应该有哪些限制，应该做什么的修改，下面就讨论它。"

李善兰删节后的译文变为：

地为球体，乃行星之一。第凭目所见，则地甚大，行星俱只一点；地无光，行星俱有光。地不觉动，行星刻刻移动。悉皆相反。是以人非大智，闻此说，未有不骇异者。然强分地与行星为二类，则推步诸曜，俱扞格不通矣。故天学入门当首明此理。

"当一个学生真正理解了地球只不过是天体之一而已这个观念，他就是向获得天文学的真正知识迈进了一步。"地球地位的变化是近代天文学核心内容，且不仅对于大众还是科学家都是难以接受的、与经验相悖的事实。近代科学发展的显著特征就是在表面上看似毫无关系的现象之间，建立内在的因果关系，并将这种因果关系定量表述出来。上述原文的表达正是强调了这一点，即把地球看作是与其他天体相同的星体是问题的关键，是学习天文学的基础。这里强调古代天文学是经验的、直观的，要想超越古代获得“科学的”天文学，如何看待地球是关键。这种信息在译文中完全没有表达出来。

例 4　原文第 15 ~ 16 段论述地动时，将地球的运动分为两类：一类是地表的运动，如海洋、大气、地震、风雨等运动，这是人们可以感知到的。另一类是地球的整体运动，是人在地球上无法感知到的，并举了一些例子来比喻说明，对于每一个例子都有较详细的说明与分析。李善兰删去了地表运动的内容，直接讲述地球作为一个行星是运动的，并且删去了例子中的细节说明，如对地动认识的反复说明：地球不动是我们的直观的感知，要想突破这一感知是需要理解力的。这在当时，甚至现在要让读者真正理解也不是一句话可以做到的。

地系行星，故地亦动。地动而所载之物，如山岳河海风云之类，莫不随之俱动。故人不能觉。譬如舟不遇风浪、车在坦道以平速行，所载什物与之俱行，人坐其中，如居安宅，初不觉动。其理一也。

这里对地球自转的理解也是近代科学发展的又一核心问题，也是哥白尼学说被质疑的主要原因之一。这个问题在惯性定律提出后才得以突破。这也是作者反复举例、解释的主要原因。对地球自转的理解同样是理解近代天文学的非常关键的问题。但是在译文中这些却无法体现。

例 5　原著第 2 章开始一段（第 81 段）是：

Several of the terms in use among astronomers have been explained in the preceding chapter, and others used anticipatively. But the technical language of every subject requires to be formally stated, both for consistency of usage and definiteness of conception. We shall therefore proceed, in the first place, to define a number of terms in perpetual use, having relation to the globe of the earth and the celestial sphere.（今译文：上一章中已经解释了几个天文学家使用的术语，还有一些术语也需要做出解释。为了达到使用的一致性和表述概念的明确性，每一个学科都需要对其技术术语做出正式的解释。因此，我们将首先定义一批与地球和天球有关的常用术语。）

与《谈天》对应的文字是：

古有诸层玻璃天载星而转之说。此于恒星环绕之理，未始不可通，而于日月及诸行星之理，则殊不合。然即以恒星天言之，如此大玻璃球，每日自转一匝，亦大不易。或古人力大，故作此想耳。近已废此说不用，而以歌白尼[①]地球自转之说为定论。既除旧法，必立新名，故此卷专主命名。

这里，李善兰没有按原文翻译，而是加入了“水晶玻璃球理论”的内容，并说明这个理论存在的问题，强调本书主张哥白尼理论。最后才说明本卷的内容：“既除旧法，必立新名，故此卷专主命名。”“水晶玻璃球理论”是古希腊人提出的，明末传入中国，为清代中国天文学家所熟悉，李善兰在这里删去英文原著的过渡性语句，增补内容，提醒读者旧理论已经作废，不再使用。

例 6　原著第 193 ~ 196 段讲纪限仪及其使用。其中第 193 段讲到纪限仪也称为哈得烈纪限仪，以表彰他发明了此仪，但实际上此仪是由牛顿发明的，并介绍了发明此仪的过程及牛顿具有优先权的证据。译文删节为：“此器或云哈得烈所造，实则作于奈端。”且第 193 段被调整到第 194 段之后。第 194 段先讲纪限仪的原理，再讲使用。译文则先讲使用，再讲原理，且删掉了相关的科学史内容。

例 7　原著第 5 章开头几段（第 292 ~ 295 段）讲天球仪的制作原理和方法。接着讨论了天体仪或天图与天体实际运行的关系，今译为：

“这里又产生了一些重要问题：这些天体的位置关系能保持多久？是否这些恒星及亮星，宛如看不见的天空中的固体，永远保持其位置关系固定不变呢？或者像地球上的地标一样保持不变的距离关系？如果真是这样，我们可能形成的最合理的宇宙观念就会是：地球在宇宙中心，绝对静止，一个透明水晶球围绕着地球，带动太阳、月亮和恒星做周日运动；如果不是这样，我们就必须抛弃所有上述观念，探究单个星体的不同历史，发现其独特的运动，考察星体之间是否存在其他可能的联系。”（第 296 段）

与例 3 相同，这里强调地球在宇宙中的位置以及地球与其他天体之间的关系对于学习、研究天文学的重要性，以及新旧天文学的不同。这是关于天球仪或天图所表示的天体关系的讨论，李善兰的译文将这段全部删除了。

例 8　第 297 节讲述日月及其他天体在天空中位置的变化，先说明月亮的位移，接着讲太阳位置变化，原文为：

“太阳在星际间的位置变化也是常态的和迅速的。在白天肉眼看不到星，不易觉察到这一点，需要用望远镜和方位仪等来测量，或者是经过较长时间的连续观察，才能发现这个事实。然而，只要想想夏天的星比冬天更大，或者晚上观察到的星（这些星因而位于与太阳不同的另外半个天球上，发出其光线）在一年的不同季

① 今译“哥白尼”。

节中变化，就会认识到太阳相对于其他星的位置在这段时间内发生了极大的变化。”

李善兰的译文把太阳、月亮和后面讲到的行星位移放在一起，缩减为：“天空诸曜有时时变其处者，月之变最速，其次为日，其次为诸行星。”

例 9 《谈天》卷十“诸月”开头一段为：“诸行星除水金火及诸小星外，皆有月，少者一，多者至六七，月之绕行星，犹行星之绕日焉。”这是原著第 10 章开始所没有的，为李善兰增补的文字。

例 10　原著第 915 段讲述了格里高利历的置闰原理。译文增加了原文没有的内容：“用格勒高里年，某节约在某月某日，岁岁相同，故虽妇人孺子，亦能记之，法最便也。”原著此后还有几段讲西方历法史，译文删节较多。

2. 李善兰“删述”《谈天》的原则

根据当时翻译科技著作的特点来判断，李善兰与伟烈亚力翻译此书的过程应该是分为三步，第一步是伟烈亚力口译，李善兰笔受；第二步是李善兰删节并润色成文；最后一步是与伟烈亚力讨论定稿。李善兰做了大量的删节与润色，在署名时把自己的工作定位为“删述”，正是对这方面工作的重视。

尽管侯失勒把他的读者群设定为大众读者，但是其著作要反映天文学研究的最新成果，同时他撰写 *Outline of Astronomy* 时坚持英国学术论证的传统。因此，全书的行文颇有文采，语言生动流畅，比较注意上下连接与过渡，讲究用语丰富多彩，解释天文现象与原理比较细致，采用大量人们习以为常的事例进行类比分析。李善兰和伟烈亚力翻译该书的目的是向中国读者介绍新天文学体系和新知识，设定的读者对象主要是天文学家和知识分子，按照中国科技著作的学术传统编写译文，行文风格讲究紧凑，遣词造句不求华丽，但求言简意赅，论证与叙述尽量紧扣主题，尽量避免行文枝蔓。两种学术传统和写作风格的不同，决定了《谈天》译文与原著之间的差别。

对照《谈天》和它的底本，易知《谈天》译文确实对原文做了较多的删节。通过上述比较，可以进一步总结出李善兰删述《谈天》的一些原则。

引导之“述”：李善兰根据当时中国天文学的知识背景，把每卷的第一段作为全卷的导言，引领和提示全卷的内容，在行文风格上也与原文略异，体现导言的特点，比如：卷一“故以论地居首”，卷二“此卷专主命名”，卷四“故此卷详论测天以定地学之事”，卷七“故卷中详论之”，卷八“今特推阐其理”，卷十三“此卷论法切二力令椭圆道变状及行星椭圆周变速率之理”等，这些段落结语都起到了引导作用。另外，原著个别章的第一段并不完全满足这样的要求，于是李善兰就根据情况补充一些内容，以帮助中国读者更好地理解原著。上述例 5 和例 9 都属于这种情况。

突出知识本身之“删”：李善兰删节原文时，以突出天文学知识为原则。译文重视突出天文学的知识本身，而省略了一些如何理解新天文学、如何学习新天文学的内容。如例 1，原著中的引言所讲的内容是如何学习天文学及作者撰写该著作的一些想法，略而不译。再如例 2，第 11 段中关于 astronomy 和 astrology 两词的解释及第 12 段中地球与人类的关系等内容被删掉了。又如例 10 中，西方历法史等内容都被删掉了。

凝练之“删”：在论证方面，如果一些问题和论证对于阐述天文学原理本身而言相关性不强，或者是读者已具备了相关的知识，那么就是被删除或略译的对象。如例 8 中对于太阳位移的论述和分析，译文就没有采用。在行文上，李善兰删去一些修辞比喻和过渡性语句，这在许多例子中都可看到。如例 7，原文提出了一些问题和由这些问题产生的可能结果，作为引起下面讨论的过渡，因下文有专门讨论，这里只是过渡，所以被删去。在用日常熟知的事例类比天文现象时，对所举的例子也基本上点到为止，在多种情况下都删去了原著中对事例的具体分析与解释，如例 4。

需要之“增”：李善兰也在必要时适当增加一些内容，如例 10 中就增加了关于格里高利历的月日与二十四节气的固定关系的说明。或者根据行文的需要适当调整原文的次序，如例 6。

《谈天》这种删述方式导致原著中一些非常重要的信息流失，这种现象在其他译著中也有不同程度的体现，而且有一定的共性。

二、晚清科学译著信息流失的文化特征

由于译著与原著所处的学术背景、所针对的读者对象的差异导致译著与原著在行文风格、内容的逻辑关系、关注的重点等方面都有不同程度的差别。特别是译著删述之后导致重要知识信息流失，是我们在不同案例研究中发现的普遍现象，也是比较突出的现象，这也正是我们深入译著及其底本内部研究的重要意义之一。从这些流失信息的特征可以看出晚清科学译著中的文化现象，概括起来有以下几个特点。

1. 科学著作的趣味性、人文特征的流失

在我们的对比研究中，特别是本书第三章第三节中关于译本对底本的删减增补的研究中，可以看到，译本对底本的删减主要表现之一是某一知识发展的历史

背景和知识发现的历史背景的删减，如《重学》的注释中包含了大量的知识发现的历史、背景，在翻译时多数都被删掉；再如《谈天》关于纪限仪发明的优先权内容的删减，地球与人类的关系等内容以及西方历法史等内容的删减。

除此之外译著与原著的行文方式、语言风格等也有较大差异。如 *Outline of Astronomy* 全书的行文颇有文采，解释天文现象与原理不厌其详，用大量人们常见的事例进行类比分析，旨在让读者切身感受、理解所述天文学理论、现象，从日常熟悉的现象逐步深入天文学的理论深处，行文方式、内容都颇具吸引力。译著《谈天》在这方面简洁、凝练有余，趣味性、人文性则不足。

类似地,《地学浅释》是赖尔的一部展示他以古论今的地质学思想的重要著作。书中讲述了大量的旅行过程中的发现，并通过这些地质发现为赖尔的地质学理论提供证据。整个著作充满了让人产生好奇心和探索欲的内容，也不断穿插关于地质学观点的争论。但《地学浅释》在翻译中大量删减了赖尔旅行、发现过程的内容，节取了其中的知识。如《地学浅释》第十四卷中略去的一段，讲述了赖尔在 1837 年夏季陪同贝克博士在哥本哈根的小湖泊考察时，目睹了此地的地层构造主要是石灰石，就像法国奥弗涅的地层构造。这段在此书中是为了说明法国中新世时期奥弗涅的石灰石地层。译本中没有此例，只是讲述地层的构造，有些索然无味。这些内容删减之后虽然突出了著作中所介绍的知识，简洁明了，但也丧失了许多内容之间的因果关系，也少了一些可供理解知识的线索与资源，同时也少了一些趣味性、可读性。

2. 科学概念、原理与方法信息的流失（重知识，忽视方法原则）

科学概念、原理与方法信息的流失是我们所研究的几个案例中最为突出的另一个问题。近代天文学、物理学等都可以称为新科学，与新科学相对应的是古代、中世纪的科学，那么新旧科学的本质区别在于是否建立了知识之间内在的因果关系，并用实验的方法、逻辑的方法使之体系化。我们研究的几部自然科学著作无不旨在突出体现近代科学这种方法论上的优势及其作用。这与古代先哲对自然的直观的、经验性的认识有本质区别。但是，遗憾的是，我们研究的案例由于删减造成重要内容的流失，使得这方面体现得有所欠缺。

如《谈天》“引言”的删减,《重学》“导论”的删减，都属于上述情况。这些“引言”“导论”都是对本学科的概念、研究方法、知识准备以及本书的结构等进行的说明与解释，对于读者而言非常重要。另外，也有对正文中某一小节或某一段落的删减，造成重要内容损失。如《地学浅释》的底本 *Elements*，从 1838 年的第一版到1865年的第六版，赖尔不断补充新发现的地质资料，这些新发现的古生物遗存对于验证或提出生命发展进程的研究具有重要的理论意义，而且这些新发现与极为重要的理论问题之间相关联。因此，*Elements* 在介绍地质学知识的同时，用较大的篇幅介绍了他到世界各地考察所获得的各种新的发现，同时阐发重要地质理论。如 *Elements* 第14章中介绍法国都兰地区中新世时期的滑螺和英国萨福尔克上新世时期的滑螺，通过对这两地不同滑螺的形状及螺纹的多少、厚薄、轻重、大小等的描述，赖尔想表明它们形成于不同的地质时期，以及在不同的地质时期发生的不同地质变化。《地学浅释》在翻译中仅仅翻译了两种滑螺，并对滑螺做了简单的描述，对于不同滑螺所揭示的不同的地质时期的内容没有翻译。又如 *Elements* 第28章中介绍了辉石与角闪石的不同分类方法，而且说明了这种分类方法在当时的地质学界存在着争论及产生争论的原因，但《地学浅释》只翻译了两种石头，其余内容被删除。

再如,《化学鉴原》中对化合物命名的删减。《化学鉴原》底本 *Chemistry* 第269小节“化合物命名（Nomenclature of the Compounds）”所占篇幅较长，其中介绍了化合物的概念及构成、氧化物和卤化物的概念，包含了二氧化物、三氧化物、过氧化物、三氧二某氧化物、低氧化物的概念及命名法，还有酸、碱、盐的概念及命名法。通过上述西文的分类、命名，不仅可以知道不同类型的化合物的物质组成，而且可以知道这种化合物的反应物的类型。这对于掌握不同类型化合物的性质、规律有重要作用。

《化学鉴原》对这部分内容进行了大量的删减，只翻译了上述第一部分内容。化合物的分类及其命名是近代西方化学发展的最重要的成果之一，反映了不同化合物的性质及其在化学反应中的规律性，然而非常可惜的是这些内容在《化学鉴原》中均被删减。

从上述的分析可以看出，晚清科学译著在翻译过程中对底本的知识内容是有选择性的，而且通过我们的案例研究也能大致了解这种选择的特点和规律性。这种选择背后的原因应当是复杂的，有知识背景、知识结构的原因，有对西方科学认识上的问题，也有社会需求的问题，等等。尽管我们指出了上述译著中存在的种种问题，但是从总体上看，上述译著在当时的条件下都可以称得上是上乘之作，上述问题也是特殊历史背景、特殊的翻译方式所带来的不可避免的问题。除上述问题，晚清科学译著在翻译过程有些变通与本土化的方式，对当时特殊历史条件下西方科学传播的可能性也做出了贡献。

三、晚清科学译著翻译中的本土化特征

翻译是要在两种文化之间搭建起沟通的桥梁。这种桥梁必然是以译入语和译出语双方的土壤为基础，如果完全摒弃译入语的根基，沟通的桥梁将减少一方的支撑而失去平衡，翻译也将变得没有意义。在这一点上晚清译者李善兰、徐寿、华蘅芳等人所采取的一些方法与策略使得西方科学能够以中国人较为熟悉的形式传播。

我们知道对于一门陌生学科而言，术语是理解这一学科的关键和基础，同时，对于没有基础而言的学习者来说也是一个难点。我们研究的几个案例中的大多知识是首次传入中国，那首次用中文表达。在中国人对科学概念陌生的情况下，如何选择恰当的术语反映西方科学概念，同时又能够被读者容易理解并接受，这大概是当时译者面临的最大困难。我们可以从第四章与第五章的部分内容看到晚清译者在这方面的努力与智慧。除数学名词术语使用大量的传统表达及改造后的表达之外，对于陌生知识，如西方经典力学的翻译中，没有使用抽象的名词翻译概念，而是使用解释概念的方法，或者使用传统的数学概念，如率、朒等字的含义表达新概念。尽管现在看来这样的翻译方法并不是对力学概念的最佳表达，如不能反映力学概念的本质含义，不够简洁明了，物理意义不明确，等等，但在当时中国人所具有的知识背景的现实情况下，这种方法相当于把抽象的概念具体化，对于初学者而言无疑是比较可行的方法。再如，化学元素的翻译方法，巧妙地将汉字偏旁与英文发音所对应的汉字结合造新字，表达不同的元素，且从字的偏旁上可以区分元素的大类。又如，在代数术语的翻译中，虽然传统天元术的很多术语已不再使用，新创词占很大比例，但是一些新创的术语译名则是在传统术语的意义上增加新义，或者是舍弃原词的旧义，赋予其新的数学意义。所有这些无不体现西方科学移植过程中国传统科学文化的作用及中国传统科学文化的强大惯性。从另一角度来看，也体现了译者在翻译过程中对于知识本土化的努力。

在符号表达上，考虑到中国读者的文化特征和表达习惯，晚清译者没有采用原著中西文的各种标识与表达方式，而是在明末清初逐步开始使用的一套符号系统的基础上变通、增加了一些符号，并使用中国读者熟悉的天干、地支和 28 宿代替了西文字母。在数学公式、力学定量化表达、化学方程式的表达上也同样没有直接使用西文字母，而是用汉字表达了相应的计算过程。这种表达方式无疑是拉近了读者与陌生知识、异质文化之间的距离。这种方式对于陌生知识的传入与读

者接受方面，应当说起到了一定的积极作用。

另外，译者还从中国读者的阅读习惯出发，不同程度增加了子目录、导引词等为读者阅读提纲挈领（如《地学浅释》）。这些处理方式都考虑了当时中国读者的文化背景与阅读习惯，某种程度上有利于在当时的背景下传播知识。“每一个好的译本都是对原始文本的诠释。”① 还有，对原著进行的知识增补，就是译者考虑到中国读者知识背景的欠缺所做的努力。以《重学》为例，书中增加了传统数学内容——天元术以解释西方代数，增加摆线的内容以增强对圆锥曲线的理解，等等。另外，还增加了一些解释，如对三角函数正负号的解释、对西方某些器皿的解释，等等。再如《谈天》中增加格里高利历的解释。增加二十四节气的固定关系的说明等。这些内容的增加对中国读者理解所述内容有较大帮助。

从这个意义上讲，研究晚清传入的西方科学著作的翻译对理解晚清科学传播中的文化现象无疑是一个有益的切入点。

结　语

本书序言中界定了“科学文化”一词的含义，它是指人类在探求客观世界及其规律的过程中产生的科学思想、科学方法、理论体系及其器物制作的总和。

本书研究的主旨就是要通过对晚清翻译的科学著作与其原著的对比研究，分析译著对西方科学思想、科学方法及理论体系的表达与再现的程度。鸦片战争之后第一批传入的书包括:《重学》《谈天》《代数学》《代数术》《地学浅释》《化学鉴原》《开煤要法》等。我们通过对这些译著及其底本的研究主要有两方面的发现。

一方面，在反映原著的具体知识层面，译者尽其所能地反映了底本内容，甚至超越了底本本身。特别值得强调的是,《化学鉴原》《谈天》与《开煤要法》在这一点上表现最为突出。《化学鉴原》在参照其他西方化学著作的基础上对新发现的化学元素的增补、对原子量的更新，以及对炼铁内容的增补等，使得汉译《化学鉴原》弥补了底本在上述问题上的不足。再如《谈天》的英文原著再版时内容有更新，而汉译本再版时也基本体现了原著更新的内容，包括最前沿的天文学观点和最新的天文观测成果，以及对部分成熟的天文学理论给出进一步观测数据上

① 克拉夫．科学史学导论［M］．北京：北京学大学出版社，2005：145.

的支持等。另外，重刻本对第一次翻译时遗漏的段落进行了增译，对观测的天文数据进行了修正等。《开煤要法》不仅补充了中国产煤的状况，还增补了插图以更直观的方式表达原著中的内容。上述译著不论是初译时对知识的更新与增补，还是续译时对原著中新的科学进展的追踪，都体现了译者对西方新知识的渴望与精益求精的追求。

另一方面，西方知识背后蕴含的强大的知识体系与思想方法在我们研究的译著中却没有引起足够的重视。如《重学》底本在“前言”和“导论”中对力学概念的界定，以及对静力学与动力学所采用的不同研究方法的介绍等内容在《重学》中没有得到体现。再如《化学鉴原》底本，关于化合物的命名，酸、碱、盐的命名及分类、分类标准等内容在译著中都没有得到体现，加上《化学鉴原》对于原著知识结构作了一定调整，等等，这些都体现出译著在反映西方化学知识体系及其思想、方法上存在缺憾。在我们对西方科学知识译介到中国之后中国学者对其的接受程度的一项跟踪研究中，中国学者对西方知识体系、思想、方法认知的不足体现得更为明显①。

综合以上发现，具体结论如下：

（1）从译著的底本选择上看，这批底本就文本的质量而言大多为当时西方的上层之作。上述几部译著的英文底本大多是当时在西方流行的大学教科书，且多次再版并有内容更新（《化学鉴原》除外）。这些英文底本的内容多数反映了当时西方科学发展的最新成果。

（2）在具体知识的翻译中，译者注重新知识的更新与补充。虽然 19 世纪中期西方某些学科正处在发展期，个别译著的底本中科学数据或内容略显陈旧，但是译者在翻译过程中进行了科学数据与知识的更新与补充，使得译著基本反映了西方科学发展的新成果。

（3）晚清科学翻译也表现出很强的本土化特征。译者在翻译过程中考虑到中国读者的知识背景及表达习惯，在译著中增加某些传统知识，沿用中国传统文字、计数方法，翻译科学术语时也尽最大可能使用中国已有的表达，或者借用已有的词赋予新的含义，所有这些都表现出很强的中国传统文化特色。

（4）在译著整体的结构与体例的翻译中，译著大多删减了底本中的前言、导

① 聂馥玲.《时务通考》对晚清传入力学知识的重构［J］. 自然辩证法通讯，2012（1）：35–39.

论、附录。特别是底本的导论内容多阐述了该著作的写作思想、知识体系及所涉学科概念的界定和研究方法等，这在底本中都是纲领性的内容。但非常遗憾的是，这部分内容多数没有在译著中体现。相应地，在正文中科学概念、原理、方法等内容也有不同程度的删减。

（5）译著与底本的文体、语言风格有很大差异，并表现出某种文化特征。由于采用传教士口述、中国学者笔译的翻译形式，这一时期的科学译著并不是逐字逐句翻译，而是译、述结合。与底本相比，译著弱化了底本的人文性与趣味性，除了删减原著中大量与历史、文化有关的内容，语言表达、行文方式也有很大差异。多数底本的语言妙趣横生，读来似科学探险，颇有文采。译文则按照中国科技著作的传统风格编写，行文紧凑，遣词造句不求华丽，但求言简意赅，论证与叙述关注知识本身，尽量避免行文枝蔓。

个别译著还对底本的叙述方式、叙述顺序进行了调整，有的甚至对西方知识体系进行了修改、重构。这些调整、修改、重构都不同程度地改变了底本的面貌，特别是对知识体系的调整，使得译著在某种程度上丧失了西方知识体系的完整性及其内在的部分逻辑关系。但从中国传统的知识背景考察，这些处理方式又有某种合理性。这也表明晚清科学传播有先天不足之处，而这些不足在传播中被进一步放大。

上述研究结论表明，晚清汉译科学著作与其底本相比从形式到内容都已经发生了重大变化。我们看到晚清科学翻译并不是一种纯粹的文字转换活动，它是一个十分复杂的过程，涉及的因素多、范围广，既与科学知识和语言相关联，又与文化相关联。早期的科学翻译还涉及当时译者和读者的知识背景、知识结构以及对西方科学的理解程度，涉及两种科学传统的碰撞、交流、选择与适应。更值得注意的是，晚清中西方科学发展的水平不在同一个层面上，对于晚清译者来说，翻译这些著作需要面对一种全新的知识体系。将科学翻译仅仅看作是科学信息传递的前提是，科学的概念和语言在不同文化传统中是普适的，不同文化的科学家会用同样的方式思考和行动。然而在中西科学传统迥异的一百多年以前，情况绝非如此。

正因如此，我们对晚清科学翻译及科学传播的研究有了新的思考。

针对晚清西方科学移植的普遍观点是，在“中学为体，西学为用”的意识形态关照之下，晚清科学移植的大多问题均归于中国人对科学的追求是出于功利、实用，而不是对科学本身有真正兴趣。但是对晚清科学译著的研究显示，其中似乎具有更为复杂的因素。我们从译著中可以看到译者精益求精、坚持探索的态度和行动，可以看到他们首次用完全不同于西方的语言表达西方科学的努力与追求，同时也可以看到他们对西方科学及其文化把握上的不足。

王国维认为新思想之输入，即新言语输入之意味，陈寅恪亦表达了类似的观念，认为凡解释一字即是作一部文化史。通过对科学概念、理论及其知识体系的翻译进行追根溯源的研究，我们可以看到中国科学文化产生及变化的理路。这对于研究中国科学文化的历史而言，也是很好的切入点。因此我们认为，从翻译的角度研究西学东渐是一个非常有张力的研究视角，从中我们可以看到很多以往研究看不到的新问题。而本研究仅仅是初步尝试，希望能够对以往的研究有所补益，也能为拓展科技史、翻译史、文化史的研究提供借鉴。

附表1　科学著作中的代数术语统计

英文名	现译名	《代微积拾级》(1859)	《代数学》(1859)	《代数术》(1873)	《代数备旨》(1899)	《百科辞典》(1911)
abbreviated expression, abbreviation	简式	简式	简式	简式	简式	—
algebra	代数学	代数学	代数学	代数	代数	—
algebraic expression	代数式	—	代数式	代数式	代数式	代数式
algebraic theorem	代数定理	代数术	代数术	代数术	—	—
algebraical function	代数函数	代数函数	常式函数	—	—	代数函数，寻常函数，常函数
anomaly	奇式	奇式	奇式	—	—	—
approximation	近似值	密率	密率	略近数	—	近似值
arithmetic	算术	数学	数学	—	—	算术
base of logarithm	对数的底	—	对数之底	对数之底，底数	—	—
binomial	二项式	二项式	合名数，二项函数，二项数	二项式，二项数	二项式	—
binomial theorem	二项式定理	合名法	合名法，二名法	二项乘方例，二项例	—	二项定理
coefficient	系数	系数	系数	倍数	系数	系数
commensurable	可公度，可通约	有等数	有等数	可度数	—	—
common algebraic expression	—	代数常式	代数常式	—	规式	—
common measure	公约数	—	等数，约法数	公约数，公度数	公生	—
complex expression	—	—	繁式	—	—	—
conditionally convergent series	条件收敛级数	—	可敛级数	—	—	—
constant	常数	常数	常数	常数	太数	—
convergent series	收敛级数	敛级数	敛级数	敛级数	—	收敛级数
correct equation	—	—	合理式，真式	—	—	—

续表

英文名	现译名	《代微积拾级》(1859)	《代数学》(1859)	《代数术》(1873)	《代数备旨》(1899)	《百科辞典》(1911)
cube root	立方根	立方根	立方根	立方根	三方根	立方根
decimal logarithm, Briggs's logarithm, ordinary logarithm, tabular logarithm, common logarithm	十进对数，表对数，常对数	—	十进对数，表对数，巴理加对数，常对数	常对数，十进对数，布里格斯对数	—	常用对数，常对数
decreasing expression	—	—	递降式	—	—	—
decreasing function	减函数	损函数	损函数	—	—	—
degree of an expression	次	次	次	次	次	—
dependent variable	因变量	因变数	—	—	—	—
determinant	行列式	—	—	—	—	定准数，行列式，定列式
different sign	异号	—	异名	异号	异号	—
divergent series	发散级数	发级数	发级数	发级数	—	发散级数
elimination	消去	—	消去	消元	革法	—
equal	等于，相等	等	等	相等	相等	—
equation	方程式	方程式	方程式	方程式	方程	—
equation of condition	条件方程式	偶方程式	偶方程式，方程之偶式	—	—	—
functional equation	函数方程	—	函数方程式	—	—	—
equation of the first degree	一次方程	—	一次方程	一次方程式，一次式	一次方程	一次方程式
equation of the first degree, containing one unknown quantity	一元一次方程	—	一元一次方程	独元一次方程式	独元一次方程	—
equation of the fourth degree	四次方程式	—	四次方程式	四次方程式，四次式	四次方程	—
equimultiple	等倍数	等倍数	—	—	—	—
equivalent form (equivalent)	等价式	—	互代式	相当数，相当式	—	—
equation of the first degree with more than one unknown quantity	多元一次方程	—	多元一次方程	多元一次方程式	多元一次方程	多元一次方程式

续表

英文名	现译名	《代微积拾级》(1859)	《代数学》(1859)	《代数术》(1873)	《代数备旨》(1899)	《百科辞典》(1911)
evolution	开方	开方	开方	开方	开方	—
expansion	展开式	详式	详式	详式	展式	—
explicit function	显函数	阳函数	—	—	—	—
exponent，exponent of power	指数	指数	指数，方指数	指数，方指数	指数	指数
exponential function	指数函数	—	指函数	—	—	—
expression	式	式	式	式	—	—
expression of sign，purely symbolical	—	—	号式	号式	—	—
factor	因数，因式	乘数	乘数	乘数	生数	因数
fifth root	五次根	—	五方根	五方根	五方根	—
finite expression	—	—	有穷之式	有穷之式	—	—
formula	公式	法	公式	公式	—	—
fourth root	四次根	—	四方根	四方根	四方根	—
fractional exponent	分数指数	—	分指数	分指数	分指数	—
fractional expression	分数式	分式	分数式，分式	分数式	命分	分数式
fractional function	分数函数	—	分函数	—	—	—
fractional root	—	—	分根数	—	—	—
function	函数	函数	函数	函数	—	函数
general term	通项	—	公级	公级	—	—
greatest common measure，highest common divisor	最大公约数	—	最大约法数，最大公约法，最大等数	最大公约数	大公生，大公度数	—
homogeneous term	同类项	同类	—	同类之式	相似之项	同类项
hyperbolic logarithm，natural logarithm，Naperian system of logarithm	双曲线对数，自然对数，讷白尔对数	讷白尔对数	双曲线对数，自然对数，讷底对数	双曲线对数，自然对数，讷白尔对数	—	理论对数，讷白尔氏对数，讷对数
identity，identical equation	恒等式	—	恒式	—	自方程	恒等式
imaginary，pure symbol	虚根	—	虚 / 虚号	无理之根，虚式之根，虚根	幻几何，幻根	虚数，虚根

续表

英文名	现译名	《代微积拾级》(1859)	《代数学》(1859)	《代数术》(1873)	《代数备旨》(1899)	《百科辞典》(1911)
implicit function	隐函数	阴函数	—	—	—	—
impossible expression	—	不能式	不能之式，无解之式	无解法之题	—	不能方程式
impossible geometry, impossible quantity	—	—	不能之几何	—	—	—
incommensurable	不可公度，不可通约	无等数	无等之数	不可度	—	—
incommensurable quantity	—	—	无等之分数	—	—	—
incompatible equation	—	—	不合理式	不合理式	—	—
increasing expression, ascending	—	—	递升式	—	—	—
increasing function	增函数	增函数	—	—	—	—
indefinite equation, interminate	不定方程	—	不定之题	无一定解法之题，未定之式，未定方程式	无定方程	不定方程式，未定方程式
independent equation	独立方程	—	不相因之式	自主方程式	—	—
independent variable	自变量	自变数	—	—	—	—
indeterminate series	不定级数	—	—	—	—	不定级数，中间级数，动摇级数
index of root	根指数	—	根指数	根指数	—	—
inequality	不等式	—	—	—	偏程	—
infinite	无穷，无限	—	无穷	无穷	—	—
infinite series	无穷级数	—	无穷级式，无穷级数	无穷级数，无穷级数式	—	—
integral function	整数函数	—	整函数	—	—	—
irrational	无理数	无比例	无比例	无尽之数	无绝根	不尽根
irrational expression	—	—	无比例式	无理之根式，无理式	无绝几何	无理式

续表

英文名	现译名	《代微积拾级》(1859)	《代数学》(1859)	《代数术》(1873)	《代数备旨》(1899)	《百科辞典》(1911)
irrational function	无理函数	—	无比例函数	—	—	—
known	已知	已知	已知	已知	已知	已知数
law of continuity	—	渐变之理	渐变之理	—	—	—
limit	极限	限	限	限，界	—	极限
limit of convergence, convergency	收敛极限	—	敛限	—	—	—
logarithm	对数	对数	对数	对数	—	对数
logarithm of prime number	素数对数	—	数根对数	—	—	—
logarithmic expression	对数式	—	对数式	—	—	对数式
logarithmic function	对数函数	—	对函数	—	—	—
magnitude	几何	—	几何	—	—	—
mantissa	对数尾数	—	对数之小数	—	—	假数
modulus	—	对数根	根率	对数之根	—	—
monomial	单项式	一项式	一项函数	独项式，单项式	独项式	单项式
multinomial	多项式	多项式	诸项式，诸项数	多项式	多项式	多项式
negative	负	负	负	负	负	—
negative exponent	负指数	—	负指数	负指数	负指数	—
negative fractional exponent	负分指数	—	负分指数	负分指数	负分指数	—
negative logarithm	负对数	—	负对数	—	—	—
negative number, negative quantity	负数	—	负数	负数	负数	负数
negative power	负次方	—	负方数	负方数	负方数	—
negative root	负根	—	负灭数	负根	负根	—
negative term	负项	—	负项	负项	负项	—
nomb	对数真数	—	真数	真数	—	指标
notation, sign	记号，记法	—	记号，号	记号	记号	—
number	数	数	真数	真数	确数	—
numerical solution	数学解	—	数学解	—	—	—
order of root	根指数	—	根指数	根指数	根次，根指数	—

续表

英文名	现译名	《代微积拾级》(1859)	《代数学》(1859)	《代数术》(1873)	《代数备旨》(1899)	《百科辞典》(1911)
particular case, particular application	特例	私式	私式	—	—	—
perfect square	完全平方式	—	平方式，方式	平方式	—	—
polynomial	多项式	多项式	诸项函数，诸项式，诸项数	多项式	多项式	—
positive	正	正	正	正	正	—
positive root	正根	—	正灭数	正根	正根	—
positive term	正项	—	正项	正项	正项	—
possible expression	—	—	能式	—	—	—
possible quantity	—	—	能数	—	—	—
power	方，幂	方	方，方数	方，方数	方	幂
prime number	素数，质数	—	数根	数根	质数	—
quadratic equation, equation of the second degree	二次方程式	—	二次方程式	二次方程式，二次式	二次方程	二次方程式
quadrinomial	—	四项式	四项函数	四项式	多项式	—
quantity	元	—	几何	元，数	几何	—
radical expression	根式	—	—	根式	根几何，根式	—
radical sign	根号	—	根号	根号	根号	—
rational	有理数	—	显数	有理数	—	—
rational expression	有理式	有比例式	有比例式，有理式	有理式	有绝几何	有理式
rational function	有理函数	—	有比例函数	—	—	—
rational polynomial	有理多项式	—	有比例诸项式	有理式	—	—
rational root	有理根	—	合理灭数	实根	—	—
real root	实根	—	实根	实根	确根，确几何	—
relation connection	关系	连属之理	连属之理	相关之理	相关之理	—
root	根	根	根，根数	方根	方根	—
root of equation, root of expression	方程根	灭数	灭数	方程根，解	同数，方程根	—

续表

英文名	现译名	《代微积拾级》(1859)	《代数学》(1859)	《代数术》(1873)	《代数备旨》(1899)	《百科辞典》(1911)
same sign	同号	同号	同名	同号	同号	—
series	级数	级数	级数	级数	—	级数
series of negative	—	—	负方级数	—	—	—
series of whole powers	—	—	整方级数	—	—	—
series of fractional	—	—	分方级数	—	—	—
simple polynomial	—	—	诸单项数	—	—	—
simple radical term	—	—	单根数，单项	单根数	—	—
singular number，simple subordinate product	—	—	单数	—	—	—
solution	解	—	同数	—	—	—
square	平方	方，平方，幂	平方	平方	平方	—
square root	平方根	平方根	平方根	平方根	平方根，二方根	平方根
subordinate products	—	—	小得数	—	—	—
sum of series，sum	级数的和	—	总数	诸级总数	总，总数	—
symbol of impossible substraction	—	—	记号数，无理式	负数	—	—
term，term of an expression	项	项	项，(级数之)项，(级数之)级	级数之项	项	—
the first term	首项，第一项	—	首级	第一项，首数，首项	首项	—
the higher power	最高次	—	最大方	最大方	—	—
the lowest term	最低次项	最小率	最小级	最小级	—	—
transcendental exponent	超越指数	—	越指数	—	—	—
transcendental expression	超越式	越式	越式	—	—	超越方程式
transcendental function	超越函数	越函数	越函数	—	—	—
transpose terms，invert terms with different signs，remove term	移项	—	移项，易项	移项	迁项	—
trinomial	三项式	三项式	三项数，三项函数	三项式	三项式	—

续表

英文名	现译名	《代微积拾级》(1859)	《代数学》(1859)	《代数术》(1873)	《代数备旨》(1899)	《百科辞典》(1911)
undefinite	无限	—	无限	—	—	—
unknown	未知	未知	未知	未知	未知	—
unknown quantity	未知数	未知几何	未知几何	未知元，未知数	未知几何	未知数
value	值	同数	同数，足数	值，同数	同数（确同数，幻同数）	—
variable	变数	变数	变数	—	—	—
whole and positive power	整正方数	—	整正方数	整正方数	—	—
whole exponent	整数指数	—	整指数	整指数	整指数	—
whole root	整根	—	整根数	整根	—	—
simultaneous equation	方程组	—	—	数个方程式	同局方程	联立方程式
	中间变量	—	—	泛数	辅元，助元	—
arithmetical progression	等差级数	—	—	递加减之比例数	—	—
	公差	—	—	公较数	—	公差
	项数	—	—	层数，率数	项数	—
	等比级数	—	—	连比例率数	—	—
	等比数列	—	—	连比例式	—	—
	公比	—	—	增乘数	—	公比
irrational equation	无理方程	—	—	—	根号方程	无理方程式
	复数	—	—	—	—	混虚数
	组合	—	—	—	—	排列法，组合，排列变换法，排列不同法
	—	—	—	—	（二项式之）主元，陪元	—
	—	—	—	—	解方程，开方程	解开方程式
	连分数	—	—	连分数	—	—

附表 2 《英华萃林韵府》中的代数术语

序号	英文名	汉译名	序号	英文名	汉译名
1	Abbreviated expression	简式	2	Algebra	代数学
3	Anomaly	奇式	4	Arithmetic	数学
5	Binomial	二项式	6	Binomial theorem	合名法
7	Brackets	括弧	8	Circular expression	圆式
9	Coefficient	系数	10	Common algebraic expression	代数常式
11	Commensurable	有等数	12	Common	公
13	Complement	余	14	Constant	常数
15	Converging series	敛级数	16	Cube root	立方根
17	Decreasing function	损函数	18	Degree of an expression	次
19	Dependent variable	因变数	20	Difference	较
21	Diverging series	发级数	22	Eliminate	相消
23	Equal	等	24	Equation	方程式
25	Equation of condition	偶方程式	26	Evolution	开方，少广
27	Expansion	详式	28	Explicit function	阳函数
29	Exponent	指数	30	Expression	式
31	Factor	乘数	32	Formula	法
33	Fractional expression	分式	34	Function	函
35	General expression	公式	36	Homogeneous	同类
37	Incommensurable	无等数	38	Implicit function	阴函数
39	Impossible expression	不能式	40	Increasing function	增函数
41	Indefinite	无定	42	Independent variable	自变数
43	Indeterminate	未定	44	Inverse circular expression	反圆式
45	Irrational	无比例	46	Join	联
47	Known	已知	48	Law of continuity	渐变之理
49	Limit	限	50	Limited	有限

续表

序号	英文名	汉译名	序号	英文名	汉译名
51	Logarithm	对数	52	Lowest term	最小率
53	Maximum	极大	54	Measure	度
55	Minimum	极小	56	Modulus	对数根
57	Monomial	一项式	58	Multinomial	多项式
59	Negative	负	60	Number	数
61	Particular case	私式	62	Polynomial	多项式
63	Positive	正	64	Power	方
65	Quadrinomial	四项式	66	Rational expression	有比例式
67	Reduce	化	68	Relation	连属之理
69	Root	根	70	Root of equation	灭数
71	Series	级数	72	Sign	号
73	Square	方，平方，幂	74	Square root	平方根
75	Symbol of quantity	元	76	Term of an expression	项
77	Theorem	术	78	Transcendental expression	越式
79	Transcendental function	越函数	80	Transform	易
81	Trinomial	三项式	82	Unequal	不等
83	Unknown	未知	84	Unlimited	无限
85	Value	同数	86	Variable	变数

附表 3 《几何原本》前六卷术语

序号	术语	序号	术语	序号	术语
1	点	2	线	3	面
4	体	5	长	6	阔
7	厚	8	广	9	纵
10	横	11	直线	12	曲线
13	直界形	14	曲界形	15	曲面
16	等底	17	等高	18	元线
19	矩线	20	矩形	21	平面
22	界	23	形	24	直线形
25	三角形	26	三边形	27	角形
28	四边形	29	多边形	30	直角三角形
31	锐角三角形	32	钝角三角形	33	三不等三角形
34	平边三角形	35	两边等三角形	36	底
37	腰线	38	对直角边	39	垂线
40	立方	41	立圆	42	直角方形
43	直角形	44	斜方形	45	长斜方形
46	无法四边形	47	角	48	平角
49	直线角	50	曲线角	51	杂线角
52	锐角	53	直角	54	钝角
55	圆分	56	圆分角	57	负圆分角
58	乘圆分角	59	分圆形	60	圆
61	半圆	62	圆界	63	周
64	径	65	从心至圆界线	66	圆心
67	切圆线	68	交	69	形外切形
70	形内切形	71	对角线	72	高
73	平行方形	74	长斜方形	75	平行
76	若干	77	倍	78	分
79	比例	80	同理比例	81	相称之几何
82	连比例	83	断比例	84	小合
85	大合	86	有平理之序	87	有平理之错
88	互相视	89	相似	90	理分中末线

续表

序号	术语	序号	术语	序号	术语
91	连比例之中率	92	体势等	93	相结之比例
94	再加之比例	95	三加之比例	96	有属理
97	有反理	98	有合理	99	有分理
100	有转理	101	有平理	102	前率
103	后率	104	相当	105	函
106	磬折形	107	切圆	108	负圆角
109	分圆角	110	圆内切形	111	圆外切形
112	形内切圆	113	形外切圆	114	合圆线
115	对角	116	内相对两角	117	同方两内角
118	外角	119	同方相对之内角	120	垂直
121	平分	122	切界	123	内相切
124	外相切	125	相交	126	相切
127	度	128	几何	129	大于
130	小于	131	不等	132	无穷
133	旋转	134	界说	135	公论
136	题	137	解	138	论
139	法	140	系	141	驳
142	求作	143	注	144	若
145	如	146	皆	147	全
148	此	149	彼	150	俱
151	必	152	凡	153	谓
154	故	155	则	156	为
157	正角	158	平三角	159	方面
160	半直角	161	平边三角形	162	三边正三角形
163	三边各锐角形	164	正角方形	165	对等角
166	余方形	167	平行线方形	168	神分线
169	角线方形	170	交角	171	割圆
172	圆界线	173	切边角	174	过心线
175	函心线	176	圆线角	177	矩内直角形
178	全角	179	割圆线	180	切圆线
181	同理	182	转理	183	圆外三角切形
184	切角形	185	圆内三角形	186	内切圆直角方形
187	外切圆直角方形	188	命数	189	命分数

附表 4 《几何原本》后九卷术语

《几何原本》	*The Elements*	《欧几里得几何原本》
一	unite	单位
数	number	数
分	part	部分
诸分	parts	几部分
倍	multiplex	倍数
偶数	even number	偶数
奇数	odd number	奇数
偶之偶数	a number evenly even	偶倍偶数
奇之偶数	a number oddly even	奇倍偶数
奇之奇数	a number oddly odd	奇倍奇数
数根	a prime number	素数
无等数之数	numbers prime the one to the other	互素的数
可约数	a number composed	合数
有等数之数	numbers composed the one to the other	互为合数的数
乘数	multiply	乘
面数	a plain number	面
体数	a solid number	体
平方数	a square number	平方
立方数	a cube number	立方
相似面数	like plain number	相似面
相似体数	like solid number	相似体
全数	a perfect number	完全数
最大等数	greatest common measure	最大公度数
全数	whole	整个数
截取数	a part taken away	减数
余数	residue	余数
前数	antecedentes	前项
后数	consequentes	后项
属比例	alternately proportion	更比
反比例	reciprocal	反比

续表

《几何原本》	***The Elements***	《欧几里得几何原本》
前率	the greater	前项
后率	the less	后项
连比例率	mean proportional number	比例中项
首率	the first number	首项
末率	the third number	末项
累倍	double	连续二倍
有等之几何	magnitudes commensurable	可公度的量
无等之几何	incommensurable magnitudes	不可公度的量
正方	square	正方形
有比例线	rational line	有理线段
无比例线	irrational line	无理线段
有比例面	such which are commensurable unto it，are rational	有理面
无比例面	such which are incommensurable unto it，are irrational	无理面
几何	magnitude	量
最大等几何	greatest common measure	最大公度数
矩形	rectangle	长方形
中线	medial line	中项线
中矩形	medial rectangle parallelogram	中项面
合名线	binomial line	二项线
第一合中线	a first bimediall line	第一双中项线
第二合中线	a second bimediall line	第二双中项线
太线	greater line	主线
比中方线	a line containing in power a rational and medial superficies	中项面有理面和的边
两中面之线	a line containing in power two medials	两中项面和的边
第一合名线	a first binomial line	第一二项线
第二合名线	a second binomial line	第二二项线
第三合名线	a third binomial line	第三二项线
第四合名线	a fourth binomial line	第四二项线
第五合名线	a fifth binomial line	第五二项线
第六合名线	a sixth binomial line	第六二项线
断线	residual line	余线

续表

《几何原本》	***The Elements***	《欧几里得几何原本》
第一中断线	a first medial residual line	第一中项余线
第二中断线	a second medial residual line	第二中项余线
少线	less line	次线
合比中方线	a line making with a rational superficies the whole superficies medial	中项面有理面差的边
合中中方线	a line making with a medial superficies the whole superficies medial	两中项面差的边
第一断线	a first residual line	第一余线
第二断线	a second residual line	第二余线
第三断线	a third residual line	第三余线
第四断线	a fourth residual line	第四余线
第五断线	a fifth residual line	第五余线
第六断线	a sixth residual line	第六余线
对角线	the diameter in length to the side	对角线
垂面	inclination of a plaine superficies to a plaine superficies is right angle	两平面相交成直角
倚度	angle of inclination	倾角
相似体	like solide figures	相似立体图形
相等相似体	equall and like solide figures	相似且相等的立体图形
体角	prism	立体角
棱锥体	pyramid	棱锥
平行棱体	prism	棱柱
球体	sphere	球
球体轴线	the axe of a sphere	球的轴
半圆之心点	the center of a sphere	球心
径线	the diameter of a sphere	直径
圆锥体	cone	圆锥
直角锥体	rectangle cone	直角圆锥
钝角体	obtuse angle cone	钝角圆锥
锐角体	acute angle cone	锐角圆锥
圆锥轴线	the axe of a cone	圆锥的轴
圆锥底	the base of a cone	圆锥的底
圆柱体	cylinder	圆柱

续表

《几何原本》	***The Elements***	《欧几里得几何原本》
圆柱轴线	the axe of a cylinder	圆柱的轴
圆柱底	the base of a cylinder	圆柱的底
相似圆锥体	like cone	相似圆锥
相似圆柱体	like cylinder	相似圆柱
正四面体	tetrahedron	正四面体
正八面体	octobedron	正八面体
正十二面体	dodecahedron	正十二面体
正二十面体	icosahedron	正二十面体
相遇线	two right lines touching the one the other	相交线
内切圆相似多边形	like poligonon figures described in circles	圆内接相似多边形
三角底棱锥	a pyramis having a triangle to his base	三棱锥
五等边形	an equilater petagon	等边五边形
等角五边形	pentagon equiangle	等角五边形
圆周	circle	圆周

附表5 《谈天》中沿用至今的名词术语

序号	英文名	《谈天》中的译名	1933年天文学名词表	1959年天文学名词表	现译名
1	Aberration	光行差	光行差，像差	光行差，像差	光行差
2	Agate	白玛瑙	—	—	玛瑙
3	Apparent diameter	视径	视直径	视直径	视直径
4	Astronomer	历家，天学家	天文家	—	天文学家
5	Astronomy	天学	天文学	—	天文学
6	Astronomical observation	测望	观测	观测	观测
7	Atmosphere	气	大气，蒙气	大气	大气
8	Autumnal equinox	秋分	秋分，秋分点	秋分，秋分点	秋分点
9	Axis	轴	轴	轴	轴
10	Bailey's beads	倍里珠	倍里珠	倍里珠	贝利珠
11	Chart	图	—	Celestial Chart 天图	图
12	Circle	圈	圈	圈	圈
13	Circle of perpetual apparition	恒显圈	恒显圈	恒显圈	恒显圈
14	Circle of perpetual occultation	恒隐圈	恒隐圈	恒隐圈	恒显圈
15	Clock	钟表	时钟	—	钟表
16	Cloud	云	云	云	云
17	Comet	彗星	彗星	彗星	彗星
18	Conjunction	合	合	合	合
19	Constellation	星座	星座	星座	星座
20	Day	日	日	日	日
21	Declination	赤纬度	赤纬	赤纬	赤纬
22	Degree	度	度	—	度
23	Diameter	径	直径	—	直径
24	Distance	距	距离	—	距离
25	Disturbing force	摄动力	摄动力	—	摄动力

续表

序号	英文名	《谈天》中的译名	1933 年天文学名词表	1959 年天文学名词表	现译名
26	Earth	地	地球	地球	地球
27	Earthquake	地震	地震	—	地震
28	Ecliptic	黄道	黄道	黄道	黄道
29	Ellipsoid	椭圆体	椭圆体	—	椭圆体
30	Ellipticity	椭率	椭率	椭率	椭率
31	Equation of time	时差	时差	时差	时差
32	Equator	赤道	赤道	赤道	赤道
33	Equinoctial colure	二分经圈	二分圈	二分圈	二分圈
34	Equinox	分点	二分点	二分点	二分点
35	Error	差	误差	—	误差
36	Evection	出差	出差	出差	出差
37	First quarter of moon	上弦	上弦	上弦	上弦
38	Force	力	力	—	力
39	Frigid zoon	寒带	寒带	寒带	寒带
40	Full moon	望	望月	望，满月	望
41	Geocentric latitude	地心纬度	地心纬度	地心纬度	地心纬度
42	Geocentric longitude	地心经度	地心经度	地心经度	地心经度
43	Globular cluster (of stars)	球状星团	球状星团	球状星团	球状星团
44	Great circle	大圈	大圈	大圈	大圈
45	Heliocentric latitude	日心纬度	日心纬度	日心纬度	日心纬度
46	Heliocentriclongitude	日心经度	日心经度	日心经度	日心经度
47	Hemisphere	半球	半球	半球	半球
48	Horizon	地平	地平	地平	地平圈
49	Horizontal parallax	地平视差	地平视差	地平视差	地平视差
50	Hour angle	时度	时角	时角	时角
51	Hour circle	时圈	时圈	时圈	时圈
52	Hydrogen	轻气	—	氢气	氢
53	Inferior conjunction	下合	下合	下合	下合
54	Jupiter	木星	木星	木星	木星
55	Last quarter of moon	下弦	下弦	下弦	下弦
56	Latitude	黄纬度	纬度，黄纬	纬度，黄纬	纬度

续表

序号	英文名	《谈天》中的译名	1933 年天文学名词表	1959 年天文学名词表	现译名
57	Libration	天平动	天平动	天平动	天平动
58	Light	光	光	光	光
59	Longitude	黄经度	黄经，经度	黄经，经度	经度
60	Lunar day	太阴日	太阴日	太阴日	太阴日
61	Lunar orbit	白道	—	白道，月亮轨道	白道，月亮轨道
62	Magnitude	星等	星等	星等	星等
63	Mars	火星	火星	火星	火星
64	Mercury	水星	水星	水星	水星
65	Meridian	午线	子午圈	子午圈，子午线	子午圈，子午线
66	Meteorolite	陨石	陨石	陨星	陨石
67	Microscope	显微镜	显微镜	—	显微镜
68	Moon	太阴，月	月，太阴	月亮	月球
69	Moon’s variation	二均差	二均差	二均差	二均差
70	Nadir	天底点	天底	天底	天底
71	Neptune	海王	海王星	海王星	海王星
72	Node	交点	交点	交点	交点
73	Nutation	章动	章动	章动	章动
74	Occultation（of a star）	掩	掩星	掩星	掩
75	Old style	旧历	—	旧历	旧历
76	Opposition	冲	冲	冲	冲
77	Optics	光学	光学	光学	光学
78	Orbit	道	轨道	轨道	轨道
79	Parabola	抛物线	抛物线	—	抛物线
80	Parallax	视差	视差	视差	视差
81	Parallel of declination	天赤纬圈	赤纬圈	赤纬圈	赤纬圈
82	Pendulum	钟摆	摆	摆	钟摆
83	Pendulum clock	摆钟	—	摆钟	摆钟
84	Perturbation	摄动	摄动	摄动	摄动
85	Photography	照相法	摄影术，照相术	—	摄影，摄影术
86	Photosphere	光球	光球	光球	光球

续表

序号	英文名	《谈天》中的译名	1933 年天文学名词表	1959 年天文学名词表	现译名
87	Planet	行星	行星	行星	行星
88	Pole	极	极	极	极
89	Precession of equinoxes	岁差	岁差	［分点］岁差	岁差
90	Pressure	压力	压力	—	压力
91	Prime vertical	卯酉圈	卯酉圈	卯酉圈	卯酉圈
92	Proper motion（of the stars）	自行	自行	自行	自行
93	Quadruple	四合星	四合星	四合星	四合星
94	Retrograde motion	逆行	逆行	逆行	逆行
95	Right ascension	赤经度	赤经	赤经	赤经
96	Satellites of Saturn	土卫	—	土卫	土卫
97	Satellites of Uranus	天王卫	—	天王卫	天王卫
98	Saturn	土星	土星	土星	土星
99	Seasons	四时	四季	季节，季	季节，季
100	Shooting star	流星，奔星	流星	流星	流星
101	Sidereal clock	恒星钟表	恒星时钟	恒星钟	恒星钟
102	Sidereal day	恒星日	恒星日	恒星日	恒星日
103	Sidereal time	恒星时	恒星时	恒星时	恒星时
104	Sidereal year	恒星年	恒星年	恒星年	恒星年
105	Solar day	太阳日	—	—	太阳日
106	Solar radiation	日光射	太阳辐射	太阳辐射	太阳辐射
107	Solstitial colour	二至经圈	二至圈	二至圈	二至圈
108	Star	星	星，恒星	星，恒星	恒星
109	Stationary point（of planet）	留	留	留	留
110	Summer solstice	夏至	夏至	夏至，夏至点	夏至，夏至点
111	Sun	太阳，日	太阳，日	太阳	太阳
112	Sunrise	日出	—	日出	日出
113	Sunset	日入	—	日没	日没
114	Superior conjunction	上合	上合	上合	上合
115	Synodic month	朔望月	朔望月	朔望月	朔望月
116	Syzigies（of moon）	朔望	朔望	朔望	朔望

续表

序号	英文名	《谈天》中的译名	1933年天文学名词表	1959年天文学名词表	现译名
117	Telescope	远镜	远镜	望远镜	望远镜
118	Temperate zone	温带	温带	温带	温带
119	Tides	潮汐	潮汐	潮汐	潮汐
120	Time	时	时	时，时间	时间
121	Torrid zone	热带	热带	热带	热带
122	Transit circle	子午环	—	—	子午环
123	Triple star	三合星	三合星	三合星	三合星
124	Tropic of Cancer	昼长圈	北回归线	北回归线，冬至线	北回归线
125	Tropic of Capricorn	昼短圈	南回归线	南回归线，夏至线	南回归线
126	Tropic year	太阳年	回归年，分至年	回归年	回归年
127	True place	真位	—	真位［置］	真位置
128	Uranus	天王	天王星	天王星	天王星
129	Velocity	速率	速度	—	速度
130	Venus	金星	金星	金星	金星
131	Vernal equinox	春分	春分点	春分，春分点	春分，春分点
132	Winter solstice	冬至	冬至	冬至，冬至点	冬至，冬至点
133	Zenith（the pole of the horizon）	天顶	天顶	天顶	天顶
134	Zero	原点	原点，零点	原点，零点	原点，零点
135	Zodiac	黄道带	黄道带	黄道带	黄道带
136	Zodiacal light	黄道光	黄道光	黄道光	黄道光
137	Zone	带	—	—	地带
138	Sextuple start（885）	六合星	—	六合星	六合星
139	Celestial latitude	黄纬	黄纬	黄纬度	黄纬
140	Celestial longitude	黄经	黄经	黄经度	黄经
141	Lower culmination	下中天	下中天	下中天	下中天
142	Upper culmination	上中天	上中天	上中天	上中天
143	Celestial equator	天赤道	天球赤道	天球赤道	天赤道
144	Spherical triangle	球面三角形	球面三角形	—	球面三角形
145	Mean sidereal time	平恒星时	—	平恒星时	平恒星时

续表

序号	英文名	《谈天》中的译名	1933 年天文学名词表	1959 年天文学名词表	现译名
146	Mean solar time	平太阳时	平太阳时	平太阳时	平太阳时
147	Apparent solar time	真太阳时	视太阳时	视太阳时	真太阳时
148	Mean distance	中距	平距离	平均距离	平均距离
149	Quadrant	象限	象限仪	象限，象限仪	象限，四分仪
150	Pole of the equator	赤极	赤极	赤极	赤极
151	Pole of the ecliptic	黄极	黄极	黄极	黄极
152	South Pole	南极	南极	南极	南极
153	North pole	北极	北极	北极	北极
154	Milky Way	天河，银河	银河	银河	银河
155	Altitude	高度	地平纬度	地平纬度，高度	地平纬度
156	Compression of the earth	扁率	—	—	地球扁率
157	Correction	改	—	—	改正，校正
158	Curvature	曲率	—	—	曲率
159	Apparent sidereal time	真恒星时	—	—	真恒星时，视恒星时
160	New style	新历	—	—	新历
161	Tangential force	切力	切力	—	切向力
162	co-latitude	黄纬余度	—	—	余纬度，余黄纬
163	co-longitude	黄经余度	—	—	余经度，余黄经
164	Equinoctial	天赤道	—	—	天赤道，昼夜平分线
165	Centrifugal force	离心力	—	—	离心力
166	Centripetal force	向心力	—	—	向心力

附表6 《谈天》中译法有变化的名词术语

序号	英文名	《谈天》中的译名	1933年天文学名词表	1959年天文学名词表	现译名
1	Achromatic	无晕色	消色	—	消色差
2	After-glow	后光	—	—	晚霞、夕照
3	Angle of incidence (of light)	光射之倚度	入射角	入射角	入射角
4	Angle of reflection	回光之倚度	反射角	反射角	反射角
5	Anomalistic year	卑点年	近点年	近点年	近点年
6	Apparent motion	视行	视动	视运动，视动	视运动
7	Antarctic circle	南寒带圈	南极圈	南极圈	南极圈
8	Aphelion	最高点	远日点	远日点	远日点
9	Apogee	最高点	远地点	远地点	远地点
10	Apside	长径界	远近点	—	—
11	Arctic circle	北寒带圈	北极圈	北极圈	北极圈
12	Artificial horizon	借地平	假地平	假地平	假地平
13	Ascending node	正交点	升交点	升交点	升交点
14	Asteroid	小星	小行星	小行星	小行星
15	Aurora borealis	北晓，开天眼	北极光	北极光	北极光
16	Azimuth circle	地平环	地平经圈	地平经圈，方位角	—
17	Azimuth	地平经度	地平经度	地平经度，方位角	方位角
18	Barometer	风雨表	—	—	气压计
19	Belt	带	—	［行星］带纹	地带
20	Calendar	通书	历	历	历法
21	Clepsydra	水漏	壶漏	漏壶	漏壶，漏刻
22	Circle of latitude	黄经圈[①]	—	纬度圈，黄纬圈	纬度圈，黄纬圈
23	Collimator	视轴准	视准管	准直管，视准器	瞄准仪

① 此处为翻译错误或刊刻错误。《谈天》的名词表中“Circle of latitude”错译为“黄经圈”，正确的译法为“黄纬圈”。

续表

序号	英文名	《谈天》中的译名	1933 年天文学名词表	1959 年天文学名词表	现译名
24	Cycle	会终	周	—	周
25	Co-ordinate	综合线	坐标	—	坐标
26	Density	疏密率	密度	—	密度
27	Descending node	中交点	降交点	降交点	降交点
28	Dip of the horizon	地面界深度	地平俯角	地平俯角	地平俯角
29	Direct motion	正行	顺行	顺行	顺行
30	Disturbed body	受摄动体	受摄体	受摄体	受摄体
31	Disturbing body	发摄动体	摄动体	摄动体	摄动体
32	Diurnal motion of heavens	天体左旋	周日运动	周日运动	周日运动
33	Element	轨道根数	—	轨道要素	根数
34	Elliptic motion	行椭圆道	—	椭圆运动	椭圆运动
35	Elongation	离日度	距角	距角，大距	距角，大距
36	Epoch	元	历元	历元	历元
37	Equation of light	光道差	光行时差	光［行时］差	光行时差
38	Equation of the centre	均數	中心差	中心差	中心差
39	Epicycloid	次摆线	—	—	外摆线［数］
40	Equilibrium	相定	平衡	—	平衡
41	Ether	薄气	以太	—	以太
42	Excentricity	两心差	—	—	偏心率，偏心距
43	Facula	明条	光斑	光斑	光斑
44	Focus of a lens	聚光点	焦点	焦点	焦点
45	Galactic circle	天河大圈	—	银道圈	银道圈
46	Galaxy	天河	银河系	银河系	银河系
47	Geocentric parallax	地半径差	地心视差	地心视差	地心视差
48	Heliocentric parallax	黄道半径差	日心视差	日心视差	日心视差
49	Harvest moon	穡月	获月	—	—
50	Gyroscope	环绕器	旋转机，回转器	回转器，回转仪	回转仪
51	Inclination	倚度	—	交角，倾斜角，水平差	倾角
52	Inclination of orbit	道斜交	交角	轨道交角，轨道倾斜角	—

续表

序号	英文名	《谈天》中的译名	1933 年天文学名词表	1959 年天文学名词表	现译名
53	Heliometer	量日镜	量日仪	量日仪	太阳仪
54	Line of collimation	视轴	—	准直线，视准线	视准线
55	Magellanie cloud	墨瓦腊尼云	墨瓦腊尼云	麦哲伦云	麦哲伦云
56	Magnetic storm	磁气大摇	磁暴	磁暴	磁暴
57	Lunation	月	太阴月	朔望月、太阴月	太阴月
58	Mean longitude	平经度	历元平黄经	平黄经	平经
59	Mean solar day	太阳平日	平太阳日	—	平太阳日
60	Mercator's projection	墨加祷法	墨卡托画法	—	墨卡托画法
61	Meridian circle	子午圈	子午仪	子午环	子午环
62	Meteorology	云学	气象学	—	气象学
63	Metonic cycle	章	默冬章	太阳周，默冬章	默冬章
64	Micrometer	分微尺	测微器	测微计，测微器	测微计
65	Mass	体积	质量	—	质量
66	Micrometry	分微术	—	—	测微法
67	Multiple star	多合星	聚星	聚星	聚星
68	Mural circle	墙环	墙仪	墙仪	墙仪
69	New moon	合朔	新月，朔	新月，朔	朔
70	Normal force	法力	正力	法向力，正交力	法向力，正交力
71	Nucleus（of a comet）	中体	核	—	核子
72	Obliquity of the ecliptic	黄斜度，黄赤大距	黄赤交角	黄赤交角	黄赤交角
73	Orthographic projection	简平仪法	正射投影	正射投影法	正射投影
74	Parallel of latitude	赤道距等圈	黄纬圈	黄纬圈	黄纬圈
75	Penumbra	外虚	半影	半影	半影
76	Perigee	最卑点	近地点	近地点	近地点
77	Perihelion	最卑点	近日点	近日点	近日点
78	Periodic variation	短差	周期变化	周期性变化	周期变化
79	Photometer	测光器	光电光度计	—	光度计
80	Polar distance	距极度	极距	极距	极距
81	Plumb line	垂线准	铅垂线	铅垂线	铅垂线
82	Polarization of light	歧光之理	偏极（化）	—	极光

续表

序号	英文名	《谈天》中的译名	1933 年天文学名词表	1959 年天文学名词表	现译名
83	Position micrometer	方位分微尺	—	方位测微计，方位测微器	方位测微计，方位测微器
84	Quadrature of a planet	距日九十度	弦，方照	弦，方照	方照
85	Reflection	回光	反射	—	反射
86	Refraction	蒙气差	折光，折射	—	折光，折射
87	Reflecting telescope	回光远镜	反光远镜	反射望远镜，反光望远镜	反射望远镜
88	Refracting telescope	光差远镜	折光远镜	折射望远镜，折光望远镜	折射望远镜
89	Attraction	摄力	吸力	—	吸引力
90	Thermometer	寒暑表 / 寒暑针	—	—	温度计
91	Satellite	月	卫星	卫星	卫星
92	Secular variation	长差	—	长期变化	—
93	Sextant	纪限仪	六分仪	六分仪	纪限仪
94	Solar cycle	太阳会	—	太阳活动周	太阳活动周
95	Spectroscope	光图镜	分光仪	分光镜	分光镜
96	Spectrum	光图	光谱	光谱	光谱
97	Spring	簧	春季	春季	春季
98	Spurious disc	假体	虚圆面	虚圆面	虚圆面
99	Standard star	基星	—	—	标准星
100	Stereographic projection	浑盖通宪法	透视投影法	体视投影	透视投影法
101	Synodic revolution（of moon's nodes）	交终	会合周	会合周	会合周
102	Synodic period（of planet）	太阳周	会合周期	会合周期	会合周期
103	Temperature	寒暑气	温度	温度	温度
104	Theodolite	地平尺	经纬仪	经纬仪	经纬仪
105	Transit（of a planet）	过	凌日，中天，中星仪	中天，凌日	中天，凌日
106	Transit instrument	子午仪	中星仪	中星仪	中星仪
107	Twilight	朦胧	晨昏朦影	晨昏朦影，薄明	黎明
108	Umbra in eclipse	暗虚	本影	本影	本影
109	Uranography	天图学	天象图说	—	天体学

续表

序号	英文名	《谈天》中的译名	1933 年天文学名词表	1959 年天文学名词表	现译名
110	Vernier	佛逆	游标尺	游标，游［标］尺	游标，游［标］尺
111	Vertical circle	垂圈	地平经圈	地平经圈	地平经圈
112	Weight	轻重	重量	权	重量，重力
113	Zenith sector	天顶尺	—	天顶扇片轮	天顶扇片轮
114	Planetary nebula	行星气	行星状星云	行星状星云	行星状星云
115	Elliptic nebula	椭圆星气	椭圆星云	椭圆星云	椭圆星云
116	Double nebula	双星气	双星云	双重星云	双重星云
117	Diurnal circle	每日视绕极之圈	自转圈	周日［平行］圈	周日［平行］圈
118	Royal society	王立公会	—	—	皇家学会
119	Nebulous star	云星	云星	云雾状［恒］星	云雾状［恒］星
120	Tropics	昼长昼短圈	回归线	回归线	回归线，热带
121	brightness	光分	亮度	亮度，明度	亮度
122	Nebula（Nebulaspecks）	星气	星云	星云	星云
123	Angular motion	行度速率	—	—	角向运动
124	Astrometer	量星器	—	—	天体测量仪
125	Augmentation	较大率	—	—	增大
126	Commensurability	有等数者	—	—	通约
127	Cusp	歧点	—	—	月角，尖点
128	Difference	较	—	—	差，差分
129	Disappearance（from proximity of sun）	伏	—	—	掩始
130	Double refraction	成双象	—	—	双折射
131	Forced vibration	感动	—	—	受迫振动
132	Radius vector	带径	向径	—	矢径
133	Variation（of elements）	变	—	—	根数变值法
134	Azimuthal angle	地平经角	—	—	方位角
135	Celestial horizon	天空地平界	—	—	天球地平
136	Biela's comet	比乙拉彗	—	—	比拉彗星
137	Halley's comet	好里彗	哈雷彗	哈雷彗星	哈雷彗星

续表

序号	英文名	《谈天》中的译名	1933 年天文学名词表	1959 年天文学名词表	现译名
138	Anomaly（of a planet）	星距最卑度	近点角	近点角	近点角
139	Mimas	密麻	—	土卫一	土卫一
140	Enceladus	安起拉	—	土卫二	土卫二
141	Tethys	特提	—	土卫三	土卫三
142	Deone	弟渥泥	—	—	—
143	Rhea	利亚	—	土卫五	土卫五
144	Titan	低单	—	土卫六	土卫六
145	Hyperion	希伯廉	—	土卫七	土卫七
146	Japetus	雅比都	—	—	—
147	Ariel	亚利而	—	天［王］卫一	天卫一
148	Umbriel	翁白利	—	天［王］卫二	天卫二
149	Titania	底旦雅	—	天［王］卫三	天卫三
150	Oberon	阿白伦	—	天［王］卫四	天卫四

附表 7 《重学》中的力学术语

《重学》	*An Elementary Treatise on Mechanics*	现在含义
* 地心渐加力率，地力	accelerating force of gravity	重力加速度
渐加力	accelerating force	产生加速度的力
渐加速，* 渐加力率	acceleration，accelerating force	加速度
直加	acting perpendicular	垂直作用
* 本力	action	作用
风气	air	空气，大气
* 气质	gas	气体
* 真空	vacuum	真空
* 角动	angular	—
* 定距线，离心直角线	arm	力臂
* 轴	axis	轴
* 定	balance	平衡
* 曲杆	bent lever	曲杆
相击	collision	碰撞
* 合成	composition	合成
并力，* 合力	composition of force	合力
长加力	constant pressure，*continuous force	持续的力
* 曲线	curve line	曲线
正加	direct action	垂直作用
* 正相击，正加	direct collision	正碰
动重学	dynamics	动力学
* 抵力	Equal force	平衡力
* 能力	effect	作用效果
实力	effective force	主动力
实抵力，* 加力	*effective pressure， impressed(moving)force	约束力
功用，* 工作之能率	efficiency	利益，效率
流质涨力	elasticity of fluids	流体的弹性
* 凸力	force of restitution，* elastic force	弹力
* 凸力定率	elasticity of imperfectly elastic bodies	非弹性体的弹性系数（e）

续表

《重学》	*An Elementary Treatise on Mechanics*	现在含义
阴螺旋	female screw	母螺丝
静滑车	fixed pulley	定滑轮
流质	fluid，liquid	流体
*力，能力	force	力
凸力	force of restitution，*elasticity	（回复力）弹力
面阻力，磨力	friction	摩擦力
*面阻力定率	—	摩擦系数
减阻力之轮	friction wheel	—
*滚动阻力	friction of rolling body	滚动摩擦
*相磨阻力	friction of sliding（or rubbing）	滑动摩擦
*轮转阻力	friction of wheels	—
定点	fulcrum	支点
地心力，*互相牵引	gravity	重力
击力	impact	碰撞
*朒凸力，不全凸力	imperfectly elastic	非完全弹性
加力	impressed force	压力
*抵力	impressed moving force	约束力
流质流力	impulse of fluids	流体压力
*时率	in a unit time	单位时间
斜面	inclined plane，slope	斜面
无凸力	inelastic	非弹性的
不肯动性，*质阻力	inertia	惯性
杆	lever	杠杆
*限数	limt	极限
火轮车	locomotive steam engine	蒸汽机车
*质，质体	mass	质量
磁石	magnet	磁铁
阳螺旋	male screw	公螺丝
质点	material particle	质点
*质面	material surface	平面
平抵力	mean pressure	恒力
重学	mechanics	力学

续表

《重学》	*An Elementary Treatise on Mechanics*	现在含义
凸力率	modulus of elastic	弹性模量
质阻率	moment of inertia	转动惯量
* 质距积，* 重距积，* 实生动力	moment of the force	力矩
重速积	momentum	动量
滚动	motion of rotation，rotatory motion	滚动
动滑车	moveable pulley	动滑轮
动力，* 动力率	moving force	冲力①
* 斜相击	oblique collision	斜碰，非对心碰撞
* 对面	opposite	方向相反
* 对面抵力	opposite pressure	方向相反的力
平行力	parallel force	平行力
全凸力	perfect elasticity	完全弹性
* 纯光	perfectly smooth	光滑
力点	point of power	动力作用点
重点	point of weight	阻力作用点
* 能力	power	力
牵力	power of traction	牵引力
实程之功	practical duty	有用功
抵力	pressure	压力
* 质	quality of matter， mass	质量
* 对力	reaction	反作用
直动	rectilinear motion	直线运动
* 阻滞力，对力	resistance	阻力
分力	resolution of force	分解
* 刚质	Rigid body	刚体
* 迟	slowly	慢
定质	solid body	固体
路	space	路程
速	speed	速度
* 等体重	specific gravity	比重

① 按照原文："Moving force is measured by the momentum generated by the direct action of a force in a given time." 给定时间内产生的动量等于冲量，即 $Ft=\Delta mv$，moving force 应当指 F，即冲力。

续表

《重学》	*An Elementary Treatise on Mechanics*	现在含义
静重学	statics	静力学
* 直杆	straight lever	直杆
索力	tension	张力，弹力
当程之功	theoretical duty	理论功
齿轮	toothed wheels	齿轮
* 寒暑表	thermometer	温度计
* 时	time	时间
* 平渐加力	uniform accelerating force	产生匀加速的力
平速行、* 平动	uniform motion	匀速运动
平加速	uniformly accelerated motion	匀加速（运动）
* 摄力	universal gravitation	万有引力
* 非平速行	variable motions	变速运动
全动能	vis viva	动能[①]
劈	wedge	劈
轮轴	wheel and axle	轮轴
* 作工、程功	work	功

① 按照原文：体系的 vis viva 为 $m_1v_1+m_2v_2+m_3v_3+\cdots$该处的动能还没有$\frac{1}{2}$，准确地说应当叫活力。1829 年科里奥利（Coriolis）用$\frac{1}{2}mv^2$代替了 mv^2，将$\frac{1}{2}mv^2$称为动能。

后　记

该著作是本人主持的2011年国家社会科学基金项目“晚清科学文化研究”的结项成果。项目旨在探讨第一批传入中国的西方科学著作的翻译情况，特别关注了译著中传统文化的作用。项目结项的书稿完成已有几年，一直想再打磨，且增加一些关于译者、校勘者、出版者群体的研究，但始终未能完成，加之研究兴趣转向思想史、概念史等，上述想法也随之搁置了，很是遗憾。书稿的搁置，恐已辜负了一起完成项目的同人与学生，故暂时先出版阶段性成果。

这项工作是由内蒙古师范大学的同人郭世荣、赵栓林与研究生李民芬、孙晓菲、黄麟凯、逄硕等课题组成员共同努力完成的，同时也参考了内蒙古师范大学的毕业生樊静关于《谈天》的研究成果。具体研究内容为：赵栓林所做的关于《代数学》《代数术》的研究（第二章第一节第三部分、第四章第一节、第五章第一节第一部分、第五章第二节、附表1、附表2，共5万字），郭世荣所做的关于《谈天》删述的研究，李民芬所做的关于《几何原本》后九卷的研究，孙晓菲所做的关于《地学浅释》的研究，逄硕所做的《开煤要法》《井矿工程》等的研究，黄麟凯所做的关于《化学鉴原》的研究，等等，已在书稿中标注。在此，对上述作者为本项目的完成及本书的出版所做的贡献表示深深的感谢。

本项目完成过程中，科学译著的底本成为研究中必不可少的资料。纽约市立大学徐义保教授提供了《重学》的1836年版英文底本。326页的英文底本，徐义保教授亲自去纽约市立大学图书馆一页一页拍照，又一部分一部分通过邮件发送给我，令我深为感动。不幸的是徐义保教授于2013年11月去世。痛心，特为纪念。

另外，本人在剑桥大学李约瑟研究所访问期间，正值剑桥大学图书馆开放稀有文献的借阅与复制，有幸获得了非常难得的《几何原本》后九卷的底本，即1570年比林斯利完成的第一个完整的英译《几何原本》。同时，对于没有开放的《谈天》底本的两个不同的英文版本，经过协商，剑桥大学图书馆也特许了拍照复制。这些对本项目的完成都提供了非常重要的资料基础。非常感谢！

还有，关于《几何原本》翻译的基本情况、《重学》翻译的概念问题等部分内容，本人分别在剑桥大学李约瑟研究所和东京大学科学史与科学哲学系做了学术报告，也从现场的讨论中获得了很多启发，尤其是东京大学科学史与科学哲学系主任桥本毅颜教授还提供了多本日本的物理学教科书，为后续的研究提供了非常重要的原始资料，特别感谢！

本项目的完成还要感谢内蒙古师范大学科学技术史研究院在科学翻译史方面的研究基础以及研究团队的鼎力支持，也非常感谢前辈们开拓了科学翻译史研究的领域。正是由于科学技术史研究院的支持，我们才能够不断与翻译史界进行学术交流，尤其是获得香港中文大学翻译研究中心主任王宏志教授对我院科学翻译史研究的关注，并与之确立了合作研究的意向，这对我院科学翻译史研究的推进有非常大的帮助，在此特别感谢！

该书稿的框架是本人根据基金项目研究的宗旨设计的，在此基础上我对项目组成员的研究成果进行了整合编写，体现了本人的研究思路。如有不妥之处，由本人负责，并欢迎同行批评指正。

聂馥玲

2023年11月22日